行銷管理

Marketing Management

黃俊堯　著

三民書局

國家圖書館出版品預行編目資料

行銷管理／黃俊堯著.－－初版一刷.－－臺北市：
三民，2011
面；　公分

ISBN 978–957–14–5456–6　（平裝）

1.行銷管理

496

ⓒ　行銷管理

著 作 人	黃俊堯
責任編輯	楊于萱
美術設計	吳立新
發 行 人	劉振強
著作財產權人	三民書局股份有限公司
發 行 所	三民書局股份有限公司
	地址　臺北市復興北路386號
	電話　(02)25006600
	郵撥帳號　0009998–5
門 市 部	(復北店)臺北市復興北路386號
	(重南店)臺北市重慶南路一段61號
出版日期	初版一刷　2011年2月
編 號	S 493680

行政院新聞局登記證局版臺業字第○二○○號

有著作權‧不准侵害

ISBN　978–957–14–5456–6　（平裝）

http://www.sanmin.com.tw　三民網路書店

序

　　行銷管理對於開放社會中各種組織皆有其重要性，它同時也是門有趣的學問。然而，由於國內過去經濟發展歷程中的製造導向，所以曾有相當長的一段時間國人對於行銷管理的認知有限，常將其與銷售業務或宣傳廣告畫上等號，甚或聯想到江湖郎中的吹噓誇妄。

　　隨著經濟轉型，行銷管理晚近終於在國內各部門受到較大的重視；學術界的前輩先進，近年也紛紛出版這個領域的教科書，珠璣洞見琳瑯滿目，令業者與學子受用無窮。值此之際，誠惶誠恐地撰寫本書，架構上大抵遵循同領域教科書間已有的共識，並涵蓋包括顧客價值管理、數位行銷、產業行銷、服務行銷等重要的現代行銷管理議題，將其各自規劃為獨立的篇章。全書共十六章，內容配合國內學期制的課程安排，恰可於一學期內討論完畢。另外，國人除了媒體報導以及個人經驗、想像，迄今仍較乏逐步掌握中國實相的準備；學子們在此環境中，遂較少有機會能不卑不亢、如實地認識即將接踵而至、龐然而陌生的挑戰。因此，本書在各種事例的說明及舉例上，除了一般較常見的本土或西方案例外，也介紹一些中國市場與中國行銷者的事例。

　　如果沒有內子與家父母的長期支持，便沒有這本書，因此我將這本書獻給他們。此外，感謝台大工商管理系與台大管理學院這些年提供良好的教學研究環境、各師長先進的提攜鼓勵。而稍早任教於元智企管系與清大科管所階段受到各種協助，於倫敦商學院求學期間蒙指導教授 Prof. Bruce Hardie 與諸師友引領而得以一窺行銷堂奧，亦謹此一併誌謝。

　　本書受筆者才力識見之囿而未能圓滿處，敬請先進方家不吝指正。

黃俊堯

2011 年 1 月

行銷管理

目 次

第 6 章　消費者行為

第 7 章　競爭市場中的行銷策略

第 10 章　價格管理

第 11 章　通路管理

第 12 章　整合行銷溝通

第 13 章　整合行銷溝通的工具

第 14 章　數位行銷

第 15 章　產業行銷

第 16 章　服務行銷

1

行銷導論

本章重點

▲ 行銷的定義與範疇
▲ 行銷的核心概念
▲ 行銷相關觀念的演進
▲ 行銷管理的要素

行銷三兩事： ❶城市、奧運、行銷

　　「城市行銷」的目的是什麼？可能是刺激外地旅客的造訪興趣、活化一個城市的觀光相關產業；可能是引起企業人士的注意而吸引外來投資；當然，也可能包括讓一個城市的居民對於所處城市產生一分認同與驕傲。這些目的，便是全球各大城市每 4 年摩拳擦掌嘗試申辦奧運會時的主要想像。

　　對於現代奧運的主辦城市而言，如果從行銷的角度去理解，奧運有如一項巨大的「城市重定位」活動；而奧運賽事進行的兩個多星期期間，全球目光焦點集中於一個城市，這個城市便宛如進行一個全球播送，全長兩個多星期的超大型廣告。既然是行銷活動，就需要資源投注。而對於一個城市而言，當代舉辦奧運的這種行銷活動，所需要投注的資源，常是個天文數字。2008年北京奧運據稱花了近 400 億美元，而 1976 年蒙特婁奧運所舉的債，則一直到 30 年後才還清。

　　如此龐大的花費，真的達得到城市行銷的效果嗎？有些研究顯示，奧運期間舉辦城市雖然煙火燦爛、人聲鼎沸，但是賽事結束之後，主辦國的經濟狀況平均而言非但沒有突飛猛進，反而因為之前的投資過剩，而在賽事結束後的短期內產生成長遲緩的狀況。

圖 1-1　　北京奧運讓北京打響知名度、受到全球的矚目，更帶動旅遊及相關商品的商機。

　　對於奧運舉辦城市而言，既然奧運是項策略性的「重定位」活動，那麼關注的重點當然便不在一、兩年短期內立即可驗收的成果，而是讓一個城市透過基礎建設的改造（新產品問世）與奧運賽事的吸睛（行銷溝通），脫胎換骨，成為一個新的「城市品牌」。1964 年的東京奧運、1988 年的漢城奧運、1992 年的巴塞隆納奧運，對於主辦城市而言都有這樣的收穫。

參考資料：Sullivan, Elisabeth A. (2008), "The Brand Olympic," *Marketing News*, November 1, 10–13.

❶　本書各章均有「行銷三兩事」單元，藉由引自各方資料的不同案例敘述，補充本文的概念與理論說明。此單元內部分文字段落以引號標註者，即直接引自該單元最後所註之參考資料。

1.1 行銷是什麼?

也許因為在日常生活中我們都曾經是某些行銷活動的對象，對於行銷的部分面向我們因此都有些第一手的經驗，所以就一般的印象而言，「行銷」沒像「財務管理」、「資訊管理」、「會計」、「作業與運籌」、「人力資源管理」這些管理功能般那麼有距離感。但也因為如此，許多人依憑經驗直觀地論斷：「行銷就是廣告」，或者「行銷就是銷售，想盡辦法把東西賣出去就是了」。在過去我國長期倚重製造提供經濟發展動能的背景之下，即便是在商場經營多年的企業主，也有不少仍對於行銷保有這類認知。

行銷不等於廣告，行銷也不等於銷售（後面會清楚地解釋，廣告活動和銷售活動都是行銷的一部分）。那麼，行銷是什麼?

我們先來看幾個例子：

老餐廳

美食家唐魯孫寫了許多民國時期北平大宴小酌乃至家常吃食的經典憶舊文章，其中一篇具體而微地談到彼時飯館生意的經營門道：「您進飯館一入座，堂倌一看您同來的朋友，有幾位生臉色，再一聽是外路口音，您一點菜又是價碼高的場面菜，堂倌就明白今天請的是什麼樣的客，是什麼樣的目的啦……等菜點得差不多，堂倌又開口了，櫃上還有兩個敬菜，大概也夠吃啦，如果不夠再找補，要是叫太多吃不了也糟蹋。堂倌這麼一說，客人覺得櫃上一定跟主人有交情，主人平素出手一定很大方，做主人也覺得臉上有光彩，既省錢又有排場。等一上菜，堂倌先上敬菜，一定都是時鮮拿手名菜，還要報出一聲是櫃上做的，當然等算帳上的時候，主人心裡有數，除了把菜價算到小帳裡，還得老尺加二。可是吃完之後，客人吃得期味醰醰，主人面子十足，堂倌身受其惠，真是三方面皆大歡喜」。❷

亞利桑納響尾蛇隊

美國職棒大聯盟的亞利桑納響尾蛇隊主場位於鳳凰城 (Phoenix City)，與紐約洋基或洛杉磯道奇這類的都會型大市場球隊相較，只能算是支中小

---

❷ 唐魯孫 (2000)，〈北平上飯館的訣竅〉，《中國吃》，大地出版社，頁 93–97。

型市場的球隊。但是 2006 年起，新經營團隊的新作風讓球隊收入有了顯著的成長。2009 年球季正好碰到金融大海嘯，而且主場鳳凰城在經濟上相當倚賴彼時一蹶不振的房地產市場，但是 2008 年球季季票持有者在新年度球季的再購率仍有 83%——相對地，聯盟中有些球隊的季票再購率只有 60%。

　　響尾蛇隊在票房上為何有如此傑出的表現？答案是：讓球迷覺得值得。針對收入較拮据的球迷，響尾蛇隊主場提供低到 5 美元的廉價門票，配合上遠較其他球場與球隊售價低廉的場內點心和紀念品販售。球團總裁霍爾 (Derrick Hall) 在外頭餐廳吃飯見到穿著響尾蛇隊球衣的小朋友，會幫他們全家買單。球隊也鼓勵球員多幫小朋友們簽名，尤其是現代投手丘上傳奇人物之一的蘭迪強森 (Randy Johnson)，小朋友能在場邊拿到他的簽名球，這樣的經驗將讓他們終身難忘，也就一輩子都會是響尾蛇隊的球迷。此外，不同於其他球隊於球季結束的 11 月才寄發季票續購邀請書，響尾蛇隊在球季中賽事張力最大的 8 月就把季票續購邀請書寄給熱血澎湃的當季季票持有者。2008 年球季結束時，一位年年持有季票看球的 59 歲球迷因為投資的失利，無法再同往常一般負擔新球季 5,000 美元的季票。她寫了個 e-mail 給球團總裁說明她的困境，請他想辦法幫忙。寄出 5 分鐘後她的電話鈴響，竟是 Derrick Hall，不多久兩人商量出一個解決辦法：這位女士和另一位球迷共同持有一張季票分時看球，而響尾蛇隊也因此確保了數千美元的收入。❸

阿拉文眼科系統

　　據估計，全印度有約 900 萬人失明。這龐大的失明案例中，有不少是現代醫學技術可以治癒的「非必要性失明」，但是這些失明人士通常沒有足夠財力去接受眼科手術治療。從 1976 年起，一位醫師以創新的思考逐步發展一個名為「阿拉文」的眼科系統，透過自行開發的低價良質人工晶體、差別化取價、精密計算的醫療手術排程、病人間的口耳相傳，阿拉文眼科系統每名醫生每年進行約 2,600 次眼科手術（是印度眼科醫生平均量的 6.5 倍），全系統每年共進行 360 萬次眼科手術，手術品質在許多標準上尚且勝

❸　Birger Jon (2009), "Baseball Battles the Slump," *Fortune*, February 18, 64–70.

過英國一般眼科手術的結果。對於失明者而言，重見光明是至高無上的價值。對於參與此一系統的眼科醫生而言，大量的實務訓練使他們成為閱歷豐富的眼科專家。對於阿拉文眼科系統而言，扶弱濟貧的過程中還能透過差別取價和產品外銷創造利潤。❹

　　以上這些例子，並不直接牽涉到廣告活動，也見不到強力的銷售行為，但是它們都是行銷。這些例子各自有其時空背景，但它們有一個共通點，即行銷者（marketer，指以上各例中的堂倌、球隊、醫療體系等）提供了價值 (value) 給顧客。這裡所謂的「價值」，指的是顧客因需求可以被行銷者所滿足，從而產生的正面評價認知。價值因此是顧客的主觀感受，但顧客常常也可能在面對相互競爭的行銷者所提供的多種選擇間，試圖根據自身需求而相對客觀地比較每一種選擇所能帶來的價值。相對地，行銷者藉由有意義的價值訴求，贏取市場上一部分顧客的青睞，因而創造出交易的機會，透過交易換取對自身有價值的事項。而值得注意的是，前舉各例中行銷活動所對焦的價值交換，都是在行銷者與顧客扮演一定角色 (role) 的社會網絡 (social network) 中依憑自由意願進行，而非憑空發生；再且，這些發生交換活動的社會網絡都有其時間上的延續性。這裡所謂的社會網絡，指一群個人或組織作為單元所形成的集合體內，各單元間因為歷史、血緣、交易、理念、工作、人際關係等因素所形成的關係網。

　　根據這樣的認識，本書因此做出以下的定義：

　　行銷，是藉由產生於各式社會網絡中的交易行為，所進行的價值創造、溝通與遞送活動。

---

❹　Prahalad, C. K. (2004), *The Fortune at the Bottom of the Pyramid: Eradicating Poverty Through Profits*, Wharton School Publishing.

行銷三兩事：行銷的「官方定義」

　　美國行銷學會 (American Marketing Association, AMA) 是行銷領域中匯聚了最多全球行銷者與行銷學者的專業組織。隨著時代的變遷、業界對行銷認知的演化，它曾在不同的時點上給行銷下過定義。

　　最早的官方定義來自 1935 年 AMA 的前身 National Association of Marketing Teachers。當時，行銷所關注的重點是農工產品運銷的效率，所以將行銷定義為：「行銷是將產品與服務從生產者送往消費者的商業活動表現。」❺

　　1985 年，AMA 從行銷組合的角度定義行銷為：「行銷是將理念、產品與服務進行構思、定價、溝通與配送的規劃與執行過程，藉由此一過程而創造可滿足個人與組織目標的交易。」❻

　　時至 2004 年，AMA 從更「根本」的角度重新定義行銷：「行銷是創造、溝通、傳遞價值並且藉以維繫顧客關係，因而提供組織和組織的利害關係人利益的一種組織功能與程序。」❼

　　沒過多久，2007 年 AMA 再次給出新的定義，試圖把行銷的範疇與影響都納入該定義中：「行銷是透過一系列組織與程序，而進行的創造、溝通、傳遞與交易對於顧客、行銷者以及整個社會具有價值事物的活動。」❽

---

❺ "Marketing is the performance of business activities that direct the flow of goods and services from producers to consumers."

❻ "Marketing is the process of planning and executing the conception, pricing, promotion, and distribution of ideas, goods, and services to create exchanges that satisfy individual and organizational objectives."

❼ "Marketing is an organizational function and a set of processes for creating, communicating and delivering value to customers and for managing customer relationships in ways that benefit the organization and its stakeholders."

❽ "Marketing is the activity, conducted by organizations and individuals, that operates through a set of institutions and processes for creating, communicating, delivering, and exchanging market offerings that have value for customers, clients, marketers, and society at large."

1.2　行銷的核心概念

1.2.1　需要、慾望與需求

行銷活動的基礎條件，在於市場交易的參與者有某些需要與慾望無法自行滿足，而必須透過社會網絡中的各種交易活動才能實現。一般中文使用上，並不會去特別區辨「需要」(needs)、「慾望」(wants) 與「需求」(demand) 這三個看來字義相似的詞彙，但是從行銷的角度出發，它們各自有其意涵與指涉。

在行銷管理的範疇，「需要」指涉一旦被剝奪即會危害當事人的生理或心理（或當事組織的功能運作）的事項。例如，食、衣、住、行、育、樂這些項目都是人

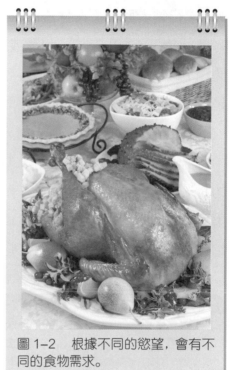

圖 1-2　根據不同的慾望，會有不同的食物需求。

性上的基本需要；又如獲利與營收成長，則是一般企業組織長期經營的基本需要。

同一種需要可以用不同的方式加以滿足。例如中午肚子餓了（有進食的需要），可以用一個簡單的飯糰（一種滿足進食需要的慾望）止飢，可以吃碗拉麵(另一種滿足進食需要的慾望)，也可以上飯店吃豐盛的自助餐(又一種滿足進食需要的慾望，若欲實現則代價相對高昂)。填補某一需要的主觀最適模式，即是慾望。

至於需求，最簡單的說法即是有購買力作為後盾的慾望。例如多數女性消費者都很嚮往擁有一顆一克拉以上的大鑽石，這樣的嚮往屬於一種慾望。這些女性中只有一部分人的所得或財富可以供得起她們在未來一年內真的去幫自己買一顆大鑽石，而這部分買得起且真的會去買的慾望，便成為市場上未來一年內購買較大鑽石的需求的一部分（另一部分的需求來自

男性購買者)。表 1–1 列出幾種不同的需求型態。對於行銷者而言,行銷標的背後事實上便代表了市場上這些型態各異的需求;行銷者面對不同型態的需求,應用各種行銷工具加以調節、刺激或壓抑。因此,行銷管理從這個角度看待,也就等於是對於市場需求的管理。

圖 1–3 鑽石被塑造為高質感、高價位的奢侈品,特別是象徵堅貞不渝的愛情,擁有一顆鑽石成為許多女性的夢想。

長久以來,行銷活動受到人文思潮中各種偏左觀點的嚴厲批評,其最主要的批判來自這些觀點所持的:行銷就是為了刺激慾望、提高寅吃卯糧式的消費,乃至鼓勵奢華浪費一類的認知。這些批判確實反映出市場上某些行銷活動的實相。但另一方面,如果能根

表 1–1　八種需求類型

需求類型	需求描述	需求目標舉例
負面的需求 negative demand	人們願意支付金錢以趨避、消滅的厭惡對象	疾病、蚊蟲
不存在的需求 non-existent demand	人們不知道某一事物的存在,因此無從產生需求	一般消費者對於鋼元素的需求
潛在的需求 latent demand	現有商品還無法有效滿足的需求	塞車時通勤者對於便捷、價廉通勤運輸的需求
衰退的需求 declining demand	現在仍存在的需求,但過去的需求水準較目前高	傳統鉛筆
不穩定的需求 irregular demand	因為時間、季節、突發事件等環境因素所導致,需求量不穩定的需求	長途客運
均衡的需求 full demand	供給與需求雙方處於一個均衡的狀況,相關需求大致被滿足	臺灣的連鎖便利超商
超額的需求 overfull demand	需求大於供給而有供不應求的狀況	經濟衰退時期的就業機會
不光彩的需求 unwholesome demand	怕被他人知道、不為社會規範公開允許的需求	禁賭國家裡的賭博

參考資料: Kotler, Philip, Swee Hoon Ang, Siew Meng Leong and Chin Tiong Tan (1999), *Marketing Management: An Asian Perspective*, 2nd ed., Prentice Hall.

據行銷的定義以及市場運行的機制，體察行銷活動的發生是市場機制下促進交易順利發生、減低交易所需成本的必然常態，則將認知到這些交易本身固有所謂奢浮剝削者，但亦多降低消費者風險、增益社會福祉的狀況。

1.2.2 交換與關係

在需求的基礎上，交換 (exchange) 是行銷的本質。行銷作為一種價值創造、溝通與遞送的活動，其本質是行銷者與被行銷者間的有效交換。例如你從某個常去的部落格（行銷者）上看到捐款給偏遠地區少棒隊且參與他們賽事的活動訊息，你（被行銷者）正好是個棒球迷，覺得這是件有價值的好事，就按照看到的訊息劃撥捐款報名參與（一種交換）。又例如你（這裡作為一個行銷者）有一批上學期用的舊書想清理掉，所以把它們的封面一本一本仔細拍照，以圖文詳細刊登於拍賣網站上，並且設定一個很低的底價，等待買者（被行銷者）投標（又一種型態的交換）。準此，行銷意義下的交換，有以下幾個成立的要件：

1. 有兩造或多造參與。
2. 出自參與者的自由意願，參與者可自由邀約、承諾或拒絕某項交換。
3. 參與者都有價值溝通與遞送的能力。
4. 參與者都具備對造認為有價值的事物可供交換。

在一般（新古典）個體經濟學的教科書中，交換或交易被假設在獨立、情境不重複的狀況下發生。但是現實世界中的各種交換，都難以脫離其脈絡而能理解其全貌。交易或交換的參與者間必有或深或淺的關係，例如每天都到樓下的便利商店買一杯中杯拿鐵咖啡、向作為汽車公司業務代表的表哥的同學買一部車、把舊書賣給同屬一個拍賣網站會員的他校學生，而這些關係則都生發自不同的社會網絡，有其相對應的人、事、物、地、時間結構。多數的時候，這些關係脈絡中的行銷者所期待的並不是一次性的交易（便利商店希望主顧能天天上門；汽車公司業務代表和拍賣網站賣家都希望買家未來能再光顧，甚至希望買家能幫忙傳播好口碑）。也因此，行銷是關係導向、長期性的作為。根植於社會網絡中的關係行銷，晚近因此愈來愈受重視。

1.2.3 市場

　　在自由交換的前提下，18 世紀亞當斯密 (Adam Smith) 出版的《國富論》就已經準確剖析出專業分工是市場經濟的基礎。在專業分工的機制下，人類社會中每一種慾望的滿足都有其特定的市場。從經濟學的角度看待，市場可以化約為需求與供給兩方面。而作為行銷慣用語彙的市場一詞，則時或指涉特定行銷者、競爭行銷者、行銷標的之現有顧客與潛在顧客的集合（例如未來將說明的「市場導向」概念），時或僅指屬於需求面的顧客與潛在顧客集合（例如未來將說明的「市場區隔」概念）。所以，當「分析臺灣工具機市場」這樣的任務出現時，首先必須釐清其所謂的市場究竟屬於上述的哪一種定義。

1.2.4 行銷者、行銷標的與顧客

　　根據前述對於行銷所下的定義以及各種舉例，很明顯地行銷者不限於企業，而行銷標的也不限於有形的商品。行銷者可能是企業，卻也可能是非營利組織、政府單位、各種團體乃至個人，而行銷的可能標的更包羅商品、服務、地點、組織、事件、理念、觀念、宗教、個人等。例如在政治選舉的市場上，政黨便扮演行銷候選人的行銷者角色。在大學入學的市

圖 1-4　選舉時政黨、候選人形象、競選團隊等皆是行銷手段之一，如 2008 年當選的美國總統歐巴馬即是用有震撼力並富有強烈的感情色彩的演說，結合網路等新媒體的應用以擄獲民心。特別是在演說中重複多次的 "Yes, we can." 已成為他的名言。

場上，大學便扮演行銷旗下各系所的行銷者角色。在線上拍賣的市場上，個人便扮演行銷名下各拍賣物件的行銷者角色。至於市場中另一端的顧客，也和行銷者一樣，有各種可能的型態。根據行銷者與顧客的型態，最常見的行銷活動包括消費市場行銷 (business to business consumer marketing, B2C marketing；如消費者買一瓶鮮乳的情境)、工業市場行銷 (business to business marketing, industrial marketing, B2B marketing；如工具機的情境)、消費者間行銷（consumer to consumer marketing, C2C marketing；如一般零售性質線上拍賣的情境）等幾大類。

1.3 行銷邏輯的演進

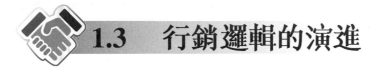

行銷作為一門學校課堂上的學問歷史大約百年（參見本章章末的「行銷三兩事」）。百年間，隨著技術、經濟與交易環境的改變，行銷者進行各項活動時所抱持的主要邏輯也有所遞嬗。

1.3.1 生產概念 (production concept)

20 世紀初，大量生產 (mass production) 模式的興盛，使得西方較早開發國家中新興的中產階級首次得以對一些過往取得不易的財貨進行消費。怎樣運用最經濟的方式，大量生產產品並且有效率地進行配銷，便成為這個階段的行銷者首要面對的課題。最具代表性的生產概念事例是福特車廠於 1908 年推出的 Model T 車種。車廠老闆亨利福特 (Henry Ford) 曾說明這款車的開發理念是使用最簡單的設計、最現代的技術，讓所有中高階受薪階級都買得起；而且車子要大得足夠全家人乘坐，但也要小巧到一般人都可以操控維護。為了生產

圖 1-5 藉由大量生產，廠商可以更有效率的生產且壓低製造成本。

這款大眾車，福特公司訴諸精細分工的生產線，在效率主導的原則下進行大量生產。Henry Ford 曾針對此款車表示：「消費者要他的 Model T 塗裝什麼顏色都可以，只要這顏色是黑的。」絕大多數的 Model T 是黑色塗裝，原因是彼時的塗裝材料中，黑色漆相對地快乾，符合大量生產的效率原則。

1.3.2 產品概念 (product concept)

具有工程訓練背景的人士較常堅持品質至上的產品概念，並且也認為所有人都希望消費最高品質的產品；但是，市場上對於許多產品的期待往往並不是高價的「完美」品質，而希望的是「可接受」的品質與價格組合。提到產品概念時常被提起的一個（應該是虛擬的）故事是，有人研發出一款非常複雜精細的高品質高價捕鼠器，充滿自信地要推廣這「全世界最好的捕鼠器」，但卻是乏人問津。這故事通常被稱為「捕鼠器的謬誤」(better mousetrap fallacy)。

1.3.3 銷售概念 (selling concept)

我們在日常生活中常會接觸到一些推銷員，用死纏爛打的方式推銷保險、傳銷產品、語言教材、靈骨塔等產品。這些推銷的手法，基本上便是銷售概念的具體表現。簡單地說，銷售概念認為消費者或潛在顧客都是被動的，如果不積極主動接觸這些消費者或潛在顧客並且用各種手段加以說服，他們不會對於企業的產品產生購買興趣。一般人常會誤以為這樣的銷售概念就是行銷的精髓，但是以下所要說明的行銷概念其實與此大相逕庭。

1.3.4 行銷概念 (marketing concept)

行銷概念大約興起自半個世紀前，李維特 (Theodore Levitt) 和彼得杜拉克 (Peter Drucker) 等行銷、管理的思想先行者所提出的顧客導向概念。這些先行者當時便清楚地說明，經營一個事業其實是經營一個顧客群，所以企業經營就等於顧客經營。在這樣的理路下，相對於銷售概念強調的把既有產品強力「推」給消費者以滿足企業的最大化獲利目標，現代行銷概念是一個由顧客的未滿足需求或潛在需求出發，強調行銷活動各環節都應由這些需求所「牽引」，透過價值交換滿足顧客需求而能獲利的思考模式。表1–2 說明銷售概念與行銷概念的基本差異。

⊙ 表 1-2　行銷概念 vs. 銷售概念

	行銷概念	銷售概念
出發點	顧客的需求	賣者的需求
產品來源	針對顧客需求的價值創造呈現	可以高效率生產的標準化產品
溝通型態	透過整合行銷溝通進行價值傳遞	透過強力銷售的手法促成交易
顧客關係	雙贏；長期關係的培養	零和競局；短期或一次性的關係

如此可樂：⑨ 可口可樂的背景

　　1880 年代的美國，南北戰爭剛剛結束，一方面戰爭中受傷士兵的後遺症亟待舒緩，一方面美國西部開拓的進程讓許多拓荒者在荒莽中遭遇許多疾病，而另一方面戰後高速度工業化的腳步也造就了越來越多精神壓力下的文明病。面對這種種龐大的醫療需求，彼時美國的正式醫療體系卻捉襟見肘無法妥善應付。因此，坊間藥房大量充斥各種號稱能治百病的所謂「專利藥」(patent medicine)。當時的美國報業，事實上主要便靠著各種彼此競爭、誇大吹擂的藥品廣告收入而得以快速成長。

　　南美洲安地斯山脈的住民兩千年來都以古柯 (coca) 葉作為提神、振奮的咀嚼聖品。它神祕的功效在 19 世紀下半葉傳播於歐美，據稱彼時教宗、維多利亞女皇、愛迪生、佛洛伊德等人都對於以它調製的配方酒飲相當著迷。市面上有各種以古柯葉為基底的酒類，號稱可以治療失眠、憂鬱、胃痛乃至鴉片癮等生理、心理疾病。1880 年代，美國社會因酗酒所導致各種社會問題日益嚴重而興起一波立法禁酒的風潮。1886 年間，一名住在亞特蘭大，多年來致力於調配各式「專利藥」的醫師約翰潘伯頓 (John S. Pemberton) 在禁酒風

---

❾　本書各章中除了「行銷三兩事」段落中各種與本文有關的背景敘述或案例外，另外透過「如此可樂」段落，藉由各種可樂市場變遷、動態、競爭與業者行銷活動的說明，從另一個讀者熟悉其產品但未必知道其背後故事的產業事蹟案例補充說明本文所討論的行銷各相關概念。這個部分沒有具體標明參考資料的段落，其敘述皆主要參考自 Pendergrast, Mark (1993), *For God, Country, and Coca-Cola: The Definitive History of the Great American Soft Drink and the Company That Makes It*, NY: Basic Books 一書。

潮中將他早先所推出的古柯葉基底藥酒去除酒精成分，與來自西非的可樂 (kola) 子結合，經歷種種嘗試錯誤後，藉由繁複的製程與配方，創造出可口可樂糖漿的原始配方。一方面因為其主要成分包括古柯葉和可樂子，一方面因為彼時美國藥品市場流行疊韻式的產品命名，因此 Pemberton 和他的合夥人便決定將這種新合成出的飲料產品命名為 Coca-Cola，以每杯 5 分錢的價格在各地的蘇打吧銷售。

　　Pemberton 長於發明卻不擅經營，經過一連串合夥、爭議、訴訟的波折，使得可口可樂在短短幾年內落入商人艾薩坎德勒 (Asa Candler) 的手中。Candler 於 1892 年讓現存的可口可樂公司取得法律地位，其後善用各種包括試喝、不滿意退費等 B2C 與銷售折讓等 B2B 行銷手法，讓可口可樂以蘇打吧為通路，快速打開美國各地的市場。

1.4　全面行銷概念 (holistic marketing concept)

　　在前述行銷概念的基礎之上，菲利普科特勒 (Philip Kotler) 等學者晚近進一步提出所謂全面行銷概念。❿ 這個概念主張在複雜的動態環境中，有效的行銷必須是包含以下四個面向的行銷：

內部行銷 (internal marketing)

　　內部行銷指涉組織認知到組織內成員對於顧客導向的認同是實踐顧客導向行銷的基礎，因此對於組織成員所進行的理念溝通活動。內部行銷的第一個層次是組織中行銷相關部門（如廣告、企劃、銷售、客服、產品等）在顧客導向下的協同運作，第二個層次則是讓組織中其他部門也能接受並實踐顧客導向的思考，從流程與服務上完整體現顧客導向的行銷作為。

關係行銷 (relationship marketing)

---

❿　Kotler, Philip, Kevin Lane Keller, Swee Hoon Ang, Siew Meng Leong and Chin Tiong Tan (2009), *Marketing Management: An Asian Perspective*, 5th ed., Prentice Hall.

包含價值創造、遞送與溝通活動的行銷網絡 (marketing network)，其參與者包括行銷者、顧客、上游供應商、下游配銷商，以及各種服務支援廠商。顧客導向認知到培養與增益顧客關係是企業永續經營的重要條件，同時也認知到要能讓最終顧客滿意，行銷網絡中的其他參與者也都需要盡一分力。因此，關係行銷以顧客經營為目的，強調與行銷網絡各參與者的良好溝通與互動。

整合行銷 (integrated marketing)

既然行銷的重點在於價值的創造、溝通與遞送，包含產品管理、價格管理、通路管理與行銷溝通管理的各種行銷活動即應聚焦於這個重點上，此即整合行銷的要義。

社會行銷 (social marketing)

顧客導向的終極目標是創造顧客最大化的福祉，而顧客的福祉其實鑲嵌於他們所生活的社

圖 1-6　全面行銷包括了內部行銷、關係行銷、整合行銷、社會行銷四大部分，需要各個部門充分的相互溝通合作。如麥當勞便運用全面行銷概念，進行在地化經營，在全球各地都是家喻戶曉的品牌。

會。因此，全面行銷概念強調行銷者除了交易相關環節的注意外，還應該重視其生產、行銷等各活動是否增益而不減損社會的福祉，是否盡到社會責任？此即社會行銷概念。

根據以上的說明，表 1-3 彙整全面行銷的各個面向以及其中的管理要點。

1.5　行銷管理

根據以上的說明，現代行銷管理以顧客為導向，以價值為核心。在這樣的認知下，有效的行銷管理必須掌握如下各環節。本書後續各章中，將仔細剖析這些環節。

顧客經營

→ 表 1–3　全面行銷諸面向

全面行銷	內部行銷	研發部門：聆聽顧客、探索顧客的潛在需求 製造部門：以顧客滿意為目標，控制品質與時程 採購部門：與高品質的供應商建立夥伴關係 銷售部門：有效扮演顧客與行銷者間的橋梁角色 公關部門：透過有效多向溝通最大化顧客權益 財務部門：瞭解與支持長期經營顧客的資源投入需求
	關係行銷	管理與顧客的關係 管理與供應商的關係 管理與通路的關係 管理與策略聯盟夥伴的關係 管理與公部門的關係
	整合行銷	產品方面的設計、品質、包裝、服務、保證等等 價格方面的定價、折扣、折讓、付款等等 通路方面的密度、品類、地點、存貨、服務等等 溝通方面的廣告、公關、促銷、直銷、事件等等
	社會行銷	定義企業的社會責任 贊助公益相關活動 參與社區公共事務 提升顧客的福祉 各種作業符合倫理與法律規範

參考資料：Kotler, Philip, Kevin Lane Keller, Swee Hoon Ang, Siew Meng Leong and Chin Tiong Tan (2009), *Marketing Management: An Asian Perspective*, 5th ed., Prentice Hall.

　　對組織經營而言，每一分的績效（例如企業的獲利、博物館的服務人次）都來自顧客的貢獻。因此，每一位顧客對企業而言都隱含一定的價值。由於特性、態度、行為等方面的異質性，每一位顧客與組織的關係都有所差異。如何認知此一差異，並且以顧客導向的角度進行顧客群經營，創造行銷者與被行銷者的雙贏關係，是現代行銷管理的首要課題。這個課題又分為兩個面向：(1)顧客價值的計算與經營及(2)對於顧客行為的多方面瞭解與掌握。

行銷資訊管理

　　行銷活動發生於社會的網絡關係中，行銷者因此有必要熟悉行銷的環境，並且有系統地管理輔佐行銷決策制訂的各種行銷資訊。

市場導向的策略規劃

　　在多數組織的發展策略中，行銷都扮演著相當重要的角色。從策略思

考的角度而言，行銷直接面對由競爭者與顧客組成的市場。因此，策略規劃的重點便在於如何於競爭環境中發展並維繫顧客群。對此，行銷者首先必須於組織的策略管理層次制訂行銷活動的大方向，而後針對市場進行市場區隔、選擇與定位等策略規劃。

行銷組合規劃

以前述的策略規劃作為地圖，在競爭市場中行銷者必須有效地運用各種行銷工具。這些工具的集合，被稱為行銷組合 (marketing mix)。一般常將行銷組合以 product, price, place, promotion 等 4 個 p 開頭的英文字代表，而稱其為行銷的 4Ps。靈活的產品管理、價格管理、通路管理以及行銷溝通管理，便成為有效行銷的要件。

特殊市場行銷

由於歷史的發展與一般人的生活經驗，我們談論行銷管理時，大多著眼於單一消費者市場中有形商品的傳統行銷模式管理。在這個範疇之外，服務的行銷、商業 (B2B) 領域的行銷、數位模式的行銷，以及國際市場的行銷，都是行銷者實務上必須接觸的項目。本書闢有專門章節，針對這些主題進行較深入的討論。

行銷企劃、執行與控制

在行銷管理的實務上，企劃、執行與控制這三個項目一如其他的管理情境，是重要的管理程序。本書第三章將討論行銷組織中不同層次的企劃作業，並具體說明一般作業上行銷企劃的細節。關於行銷的執行，本書將透過諸多的概念說明以及案例從各個角度加以詮釋。至於行銷的控制面，本書在顧客導向的強調之下，將在相關章節中，介紹現代行銷管理常用的行銷結果量測標準 (marketing metrics)。

🌐 行銷三兩事：行銷作為一個學術專業領域

　　19 世紀美國新移民大舉開拓其國土中西部，此時如何將廣大國土上所產出的各種農產品有效率地導入市場交易以提高生產者利潤，遂成為運銷體系中各業者關注的焦點。在此背景下生發的農產運銷管理諸觀念，也成為現代行銷管理概念的濫觴。而作為一個獨立研究範疇的行銷管理相關研究，則可溯源百餘年前威斯康辛大學經濟學院對於農產運銷所採取的制度學派取徑研究，以及百年前起哈佛大學商學院對於製造業與零售業交易的科學化分析。隨著工業化與全球化的進程，透過市場進行的各種自由交易成為全球經濟運行的常態，使得自始關注於交易各層面的行銷管理，在產業界乃至非營利或公部門等各界的重要性日增。也因此，各界對於行銷管理相關研究的需求日殷。1922 年《哈佛商業評論》(*Harvard Business Review*) 問世，內容中多見行銷管理實際問題或重要概念的討論；1936 年《行銷學刊》(*Journal of Marketing*) 發刊，自此行銷管理作為商學中一個獨立研究範疇的地位亦明白確認。

　　百年來，行銷的定義與時俱變。由行銷業者與學者共同組成的美國行銷協會 (AMA) 與其前身，歷史上曾四度對於行銷給出其官方定義。1935 年的第一次定義強調行銷作為將商品或服務由提供者傳遞與消費者的單向傳輸功能。時隔半世紀後，1985 年的第二次定義強調行銷的重點在於以產品、價格、通路與溝通等行銷組合工具滿足顧客。2004 年的第三次定義，則較抽象地強調作為一種管理功能與企業程序的行銷，其重點在於透過價值的創造、遞送與溝通以經營顧客關係。2007 年的第四次定義，則在第三次定義的基礎上另外強調行銷的社會意涵。

　　與這些更迭的定義平行交錯的，則是歷來行銷學界對於行銷本質與範疇的辯證和討論。Drucker (1954) 言簡意賅地界定「行銷就是顧客眼中所見的整個商業行為」，以及 Levitt (1960) 從經濟史的巨觀角度對於行銷重點在於顧客經營的闡釋，奠定了顧客導向此一行銷管理重要概念的基礎。20 世紀 60 年代末起，關於非營利行銷與社會行銷的討論擴展了行銷的疆域。大約同一時間，行銷已不再被視為是一種賣者對買者的單向控制，而是一種溝通過程。Hunt 以一個 2 × 2 × 2 的矩陣界定行銷研究所涵蓋的營利／非營利、總體／個體、實證性／規範性本質與範疇。爾後，隨著服務業佔各先進國家國民

所得比重的日增，加上服務行銷與傳統商品行銷不同的特異性，使得服務行銷逐步成為行銷研究中日趨重要的一個子領域。在同時看重顧客、協調與利潤的市場導向觀念流行，以及資訊系統的逐步普及、顧客資料的詳細記錄與保存日漸容易之際，行銷思想的典範在過去 20 年間因此逐漸由以「交易」為焦點轉至以「關係」為焦點。

在這樣的背景下，行銷相關的學術研究試圖詮釋市場交易中的買者、賣者、交易執行或交易促進機構等行為，並探討這些個人或組織行為對於社會的影響。由於市場交易的多元性與參與者的異質性，加以日新月異的新市場環境中各種新技術所帶來的龐雜資料可能性，在市場導向與顧客導向的強調下，AMA 將「行銷研究」定義為「藉由資訊建立起行銷者與消費者、顧客乃至公眾間的連結關係。這裡所謂的資訊，包含辨識確認市場機會與問題、促發、改良或衡量行銷活動、監控行銷績效、協助瞭解行銷過程等面向上相關的資訊」(AMA2004)。在這樣的基調上，Day and Montgomery 則指出，21 世紀的行銷研究，主要的發展方向將是在過去的基礎上尋求對於：(1)消費者的行為實相，(2)市場如何演化，(3)廠商如何在市場中競合，(4)行銷對於組織表現與社會福利的貢獻等大方向的深化瞭解。

行銷領域學術研究從經濟、消費者、社會與管理等四大角度切入研究議題。一般認為行銷研究在方法上有三大主軸，分別是：(1)建基於統計學、計量經濟學、與管理科學等學科的量化模型研究，(2)建基於心理學、社會學乃至人類學等人文學科的（消費者或顧客）行為研究，(3)建基於決策科學、策略理論與組織行為等領域的廠商行銷策略面研究。這三大主軸也是美系商學院行銷學門內部在師資招募或研究分類時常用的標準。依照此三大主軸，深入瞭解過去數十年間行銷領域學術研究的積累，吾人不難發現作為一門應用性質的科學，行銷相關研究一方面開發或改良各種研究方法，另一方面則大量援引借用其他各人文、社會學術領域的理論。也因為強烈的「應用」色彩，不同於諸如策略、財務、組織等其他重要商學領域，若以較嚴格的標準而言，行銷學界行銷領域幾乎找不到源自本領域的理論。

參考資料：Cooke, Ernest F., John M. Raybum and C. L. Abererombie (1992), "The History of Marketing Thought as Reflected in the Definitions of Marketing," *Journal of Marketing Theory and Practice*, 1 (1), 10–20.

Day, George S. and David B. Montgomery (1999), "Charting New Directions for

Marketing," *Journal of Marketing*, 63 (Special Issue), 3–13.

Hunt, Shelby D. (1976), "The Nature and Scope of Marketing," *Journal of Marketing*, 40 (July), 17–28.

Jones, D. G. Brian and David D. Monieson (1990), "Early Development of the Philosophy of Marketing Thought," *Journal of Marketing*, 54 (January), 102–113.

Summers, John O. (2001), "Guidelines for Conducting Research and Publishing in Marketing: From Conceptualization Through the Review Process," *Journal of the Academy of Marketing Science*, 29 (Fall), 405–415.

Webster, Frederick E. (1992), "The Changing Role of Marketing in the Corporation," *Journal of Marketing*, 56 (October), 1–17.

Zinkhan, George M. and Brian C. Williams (2007), "The New American Marketing Association Definition of Marketing: An Alternative Assessment," *Journal of Public Policy & Marketing*, 26 (2), 284–288.

分組討論

1. 在章首的「行銷三兩事」中,我們看到一個城市可能藉由一次奧運的舉辦,而產生讓城市「脫胎換骨」的行銷效果。想想看,在你的城市裡,有沒有可能透過什麼短期的大型活動可以行銷這個城市?這些活動的行銷目標對象是誰?活動本身帶給目標對象什麼價值?

2. 回想一下,從今天早上到現在,你曾接收到哪些行銷者的訊息?這些訊息中有多少與你個人的需求有關?它們怎樣對於你的行為或態度發生影響?

3. 電視購物臺或者夜市裡攤商的叫賣,是不是行銷的一種方法?這些被叫賣的產品還可以透過哪些方式行銷?

4. 翻翻報紙求才廣告,或者上各大人力銀行網站,看看本地有哪些職缺與行銷有關?這些職缺各自分屬於哪些產業?它們又招募什麼樣背景條件的人才?

5. 找一個你有興趣的企業,依據表 1-3 所列出的全面行銷各面向,分析並評估這個企業在全面行銷上的表現。這方面它還可能怎樣做得更好?

筆記欄

2

顧客導向的現代行銷

本章重點

◢ 認識「行銷近視症」

◢ 瞭解「顧客終身價值」的計算邏輯、用處與限制

◢ 瞭解顧客分群經營的重要性

◢ 認識顧客權益與顧客關係管理概念

行銷三兩事：行銷需要「儀表板」

今日當行銷者依循顧客導向原則而從事各種行銷作為時，各式各樣的行銷指標數據 (marketing metrics) 就有如汽車儀表板般，協助行銷者瞭解行銷活動的成效。市場佔有率、銷售成長率、顧客維持率等，都是這類的「儀表」。但是這些指標所反映的都是已經發生的歷史，因此也就都是所謂的「落後指標」。即便是目前火紅的「顧客終身價值」（本章稍後會作詳細介紹）一類概念與計算，也只是針對行銷歷史結果進行比較複雜的數量模型估算，它所憑藉以及彰顯的，其實還是「過去」而非「未來」。

那麼，行銷者有沒有可能取得一些「領先指標」，預先掌握未來的客群動態以及品牌強度呢？答案是：有的。影響到未來客群動態的因素，基本上包括顧客的品牌知覺、顧客的接受服務經驗、顧客對於品牌的信任、願付價格等等。不同於剛剛所提到的「落後指標」，這些「領先指標」通常需要從比較「軟性」的觀察，配合對於顧客的訪測而得。對於行銷者而言，要取得這些領先指標，便需要先透過行銷佈建的神經末梢建構一套「早期偵測系統」，統合發散的顧客端狀況。這並不是一件容易的事。

主要參考資料：Vence, Deborah L. (2006), "Use Lead Indicators to Measure Brand Health, Gain Customer Trust, Up Brand Credibility," *Marketing News*, November 15, p.p. 16–18.

2.1　行銷近視症

話說 20 世紀初期，有個美國富豪在死前生怕子孫把他一生辛苦經營出來的家當給揮霍殆盡，所以在遺囑中規定，所有的遺產只能投資於當時看來市場最蓬勃、風險最小、投資報酬率最高的城市電車事業。這樣的殷切為子孫計，換來的是子孫所繼承的遺產沒多久就所剩無幾。

這是已故的哈佛大學行銷教授 Thodore Levitt 於半個世紀前以歷史的視野、超越時代的眼光為現代行銷管理定調所作的一篇文章 "Marketing Myopia" ❶ 中提到的一個例子。任何想要把行銷的本質搞懂而不只學一些

語彙的人，都應該讀一讀這篇經典中的經典文章。根據 Levitt 教授的論點，前面提到的這名富豪他所犯的錯誤，其實是很多行銷者的通病；一言以蔽之，便是錯把過去一時的輝煌認知成恆久的事實——這就是所謂的「近視」。在他的這篇文章裡，還舉出不少 19 世紀末 20 世紀初曾經飛黃騰達的產業因為相關管理者這種缺乏想像力的近視，以致於一蹶不振

圖 2-1　經營者應該理解顧客需求，若只堅信舊有的經營模式，會落入行銷近視症，就會被日新月異的技術所淘汰。如日漸進步的交通工具，讓臺鐵不能只侷限於鐵路運輸，現今提供更客製化、多樣化的運輸服務。

的事例。例如鐵道事業被公路所取代、乾洗事業因為人造纖維用於衣料的普及而衰退、雜貨店作為主流零售模式的日子因為汽車普及使城郊購物商場發達而結束。以上種種例子都說明，沒有哪個產業它的某種經營模式是永遠不會被淘汰掉的。可惜的是，Levitt 指出，很多行銷者都無法認清自己

經營的是某一種人類恆常的基本需求（如運輸、清潔、交易），而只把自己綁縛於歷史進程中偶然出現、隨時可以被取代的某種滿足需求模式（如鐵道、乾洗、雜貨店）上。這種缺乏巨觀歷史感與想像力的「行銷近視」症，因此導致許多盛極一時產業的沒落。

　　再舉一個晚近的事例。1990 年代是所謂「唱片產業」的黃金年代，在臺灣，1990 年代中期出現了各種「白金」級的 CD 唱片銷售

圖 2-2　Apple iPod 結合 iTunes，大幅改變了傳統的 CD 唱片市場的思維，成為新一代的流行。

---

❶　Levitt, Theodore (1960), "Marketing Myopia," *Harvard Business Review*, July/August, 45–56.

紀錄。但是到了 1990 年代末期，MP3 這種數位化音樂格式開始隨著網際網路的普及而廣被消費者使用，這時的「唱片業者」並沒有意識到過去 CD 唱片的輝煌銷售紀錄，其實只是人類消費音樂從現場聆聽、留聲機、LP 唱片、錄音卡帶等模式演化過程中的一個斷代模式，消費者要的不是 CD 唱片，而是音樂。因此，前後數年的時間裡，全球唱片業者嘗試各種訴諸法律、科技、道德勸說的圍堵手段，想要阻擋 MP3 格式音樂在市場上的流行普及，挽住 CD 唱片的銷售業績。但是，一整個世代的年輕人——唱片傳統上最主要的消費者——多數已經不習慣買 CD 唱片了。最後收拾市場殘局的，是傳統上與唱片扯不上關係的 Apple iPod 結合 iTunes 產品服務。等到原有的業者醒覺，市場上的版圖和遊戲規則已經被大幅改寫了。

按照 Levitt 的說法，傳統唱片業者近年的頹勢，其基本原因就在於它們執著於 CD 唱片這樣的產品，而忘卻它們經營的是音樂事業。它們原就該把自己定位成音樂事業而非唱片事業。沒這麼做，是標準的行銷近視症，讓它們吃足了苦頭。

Levitt 在半個世紀前因此便主張，經營一個事業其實是經營一個顧客群。不管是產品或服務的設計、生產、銷售，都只是客群經營的手段。因此他主張，行銷的重點在於「買」顧客。而這樣的主張，多年後才成為以顧客導向為基調的現代行銷思想主流。

2.2　顧客終身價值的計算 ❷

「顧客導向」是個很容易理解的觀念，但對於行銷者而言常有知易行難之感。尤其對於顧客成千上萬的中、大型企業，傳統上要妥貼照顧到不同顧客的需求非常困難。過去的 20～30 年間，資訊技術發達，資料的儲存與運算成本與日俱降，資訊服務業者因此得以開發各種「顧客關係管理」(customer relationship management, CRM) 軟體，而透過產業生態鏈的運作，幾十年間各種相關詞彙與故事廣泛在市場上流通，讓多數的行銷者願意投注

---

❷　本節所舉的例子，取自 Ofek, Elie (2002), *Customer Profitability and Lifetime Value,* Harvard Business School.

資源建構顧客關係管理系統。這樣的歷史背景，替現代行銷者鋪建了顧客導向經營的基礎設施。

依照馬克斯韋伯 (Max Weber) 的詮釋，現代資本主義邏輯中企業的運作基礎之一，在於精密計算與相關的不斷「合理化」效率提升作為。顧客導向觀念與顧客關係管理工具，便在近年資訊設備普及、計算與儲藏成本低廉等條件湊泊的情況下，而產生了名為顧客終身價值 (customer lifetime value, CLV) 的計算與隨之的合理化企圖。簡單地說，顧客終身價值的基本邏輯，是將每一名顧客看作是一椿投資案。就像財務管理中進行投資的基本動作一樣，行銷者因此針對每一名用各種方式「買」進來的顧客評估其預期的長期財務貢獻折現值。這樣的折現值，便是推估出的顧客終身價值。這其中還需考量到行銷者於某一時段招入的新顧客，在未來各年間會有或大或小的「流失」狀況，因此有一簡單的顧客終身價值估算公式：❸

$$CLV_1 = \sum_{t=1}^{N} \frac{(M_t - c_t)r^{t-1}}{(1+i)^t} - AC$$

其中，N 是計算顧客價值的總年數，M_t 是顧客在第 t 年所創造出的營收，c_t 是顧客經營在第 t 年所花費的成本，r 是顧客維持率（retention rate，為一百分比，代表上一年度的顧客在本年度仍認定為顧客之比例），i 是利率水準，而 AC 則是初始吸收為顧客的成本 (acquisition cost)。

如果上式中的 N 趨於無限大，而 r 與 i 都假設為一固定值，則上式將逼近

$$CLV_2 = \frac{M-c}{1-r+i} - AC$$

依照此一架構背後的投資學邏輯，行銷者便可以針對各種情境進行以顧客為焦點的估算。例如一個郵購業的行銷者，面對要不要向顧客名單提供服務業者購買接觸名單的問題時，可以針對後者所提供的歷史接觸成功

---

❸　以下的說明，主要參考自 Ofek, Elie (2002), *Customer Profitability and Lifetime Value*, Harvard Business School.

率數據計算，考量購買名單的成本效益。如果隨機郵寄型錄的每件成本是 5 元，成功率是 2%，而購買名單的每件總成本是 7 元，成功率是 4%，則在隨機郵寄型錄的作業下每一筆交易的成本是 5 ÷ 2% = 250 元，而購買名單進行郵寄的作業下每一筆交易的成本是 7 ÷ 4% = 175 元，因此購買名單是較有效率的作法。

在此架構下，既然行銷者將顧客經營視為投資，則投資的損益兩平點當然也就可以估算出來。例如有一型錄郵購業者每年寄出 12 本目錄給顧客。如果依照歷史經驗，顧客在初次交易後一年間的行為可以當作分群基準而被分成兩群，其中 A 類顧客每年平均購買兩次，每次平均購買 500 元；B 類顧客每年平均購買一次，每次平均購買 800 元。A 類顧客每年有 25% 流失，而 B 類顧客每年流失 50%。又假設此一行銷者的毛利率為 20%，且針對所辨識出的 B 類顧客，自第二年起每年的郵遞次數從 12 次降為 4 次。如果有一群顧客透過前述購買名單進行郵寄作業而來（每人的初始成本為 350 元），則這群顧客在第二年分為上述 A 與 B 兩群後，各自的損益兩平時點計算如表 2–1 與表 2–2：

表 2–1　A 類顧客每人每年的預期報酬估算

	第一年	第二年
每次交易的毛利	$500 × 20% = $100	$500 × 20% = $100
年初顧客存活率	100%	75%
郵寄成本	$5 × 12 = $60	$60
本年預期報酬	$100 × 2 – $60 = $140	$0.75 × ($200 – $60) = $105
初始成本	$175	
累計損益	$140 – $175 = –$35	–$35 + $105 = $70

→ 表 2-2　　B 類顧客每人每年的預期報酬估算

	第一年	第二年	第三年
每次交易的毛利	$800 × 20% = $160	$800 × 20% = $160	$800 × 20% = $160
年初顧客存活率	100%	50%	25%
郵寄成本	$5 × 12 = $60	$5 × 4 = $20	$5 × 4 = $20
本年預期報酬	$160 − $60 = $100	$0.5 × ($160 − $20) = $70	$0.25 × ($160 − $20) = $35
初始成本	$175		
累計損益	$100 − $175 = −$75	−$75 + $70 = −$5	−$5 + $35 = $30

　　透過這樣的計算，該行銷者可以知道，A 類顧客可在建立關係後的第二年達到損益兩平，而 B 類顧客則在建立關係後的第三年可達到損益兩平。

　　如果對於這個行銷者而言，自招入一批新顧客起算，其所願意經營期中 A 類顧客的週期是 8 年，而願意經營 B 類顧客的時間則是 5 年；又假設每年的利率為 10% 不變。那麼，根據前面各項數據，該行銷者便可如表 2-3 與表 2-4，分別計算出 A 類顧客每人的終身價值為 207 元，B 類顧客每人的終身價值 17 元。也就是說，12 個 B 類顧客的價值，還比不上一個 A 類顧客的價值。這計算的背後自然有一系列行銷意涵產生。

→ 表 2-3　　A 類顧客每人的終身價值估算

	第一年	第二年	第三年	第四年	第五年	第六年	第七年	第八年
每次交易毛利	$100	$100	$100	$100	$100	$100	$100	$100
年初顧客存活率	100%	75%	56%	42%	32%	24%	18%	13%
郵寄成本	$60	$60	$60	$60	$60	$60	$60	$60
本年預期報酬	$140	$105	$79	$59	$44	$33	$25	$19
本年預期報酬折現值	$127	$87	$59	$40	$28	$19	$13	$9
累計損益現值	−$48	$39	$98	$138	$166	$185	$198	$207

→ 表 2–4　B 類顧客每人的終身價值估算

	第一年	第二年	第三年	第四年	第五年
每次交易毛利	$160	$160	$160	$160	$160
年初顧客存活率	100%	50%	25%	12.5%	6.25%
郵寄成本	$60	$20	$20	$20	$20
本年預期報酬	$100	$70	$35	$17.5	$8.8
本年預期報酬折現值	$91	$58	$26	$12	$5
累計損益現值	–$84	–$26	$0	$12	$17

　　從這些例子以及先前列出的顧客終身價值公式中，仔細分析，就會發現「顧客維持」(customer retention)——即吸收到的顧客持續留在客群中而不流失，這個變數在顧客終身價值決定上的重要性。行銷者吸收任何一個新顧客，吸引其由陌生、感興趣到發生交易，在在都需要倚賴耗費行銷資源的價值創造、溝通或傳遞活動。這方面的成本即前述公式中以 AC 代表的沉入成本 (sunk cost)。從公式中不難看出，以 r 代表的顧客維持率，對於顧客終身價值將有直接的影響。例如針對上例中的 A 類顧客，如果我們簡化假設關係期數 N 為無限大，且年折現率為 5%，則一個 A 類顧客的平均終身價值為 292 元 ($CLV_2 = \dfrac{140}{1 - 0.75 + 0.05} - 175 \cong 292$)。若行銷者能透過有效的客群管理，把年顧客維持率從 75% 提高至 85%，其他條件不變，則一個 A 類顧客的平均終身價值將大幅提升至 525 元 ($CLV_2 = \dfrac{140}{1 - 0.85 + 0.05} - 175 \cong 525$)。由此可見顧客維持率對於客群終身價值的重要性。

2.3　對於顧客終身價值概念的檢討

　　以上的說明示例，包含了相當多可能有違現實的假設（例如行銷者可以在第二年起始完全辨識 A 與 B 兩類客群無誤、B 群顧客在第二年減少收到郵購目錄的頻率後仍保持一定的購買頻率與金額、存活到第 N 年的顧客

其購買狀況與第一年的顧客一模一樣等等）。但是業者估算顧客終身價值時，多數的時候其實便是根基於一系列較為粗糙的假設上。這是以顧客終身價值估算作為顧客導向行銷活動指引方針時業者常面對的重要限制。針對顧客的長期貢獻，包括行銷科學與作業研究等學科領域，近年各自發展出一系列建構在個別顧客歷史交易記錄之上的長期顧客貢獻模型。這些模型常常以顧客交易頻率 (frequency)、最後交易日期迄今天數 (recency) 與交易金額 (monetary value) 為關鍵變數，透過決斷性 (deterministic) 或隨機性 (stochastic) 的模型假設而建構。然而，這類模型無論再怎麼複雜，常難以切實捕捉競爭環境中客群的動態，再加以模型假設的先天侷限，在個別顧客的價值評估上的表現其實不若一般人想像地般良好。也就是說，個別顧客價值的評估，有其先天的不可預測性 (unpredictability)。❹ 各種實證顯示，再怎麼精確的預測模型都會在顧客終身價值的估算上產生很大的誤差。學者莫爾特豪斯 (Malthouse) 與布拉特伯格 (Blattberg) 並且透過實證研究，發現運用各種數量模型預測顧客終身價值時，所預測出最高價值的前 20% 顧客中，有大約 55% 並不屬於事實證明為最有價值的前 20% 顧客；而預測結果屬於價值較低的後 80% 的顧客中，則有約 15% 的顧客事實上屬於最有價值的前 20% 顧客。因此，他們提出所謂「20–55」與「80–15」法則的說法，說明顧客終身價值的「測不準法則」。❺

　　此外，前節範例中「12 個 B 類顧客的價值，還比不上一個 A 類顧客的價值」的結果，常常導致某些將行銷資源全力投注於高價值顧客身上的主張。這類主張建立在顧客行為可以經由交易歷史資料而加以完美預測的前提上，並且常與「80% 的利潤由 20% 的顧客所創造」一類的所謂「80/20 法

---

❹　詳 Malthouse, Edward C. and Robert Blattberg (2005), "Can We Predict Customer Lifetime Value?" *Journal of Interactive Marketing*, 19 (1), 2–16 與 Wübben, Markus and Florian V. Wangenheim (2008), "Instant Customer Base Analysis: Managerial Heuristics Often 'Get It Right'," *Journal of Marketing*, 72 (May), 82–93 等文。

❺　詳 Malthouse, Edward C. and Robert C. Blattberg (2005), "Is it Possible to Predict Customer Long-Term Value?" *Journal of Interactive Marketing*, 19 (1), 2–16.

則」一同被提起，強調大幅差異化經營不同預期終身價值的客群。有些企業組織則更進一步，藉由顧客終身價值的估算，對於估計無利可圖的顧客，進行所謂「顧客淘汰」(customer divestment) 的活動。米塔爾 (Mittal) 等學者❻曾建議有這樣考量的企業，在棄卻顧客之前，應該先仔細評估企業過去是否曾有哪些作為讓這些顧客無法與企業有共生的正面關係、企業是否有可能與這些顧客重新溝通、顧客是否有可能透過其他方式貢獻企業，或是否有可能將顧客轉給子公司或其他關係企業等問題。他們認為淘汰顧客的作法有可能導致潛在獲利與資源的流失、讓員工心生戒心，並可能產生一系列法律與企業倫理相關的問題。

行銷三兩事：品牌社群

顧客的經營通常繫諸顧客對於品牌的認同；而任何想要增益顧客終身價值的行銷企圖，也終究要透過顧客與品牌間關係的管理而發生作用。而晚近以顧客為焦點的品牌管理實務上，「品牌社群」的經營是一個越來越受到重視的課題。以哈雷 (Harley Davidson) 機車為例，1983 年時它的經營搖搖欲墜接近倒閉，但此後 25 年間因為致力於品牌社群的扶植與管理，而

圖 2-3　哈雷機車能反敗為勝，並維持後續成功的經營，是因為致力建立「品牌社群」。所謂的品牌社群，是由一群熱愛該產品的消費者，由於相同的生活形態、活動，以及對品牌風潮的崇尚，所形成的一個社群。

能於晚近晉身為全球五十大品牌之一，市值超過 70 億美元。

長期觀察哈雷機車與其他多種品牌社群經營的兩位研究者 Fournier 與 Lee 指出，行銷者雖然認知到由顧客所匯聚而成社群的重要性，但因各種迷思，而常對於社群經營有不切實際的態度。下表列出他們所指出的品牌社群經營迷思。

---

❻　詳 Mittal, Vikas, Matthew Sarkees and Feisal Murshed (2008), "The Right Way to Manage Unprofitable Customers," *Harvard Business Review*, April, 94–103.

迷思	現實狀況
品牌社群是一種行銷策略活動	品牌社群是整個組織的策略活動
品牌社群的存在要旨是服務行銷者	品牌社群的存在要旨是服務社群成員
品牌夠強，自然就有社群圍繞品牌	有效規劃扶持社群，品牌才會強
品牌社群只和品牌死忠者有關	有效的品牌社群接納各種相異見解
社群議題由意見領袖設定	所有社群成員都參與時，社群最強
網路社群是品牌社群經營的首要關鍵	網路只是種社群工具，實體世界同樣重要
成功的品牌社群經營有賴嚴密管控	品牌社群常抗拒品牌的過度介入與管理

　　這兩位研究者同時指出，品牌社群對於其成員而言，扮演教導技能的導師、創新採用者的訊息諮詢來源網、提供激勵與鼓舞的伙伴、分享經驗的說故事者、保管社群集體記憶、決策的制訂、角色模仿的參考座標、新事物創發的觸媒、溝通的橋梁等各種不同的角色。而在不同的情境下，品牌社群有時可能像一個參與者的避風港、有時像一個內聚力強大的部落、有時像一個人來人往的酒吧、有時像一個旅行團、有時像一個夏令營、有時像個表演舞臺。

　　對於希望透過品牌社群以提升顧客價值的行銷者而言，要掌握社群經營的訣竅，有賴耐心與虛心的長期學習經驗。

參考資料：Fournier, Susan and Lara Lee (2009), "Getting Brand Communities Right," *Harvard Business Review*, April, 105–111.

　　近期有學者透過對於金融服務事業與電信服務事業的實證研究，發現本章所說明的顧客權益與終身價值等概念，其現有的計算模式還不能涵蓋顧客可能替企業創造的所有貢獻；更有甚者，這些現有計算模式的結果尚且可能導致一些決策上的誤導。這群以康乃迪克大學 Kumar 教授為首的學者主張，企業除了注重每一個顧客直接與該企業交易所創造的財務貢獻，也不應輕忽顧客「引介」新顧客的能力。在這樣的主張下，他們仿照 CLV 的折現計算模式，根據每一個顧客引介的新顧客數目以及這些新顧客所創造的財務貢獻，提出了一種名為「顧客引介價值」(customer recommendation value, CRV) 的計算。有趣的是，他們發現，根據終身價值計算最有價值的客群，並不是顧客引介價值最高的客群。表 2–5 是他們根據對所研究的電

信服務事業客群分別依照 CLV 與 CRV 模式，計算單一年度內貢獻的比較；比較的基準是將顧客依照 CLV 計算，由高至低價值均分為十群。

→ 表 2–5　某電信事業顧客單年 CLV 與 CRV 計算之比較

單位：美元

十分位數群	當年個人的直接財務貢獻	當年個人的引介貢獻
1	1,933	40
2	1,067	52
3	633	90
4	360	750
5	313	930
6	230	1,020
7	190	870
8	160	96
9	137	65
10	120	46

主要參考資料：Kumar, V., J. Andrew Petersen, Robert P. Leone (2007), "How Valuable Is Word of Mouth?" *Harvard Business Review*, October, 139–146.

根據這樣的發現，這群學者指出現有顧客權益與終身價值概念的不足之處。他們認為，一個更攸關的顧客分析架構，應該也將顧客引介價值納入。因此他們提出了如表 2–6 的顧客分群矩陣模式，將顧客依照 CLV 與 CRV 兩個層面的計算分為四群。

→ 表 2–6　依照 CLV 與 CRV 的四種顧客分群

		顧客的引介價值 (CRV)	
		低	高
顧客的終身價值 (CRV)	高	獨善富裕客群 (the affluent)	死忠換帖客群 (the champion)
	低	吝嗇客群 (the miser)	說好話客群 (the advocate)

主要參考資料：Kumar, V., J. Andrew Petersen, Robert P. Leone (2007), "How Valuable Is Word of Mouth?" *Harvard Business Review*, October, 139–146.

如前述，在網絡化的市場交易中，某些對於周邊眾人具有關鍵影響力的顧客，也可能在交易行為上因為購買頻率低或金額小，而用現有的數量模型歸類起來而錯誤地被歸為對於行銷者無甚價值的「不重要顧客」。行銷者如果過分天真或迷信地倚賴各種顧客關係管理系統中對於顧客終身價值的估算，也可能犯了另一種類型的「行銷近視症」。

持平地說，顧客終身價值是一種行銷決策的輔助工具。它對於決策的作成可以有很大的幫助；但若錯用，也可能有得不償失的反作用。

現今流行的客群經營相關概念中，除了前面仔細討論的顧客終身價值外，還有一個自 90 年代起由某些企管顧問鼓吹「一對一行銷」時所傳揚的「老客戶比新客戶有價值、長期客戶比短期客戶有價值」這樣的說法。Reinartz 等學者則透過對於不同業種的研究，❼發現各業中的某些短期客戶其實對於行銷者的貢獻頗大，而相對地，某些長期客戶則對於獲利貢獻微小。他們因此主張，不應只就顧客與行銷者間的長短期關係來歸類顧客；在關係長短上較有策略意義的客群分類作法，應如表 2-7 所建議般，以四種模式進行。

➡ 表 2-7　顧客關係長短與顧客分群

	短期顧客	長期顧客
高財務貢獻度	蝴蝶型顧客 * 顧客需求與企業提供之價值相契合 * 高獲利潛能 * 應致力於讓這群顧客透過交易達到滿足，而非汲汲營營於他們態度上「忠誠」的創造 * 在交易存續期間謀求快速回報 * 在交易確定結束後終止投資	好朋友型顧客 * 顧客需求與企業提供之價值相契合 * 高獲利潛能 * 持續溝通 * 營造行為忠誠與態度忠誠 * 取悅這群顧客，使他們願意持續進行交易
低財務貢獻度	陌生人型顧客 * 顧客需求與企業提供之價值無甚契合點 * 低獲利潛能 * 不對此類顧客進行投資 * 若有交易發生，則積極從中獲利	藤壺型顧客 * 顧客需求與企業提供之價值契合度有限 * 低獲利潛能 * 考慮向上銷售與交叉銷售的機會

主要參考資料：Reinartz, W. J. and V. Kumar (2002), "The Mismanagement of Customer Loyalty," *Harvard Business Review*, 80 (7), 86–97.

---

❼　詳 Reinartz, W. J. and V. Kumar (2002), "The Mismanagement of Customer Loyalty," *Harvard Business Review*, 80 (7), 86–97.

表 2–7 中所提到的「向上銷售」(up-selling) 與「交叉銷售」(cross-selling)，也是顧客關係管理概念中很熱門的說法。所謂的「向上銷售」，指的是針對既有顧客，當他們有產品更新或服務新增需求時，提供較原來所提供者價值更高的產品或服務，以創造更大的顧客財務貢獻。例如手機製造商希望舊顧客換手機時不只仍舊採購其品牌產品，而且還希望能讓這些顧客購買該品牌中更高階的產品，此即「向上銷售」的想法。至於「交叉銷售」，則是行銷者希望顧客購買了 A 產品後，可以透過行銷活動的刺激，再加購 B 產品，藉此提高行銷者的利潤。交叉銷售常透過對於顧客購買資料的分析辨識出某型行為樣態而進行。

圖 2–4　廠商掌握顧客群樣貌與動態後，常陸續提出更多相關周邊的產品或服務，由各種交叉銷售手段推介給顧客，以追求更大的財務效益。

這方面最常被相關業者提到的故事，是曾有超市零售業者透過「資料探勘」(data mining)（於 5.2 節會作詳細介紹）的分析活動而發現購買嬰兒尿片的男性也常會購買大量啤酒，於是業者對此二種看來似不相關的產品進行聯合促銷，而得到不錯的成績。

如此可樂：可樂的顧客導向

　　Al Steel 在 1940 年代擔任可口可樂的業務副總裁，而自 1950 年起轉至競爭對手百事可樂處任總裁。他曾經在一次集會上對他的銷售人員表示：「如果我們的消費者想喝的飲品是裝在羊皮囊袋裡的氣泡汗水 (carbonated sweat)，那麼這房間內一半的人開始去找羊，另一半的人應該開始用力把汗水跑出來」。

2.4　顧客分群

　　回歸到先前所提的透過精密計算以進行更合理化經營的現代商業精神，如果仍對焦於顧客導向但不完全執著於顧客終身價值的計算，則傳統的「分群」概念到今天仍有相當大的用處。

　　舉例而言，❽水泥產品中黏合劑成分越高，則生產成本與相對的售價通常越低。黏合劑成分高的水泥強度較高，但在工程施作上較費時費事。水泥代表一種衍生性的需求——不同水泥顧客因其不同的作業需要，而對於水泥有不同黏合劑成分的需求。假設現在有一家水泥廠，透過市場調查瞭解到各種黏合劑成分組合產品的需求與成本狀況，如表 2-8 所列，則這家水泥廠經過如該表的計算，在最大化利潤的考量下應會選擇生產含 15% 黏合劑成分的水泥。

　　但是這家水泥廠如果進一步瞭解顧客需求，將發現表 2-8 中所謂黏合劑成分 15% 的水泥需求，事實上又可細分為需要含 18% 黏合劑成分、較重視水泥強度、較不易受行銷活動左右的一群客群需求，以及需要含 12% 黏合劑成分、較重視施工容易度且願付較高價格、行銷溝通活動對之較為有效的另一群客群需求，如表 2-9 所示。這時如果這家水泥廠願意針對這兩群客戶的需求提供兩種產品，並且進行不同強度的行銷活動以支持銷售，則分群經營的總利潤（200 元）將大於不分群時的總利潤（60 元）。這就是行銷者以分眾方式經營市場的直接好處。以分眾方式經營市場是行銷者的「傳統智慧」，其背後的邏輯是針對複雜的系統（顧客需求）加以拆解成數個複雜度較低的子系統（需求同質性高的客群），以這般 "divide and conquer"（分項克服）的精神分別經營。客群這樣的概念，介乎市場需求總概念與個別顧客需求概念之間。長久以來行銷者的各種分群經營模式，常可以帶來一加一大於二，比不分群時為佳的總效果。

---

❽　本節所舉的例子，取自 MacMillan, Ian C. and Larry Selden (2008), "The Incumbent's Advantage," *Harvard Business Review*, October/November, 111-121.

➔ 表 2-8　產品規格的選擇——未分群狀況

黏合劑比例	30%	25%	20%	15%	10%	5%
每噸售價	$20	$22	$24	$26	$28	$30
需求噸數	320	310	295	280	250	220
收益	$6,400	$6,820	$7,280	$7,080	$7,000	$6,600
每噸變動成本	$15	$16.5	$18	$19.5	$21	$22.5
總變動成本	$4,800	$5,115	$5,310	$5,460	$5,250	$4,950
行銷支援成本	$400	$400	$400	$400	$400	$400
服務成本	$600	$600	$600	$600	$600	$600
其他成本	$760	$760	$760	$760	$760	$760
總成本	$6,560	$6,875	$7,070	$7,220	$7,010	$6,710
獲利（損失）	($160)	($55)	$10	$60	($10)	($110)

主要參考資料：MacMillan, Ian C. and Larry Selden (2008), "The Incumbent's Advantage," *Harvard Business Review*, October/November, 111–121.

➔ 表 2-9　分群經營的獲利狀況

	顧客分群	
	強調高強度的客群	強調易施工的客群
黏合劑比例	18%	12%
每噸售價	$25.5	$29
需求噸數	140	140
收益	$3,570	$4,060
每噸變動成本	$19.5	$21
總變動成本	$2,730	$2,940
行銷支援成本	$100	$300
服務成本	$300	$300
其他成本	$380	$380
總成本	$3,510	$4,000
獲利（損失）	$60	$140

主要參考資料：MacMillan, Ian C. and Larry Selden (2008), "The Incumbent's Advantage," *Harvard Business Review*, October / November, 111–121.

　　也因為分眾的客群經營對於行銷者而言有這樣的利益，近期 MacMillan 等學者於本節所引述的《哈佛商業評論》文章中指出，從競爭的角度而言，如果行銷者（尤其是市場中現有的行銷者）可以有效辨識不同區隔的需求而加以客群化經營的話，則差異化的客群經營歷史所帶來的顧客相關知識，將會是行銷者面對市場的新挑戰者時重要的競爭利基。

行銷三兩事：以「客群經理」取代「品牌經理」

美國通用汽車 (GM) 旗下的 Oldsmobile 品牌轎車，在 1980 年代曾頗受市場歡迎，單一品牌市佔率在 1985 年高達 6.9%。但是 15 年後，儘管 GM 花費許多行銷資源在這個品牌上，但是這個品牌的市佔率卻僅剩下 1.6%。為什麼？

根據 Rust 等學者在一篇《哈佛商業評論》文章中的闡釋，許多行銷者都犯了和 GM 一樣的毛病：太過固執於所謂的「品

圖 2-5　"LEXUS"，代表著 Luxury 與 Excellence 的結合，定位在高級車品牌，提供能超越客戶期待的商品品質。品牌精神中文翻譯為「專注完美，近乎苛求」。

牌權益」；在品牌經理制度下，太難讓如 Oldsmobile 這樣，曾經輝煌一時但已無法觸動新一代消費者的品牌退出市場舞臺。他們認為，品牌僅是行銷者與顧客間建立長期關係的工具，行銷者應當認知到，經營顧客才是行銷的終極目標；品牌，僅是顧客經營的方便法門而已。因此，當本田汽車 (Honda) 與豐田汽車 (Toyota) 意識到自身品牌不足以讓它們經營更高所得的客群時，它們便分別創造出 Accura 和 Lexus，作為它們經營新客群的方便法門。

秉持這樣的論點，這群學者認為有效的客群經營關鍵，就組織設計方面而言在於將過往以品牌為焦點的品牌經理制度，替換為以顧客群為焦點的客群經理制度。

參考資料：Rust, Roland T., Valarie A. Zeithaml, and Katherine N. Lemon (2004), "Customer-Centered Brand Management," *Harvard Business Review*, September/October.

2.5 顧客權益與顧客關係管理

對於行銷者而言，前述的種種估計與預測，無非是為了提供各種輔佐決策的關鍵資訊，以便讓行銷的規劃與執行更有效率。而種種行銷活動的成果總和，從顧客導向的角度看待，則彰顯在未來所有顧客所可能創造的收益總折現值——這個行銷總成果的估算值，被稱為「顧客權益」(customer equity)。某些人認為「顧客權益」與「品牌權益」(brand equity) 實是一體的兩面；但也有人主張「品牌權益」僅是「顧客權益」的一部分。無論如何，「顧客權益」這個可量化的概念將「企業所有的收益都來自顧客」此一顧客導向的核心精神做了充分的詮釋。

為了最大化顧客權益，現代行銷者往往訴諸 CRM 系統的協助，透過資料庫與資料採礦的作業，辨識顧客的異質性、篩選與行銷活動性質相符的顧客、給予重度交易顧客誘因、活化顧客交易的興趣、尋找交叉銷售機會。此外，顧客關係管理系統在行銷者藉由忠誠計劃 (loyalty program) 如航空公司的累積里程或信用卡的

圖 2-6　航空公司的里程數累積讓顧客享有兌換機票、升等或其他優惠的提供，鞏固顧客忠誠度，管理顧客關係。

紅利積點、長期契約、給予老顧客優惠價格等客群經營活動上，也多扮演相當重要的角色。結合顧客權益概念，各個面向的顧客關係管理作為實則旨在進行：(1)開發新顧客；(2)防止既有有價值顧客的流失；(3)激化既有顧客的終身貢獻這三大重點的客群管理。從這個角度而言，顧客導向的種種行銷作為，重點就在顧客關係的管理。

顧客終身價值概念，如先前的說明，有其用處，也有其限制。而現今的行銷者從策略的角度，依循顧客導向的精神在各種可能的方案中作抉擇時，也常藉著顧客終身價值的計算，評估各項方案的可能得失。例如一家

行動通訊業者，在規劃開發一個新客群時，便可能有若干顧客開發的路徑可選擇。各路徑的成本結構、客源、預期顧客流失狀況、預期顧客交易貢獻等都各有所殊。這時，依照理性的計算，這業者估算各方案所能導致的不同顧客群終身價值結果，其實便是針對未來長期，聚焦於顧客，而進行成本效益分析。從這樣的角度出發，運用顧客終身價值（或者再加上前述的顧客引介價值）作為基礎分析工具，行銷者其實便可以針對各種可能的商業模式 (business model) 進行比較、選擇。

　　自顧客導向的精神出發，簡單地說，對一個企業而言所謂的商業模式即是我們先前定義何謂行銷時所強調的，針對顧客進行「價值創造、溝通與遞送」動作背後的各支持環節，加上企業因這樣的動作而得到與顧客交易、取得財務收益等回饋的「投入—產出」統整架構。

　　根據 Johnson 等人的分析，一個完整的商業模式其架構因此包含顧客價值主張 (customer value proposition, CVP)、利潤模式、關鍵流程、關鍵資源等四個層面。其中，後三個層面環環相扣地服務第一個層面。表 2–10 進一步說明這四個層面的內容。

● 表 2–10　顧客導向的商業模式

顧客價值主張	* 目標客群的確認 * 針對目標客群所設計提供的價值 * 服務目標客群時應投注資源進行管理的關鍵要項
利潤模式	* 營運的收入流（每一顧客每一期財務貢獻的總和） * 營運的成本結構 * 預期利潤率的估算 * 資源使用效率的各項指標
關鍵流程	* 設計、產品開發、採購、生產、行銷活動等價值鏈設計 * 設定價值鏈中每一環節的評估與管理標準 * 與顧客及通路接觸的模式設計
關鍵資源	* 人力 * 技術 * 設備 * 資訊 * 通路 * 結盟關係 * 品牌

主要參考資料：Johnson, Mark W., Clayton M. Christensen and Henning Kagermann (2008), "Reinventing Your Business Model," *Harvard Business Review*, December, 51–59.

分組討論

1. 本章章首「行銷三兩事」中，提到行銷者需要各種測度市場、競爭、顧客等面向的「儀表」，以便管理上的規劃、執行與控管。以一家飲料廠商為例（如可口可樂、金車、麒麟等），它需要哪些「儀表」？以一家泡沫紅茶店為例，又需要哪些「儀表」？

2. 本章介紹了「顧客終身價值」的計算方式。依你所見，這種計算方式，比較適用於哪些市場？又比較不適用於哪些市場？

3. 想想看，你舉得出什麼樣「行銷近視症」的例子？

4. 算一算你對於目前使用的無線通訊業者服務廠商，從開始至今已經繳交的各種費用總和。你還會使用這家廠商的服務多久？算一算你對於它的「終身價值」。

5. 想想你最常瀏覽的一個網站。你對這個網站曾有哪些「貢獻」？未來還可能產生哪些「貢獻」？作為一個顧客，你算得出自己對於這個網站的「終身價值」嗎？

筆記欄

3

行銷組織與行銷組織策略

本章重點

▲ 認識「價值鏈」概念

▲ 瞭解行銷組織界定使命的重要性

▲ 認識策略事業單位概念

▲ 瞭解關於行銷組織策略的基本概念架構

▲ 熟悉行銷者進行國際化活動時的關鍵性決策

行銷三兩事： 新興市場中的在地贏家

　　根植於已開發國家的全球企業，在原經營的市場日趨飽和之際，很自然的一個策略選擇便是進軍傳統上較不受重視的新興市場。但是在中國、俄羅斯、墨西哥、巴西等新興國家裡，雖然已開發國家的全球企業虎視眈眈，但仍有不少產業中的市場領導者是在地企業。例如在中國，搜尋引擎百度的使用量是 Google 的四倍，即時通訊的騰訊 QQ 領先 MSN Messenger；在墨西哥，零售業的龍頭是 Grupo Elektra，而非積極在當地經營的 Wal-Mart；又如在俄羅斯，最大的乳品製造商是 Wimm-Bill-Dann 食品，而非可口可樂或法商 Danone。Bhattacharya 與 Michael 兩位企管顧問透過系列調查，以質性方法整理出新興市場中的成功本土企業。下表列示他們的研究中所找出的中國「在地贏家」。

百度	中國使用率最高的搜尋引擎
中國招商銀行	中國最佳的零售銀行
中國萬科企業	中國最大的不動產開發商
攜程旅行網	中國最大的線上旅館與機票訂購服務業者
分眾傳媒	中國最大的戶外廣告商
好孩子	中國最大的嬰兒用品銷售商
新東方教育科技集團	中國語言教育的領導者
盛大	中國線上遊戲開發的領導者
騰訊	中國即時通訊市場的領導者
晨訊科技集團	中國最大的手機設計公司

　　根據他們的分析，這些「在地贏家」之所以能佔據市場領導位置，主要的原因包括：

1. 因為貼近在地市場，所以一方面能掌握市場偏好的動態，另一方面也能較有效率地運用在地的供應鏈體系。在這樣的優勢下，在地贏家可以提供大量客製化產品與服務。例如中國的好孩子嬰兒用品商，便以 16 個種類超過 1,600 種品項，服務每一個狹窄的市場區隔需求。又如印度的 CavinKare 家用品公司，透過符合當地市場需求的一次使用小包裝洗髮精，成功地將其

旗下的 Chik 品牌推上市場龍頭寶座。

2. 透過瞭解市場上的結構性限制，在地贏家較擅長開發適合在地市場特性的商業模式。例如墨西哥 Grupo Elektra，因為深刻瞭解當地零售市場消費者購買力的限制，所以很早就兼營信貸業務，迄今有六成的交易以信貸方式出售。Wal-Mart 雖然也在墨西哥模仿此一模式，但短期間很難取代 Grupo Elektra 已深植市場的龍頭地位。

圖 3-1　雖然 Google 是搜尋引擎的龍頭，但在中國市場卻遠遠不及當地的「百度」搜尋。

3. 新興市場的在地贏家，勇於採用最先進的設備以強化經營效率。例如印度的 GCMMF 乳品公司，即透過新型集乳系統的建置，將由各地收集而至的鮮乳在各農村的收集中心過磅、檢測、付款，配合以 ERP 系統整合物流作業，並用衛星通訊技術進行快速資訊傳輸，因此建構出一個龐大而有效率的乳品經營體系。

4. 新興市場的在地贏家，也常能善用成本低廉的勞力，而創造有競爭力的營運模式。例如中國的「分眾傳媒」，透過 LCD 螢幕為媒介，在全國 13 萬個辦公大樓、購物中心、醫院、旅館、機場等場所進行戶外廣告。有趣的是，分眾傳媒竟然是靠一大批員工，以自行車為代步工具，在這 13 萬個地點以人力進行廣告置換動作。

5. 新興市場中的在地贏家，其經營者常在體覺市場商機後採取較外商更為積極的擴張、併購行動，而創造出規模經濟的優勢。

　　相對於這些在地贏家，Bhattacharya 與 Michael 也發現外籍企業進入新興市場時，常因為無法確實掌握各市場的獨特性、偏執於制式化的全球性策略，而喪失先機。

參考資料：Bhattacharya, Arindam K. and David C. Michael (2008), "How Local Companies Keep Multinationals at Bay," *Harvard Business Review*, March, 84–95.

3.1　價值鏈

　　無論是私部門的企業、非營利組織或者是公部門的機構，都是創造、溝通與遞送價值的行銷組織。在顧客導向的現代行銷觀念指引下，這裡所謂的「價值」，實來自顧客需求的被滿足。而一個行銷組織欲對於顧客的需求加以經營、管理，勢必需要組織內部各種功能的整合。因此，哈佛大學的麥可波特 (Michael Porter) 教授便提出「價值鏈」(value chain) 的概念，如圖 3-2，說明組織如何藉由功能整合以創造、溝通與遞送價值。

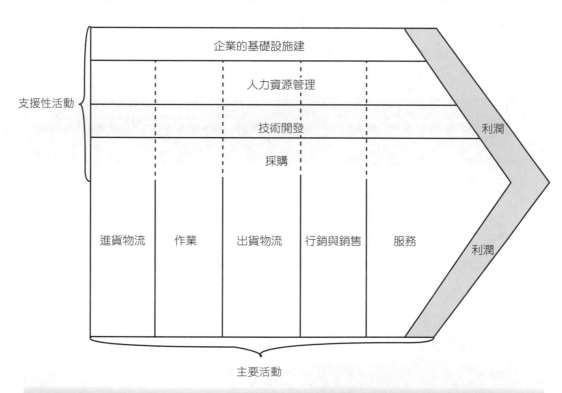

圖 3-2　Michael Porter 的「價值鏈」概念

資料來源：Kotler, Philip and Kevin Lane Keller (2007), *A Framework for Marketing Management*, 3rd ed., Pearson, p. 24 中取自 Porter, Michael E. (1985), *Competitive Advantage: Creating and Sustaining Superior Performance* 的插圖。

　　在圖 3-2 所示的價值鏈中，組織的各功能區分為兩大類型；一類扮演「主要活動」，另一類扮演「支援性活動」。包括原物料投入運籌、生產作業管理、產品配銷活動、行銷與銷售以及相關服務的基層組織功能活動，

環環相扣，而在每一個程序上都扮演替顧客創造出新價值的角色，因此稱為價值鏈中的「主要活動」。至於包括採購、技術開發、人力資源管理、組織基礎設施的其餘環節，根據 Michael Porter 的詮釋，並不直接創造出價值，但是與前述的「主要活動」息息相關而不可或缺，因此被稱為「支援性活動」。

圖 3-3　ASUS 依據地理區域的不同，發展不同的行銷模式，選擇在當地設立子公司，以擬定最適合在地化的策略。

　　價值鏈的概念，對於行銷者而言實與第一章中曾討論的「全面行銷」概念相輔相成。無論是內部行銷、關係行銷、整合行銷乃至於社會行銷的企圖，都是在於經營行銷組織平順而深入市場、反映市場需求脈動的價值鏈。而價值鏈概念作為一種分析工具，其重點在於探討這些互為關聯的每一種企業活動的附加價值。從策略規劃的角度應用價值鏈分析，可以幫助經理人找出目前企業流程中可以改善以增加價值創造力之處，甚至協助辨識開發出某些新的商業模式。

　　行銷組織價值鏈最前緣的銷售與服務等活動的執行，與顧客接觸密切，而其成效則深受組織設計的影響。傳統上，行銷組織由於其生成、演化的歷史各殊，因此在組織的設計上各有其獨特性。通常一個行銷組織可能以地理區域別、產品別、顧客性質別、顧客需求別來進行組織設計。表 3-1 說明各種組織設計原則的適用情境。

圖 3-4　波音初期以生產軍用飛機為主，60 年代後主要業務轉向商用飛機，尤其波音 747 一經問世就長期佔據世界最大的遠程民航客機的頭把交椅。

⊕ 表 3–1　不同組織設計原則的適用情境

組織設計原則	適用情境	範例
地理區域別	1.各地理區內顧客需求同質性高、地理區間異質性高時。 2.總市場幅員遼闊，考量經營成本時。 3.行銷者進入一尚未開發過的新地理區市場時。	ASUS 華碩電腦在不同國家市場設立子公司／部門。
產品別	1.產品間差異化程度大，每一款產品代表不同客群時。 2.強調產品組合與產品線管理時。	一般銀行分行裡的存款、放款、外匯、財務管理等部門劃分。
顧客性質別	1.顧客在外顯特性上有重大差異時。 2.顧客在購買程序上有重大差異時。	波音公司在飛機行銷上區分民用與軍用。
顧客需求別	1.產品差異化程度不高，而顧客在需求量上有顯著差異時。 2.顧客在服務水準上有異質性需求時。	HSBC 在臺灣的零售銀行市場區分實體通路組織與線上銀行組織。

🌐 行銷三兩事：CMO

　　大家都聽過 CEO，在一個中大型企業中，CEO 統整 COO, CFO, CMO 等高階主管。其中 CMO 一詞是 "chief marketing officer" 的縮寫，由於產業發展背景的關係，在臺灣這個頭銜一般而言比較少被人提及，有規模的企業也不見得都有這個職缺。

　　基本上，CMO 的職責在於統籌企業的行銷活動。對於經營品牌的企業而言，CMO 則也扮演品牌守護者的角色。根據品牌專家戴維阿克 (David Aaker) 的一本書 *Spanning Silos*，傳統上某些企業所採取的中央集權式行銷功能設計，讓 CMO 有將無兵，在現代是絕難應付競爭壓力的組織型態。而現代企業中的 CMO，視情境必須具備催生者、顧問、服務提供者、策略夥伴或者策略領導者的能耐。其中最重要的能力，則是可以有效打破藩籬，讓所統馭的行銷功能領域可以和企業內其他功能領域有效溝通。根據 Aaker 表示，行銷者所欲達成的目標，例如受歡迎的產品、強大的品牌、傑出的行銷活動、優異的行銷結果等，都是 CMO 領導行銷功能在企業內與其他功能溝通、與不同市場前緣密切交換訊息的結果。

參考資料：Krauss, Michael (2008), "Spanning Silos: A CMO's Job Guide," *Marketing News*, October 15, 22.

3.2　行銷組織的使命

　　一個行銷組織的使命 (mission)，是該組織存在的理由、努力的方向。對於一個以顧客導向為尚的行銷組織而言，組織的使命則規範了價值創造、溝通與傳遞的領域與目的。換句話說，行銷組織的使命，也就是它的自我定位。

　　第二章中我們曾經討論所謂「行銷近視症」，並且舉近期受數位化音樂環境影響頗深的傳統「唱片」業者為例，說明自我定位的狹隘代表行銷者想像力的貧弱，誤將歷史的偶然視為恆久的必然，因此容易執迷於過往輝煌，而被產業演化的巨浪吞噬。這中間關係到的，其實就是行銷者的自我定位。如果要去除行銷近視症，則行銷者必須首先將自己定位為對於某一種人類需求的經營者，而非某一種產品類型的提供者。在這樣的基調下，唱片公司的需求經營自我定位應是「音樂」或「娛樂」，客運公司應是「交通」

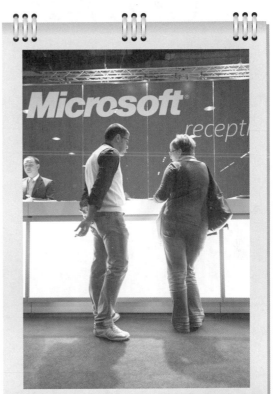

圖 3–5　Microsoft（微軟）的組織使命是承諾給予顧客最滿意、最有效的科技解決方案，並在正確時機提供正確的服務。

或「便捷」，餐廳應該是「氣氛」或「享受」，而電話公司應是「溝通」或「零距離」。而這一切的「使命」或「自我定位」，都指向一個焦點：顧客。

　　在一個行銷組織比較完整的使命表示或使命說明中，可能包含了一個企業的營運範疇、核心競爭力、市場區隔與營運地理區域等元素。表 3–2 列出公私營不同型態行銷組織自述的組織使命。

→ 表 3–2 各種型態行銷組織的組織使命

行銷者	官網上所述之組織使命
Google	組織全世界的資訊，讓全球都能使用並有所裨益。
Volvo	秉承專業知識，以優越的品質、安全和環保意識為訴求，提供與運輸相關產品和服務，滿足不同領域客戶的需求。
葛蘭素史克 (GSK) 藥廠	協助人類做得更多、生活得更美好，而且更長壽，進而提升全人類的生活品質。
TNT 快遞	在國際貨件、文件遞送方面，提供超出客戶期望的服務。
Microsoft 企業服務	對您企業成功的承諾、您的滿意是我們的第一目標、有效的科技解決方案、正確時機提供正確的服務。
臺灣博客邦媒體	開闊視野經營媒體、開放態度維繫社群、開拓網路無限可能。
中國匯源集團	營養大眾、惠及三農。
印度捷達航空 (Jet Airways)	成為印度最受人喜愛的國內航空公司。成為旅行人士自動首選航空公司，訂立其他競爭航空公司要尋求達到的標準。
新加坡大華銀行	成為亞太區的首選銀行,致力於為各界客戶提供高品質的產品和卓越的服務。
香港特別行政區政府水務署	以最符合成本效益的方式為客戶提供可靠充足的優質食水及海水。
香港中文大學	在各個學科領域,全面綜合地進行教學與研究,提供公共服務,致力保存、創造、應用及傳播知識,以滿足香港、全中國,以至世界各地人民的需要，並為人類的福祉作出貢獻。
OLPC 組織	每童一電腦 (one laptop per child)。

資料來源：表中各行銷者的官方網站。

3.3　策略事業單位

統一企業遵奉其創始人吳修齊先生強調「品質好、信用好、服務好、價錢公道」的「三好一公道」為經營理念。由臺灣開始，廣泛地經營各種民生食用產品。近期它的企業自我定位是「一首永為大家喜愛的食品交響樂」，藉以強調同心、永續、受顧客與市場歡迎、豐富多元與和諧的經營方向。作為一個集團，統一企業旗下有食糧群、乳飲群、速食群、綜合食品

群、保健群、流通事業群等產品、顧客各殊的事業群，每個事業群底下，則又有由顧客需要與相對應的技術所決定，在行銷活動與策略規劃上、競爭範疇界定上、績效利潤計算上各自獨立的策略事業單位 (strategic business unit, SBU)。

對於企業組織而言，每一個策略事業單位一方面經營不同的顧客需求，另一方面也是行銷競爭戰場中的「戰鬥單位」。在行銷組織使命的引導下，不同的策略事業單位有其不同的成立背景、生命週期、機會與問題。面對這些複雜的因素，企業組織需要分配

圖 3-6　統一企業秉持著「三好一公道」：品質好、信用好、服務好、價錢公道的理念發展至今，在食糧群、乳飲群、速食群、綜合食品群、保健群、流通事業群等市場都佔有一席之地。

資源予旗下各個策略事業單位。傳統上，面對由各策略事業單位總和成企業「策略事業資產組合」的資源配置問題，有著眼於市場成長率與相對市場佔有率的「波士頓顧問公司矩陣」(the BCG matrix)，以及著眼於市場吸引力與事業相對優勢的奇異公司矩陣 (the GE matrix) 等分析模式，協助高階經理人進行資源分派。

3.3.1　策略事業單位的資源分派

BCG 成長／佔有率矩陣

1970 年代，隨著歐美大型企業的多角化經營趨勢，對於企業資源配置決策相關的策略分析工具需求日殷。這個時候，波士頓顧問集團 (Boston Consulting Group, BCG) 提出了一個簡便易懂的分析模式，針對一個企業內的不同策略事業單位 (SBU)，依照每一策略事業單位其市場佔有率的相對高低以及市場成長率的相對高低，將其標示於如表 3-3 矩陣中四個方格之

內，是為 BCG 矩陣。藉此，企業進行策略事業單位的分類；任一策略事業單位皆可歸屬於市場成長率與市場佔有率均高的「明星」(stars) 事業、市場成長率高但市場佔有率低的「問題」(question marks) 事業、市場成長率低但市場佔有率高的「金牛」(cash cows) 事業與市場成長率與市場佔有率均低的「落水狗」(dogs) 事業其中之一。如表 3–3 所示，一個企業的策略事業資產組合 (portfolio) 可藉由 BCG 矩陣而一目了然。此外，BCG 並建議針對以上四類不同屬性的策略事業單位設定不同之策略作法。例如針對「問題」事業，可以考慮投注資源以增加市場佔有率，或在大勢無法逆轉的情況下從該策略事業單位以短期現金流入為目的進行收割的動作。又如對「金牛」事業，合適投注資源維持其市場優勢；對於「落水狗」事業，則可思考釜底抽薪的撤退策略，將資源移轉至較有前景的其他策略事業單位。

⊕ 表 3–3　BCG 矩陣

			相對市場佔有率	
			低	高
市場成長率		高	問題事業	明星事業
		低	落水狗事業	金牛事業

GE 市場吸引力／事業強度矩陣

同樣是 1970 年代，已經大規模進行多角化的美國 General Electric (GE) 公司，在麥肯錫企管顧問公司的協同下，開發出另一種策略事業資產組合分析模式。這種分析方法，將企業內各策略事業單位依照所在市場的吸引力 (由市場總規模、市場成長潛能、市場競爭密度、政經法條件等因素綜合決定，分為高、中、低三級) 以及該策略事業單位本身在市場中的競爭強度 (由策略事業單位的市場佔有率、品牌聲譽、生產效率等因素綜合決定，也分為強、中、弱三級)，歸類為九種。在這個分類架構下，每一類型的策略事業單位都有相對應的經營策略，如表 3–4 所示。

➔ 表 3–4　　GE 市場吸引性／事業強度矩陣

		事業強度		
		強	中	弱
市場吸引力	高	優勢維護策略： 保持投資，維持優勢	投資建構策略： 藉由投資強化弱處，試圖佔有市場龍頭位置	選擇性建構策略： 嘗試強化弱處，若不可行則對焦在有限的相對強勢項目上
	中	選擇性建構策略： 針對某些可欲的市場區隔加以選擇性的投資，運用優勢面對競爭	選擇性收益管理策略： 藉由選擇性投資於風險相對較低、收益相對較高的市場區隔，保護現有利益	有限的擴張或收割： 尋找風險較低的擴張之途；不然，則降低投資，尋求短期利益之收割
	低	保護與重新對焦策略： 防禦現有優勢、將焦點置於較短期的營收	收益管理策略： 降低投資，試圖維繫既有收益	結束策略： 尋求合適的撤出時機

資料來源：Day, George (1986), *Analysis for Strategic Marketing Decisions*, West Publishing Company, p. 204.

　　這類矩陣模式的策略工具因為淺顯易懂，數十年來普遍在商學院中廣為傳授、顧問業中大量運用。但也有若干研究指出，這類分析模式失諸僵化而片面，其誤導經理人的可能性甚高，益未必大於弊。❶

3.3.2　以策略事業單位為基礎的企業成長

　　資源分派之外，企業還面對著來自股東與其他利害關係人的業績成長壓力。在既有的策略事業資產組合狀況下，要達成一定程度的業績成長，企業常採取如表 3–5 中所列的成長策略，作為持續發展的預設軌道。

　　表 3–5 中所提到的 Ansoff 的產品／市場擴張矩陣，由策略研究領域的先行者伊戈爾安索夫 (Igor Ansoff) 於 1957 年提出。其簡示如表 3–6。這個矩陣很直觀地提醒經理人四種企業成長的可能方向。

---

❶　這方面的具體說明，詳見 Armstrong, J. and R. Brodie (1994), "Effects of Portfolio Planning Methods on Decision Making: Experimental Results," *International Journal of Research in Marketing*, 1, 85–90. 另見 faculty.unlv.edu/phelan/Research/BCG.pdf, www.forecastingprinciples.com/paperpdf/BCG%20Attitudes.ppt

表 3–5　企業的成長策略

策略	子策略或具體作法
密集成長 (intensive growth)	由 Ansoff 的產品／市場擴張矩陣選擇： 1. 市場滲透策略 2. 產品開發策略 3. 市場開發策略
整合成長 (integrative growth)	1. 向供應鏈的上游進行垂直整合 2. 向供應鏈的下游進行垂直整合 3. 向市場中的競爭廠商進行水平整合
多角化成長 (diversification growth)	1. 以既有產品為基礎的集中多角化 2. 以既有客群為基礎的水平多角化 3. 進入無關事業領域的集團多角化

參考資料：Kotler, Philip, Kevin Lane Keller, Swee Hoon Ang, Siew Meng Leong and Chin Tiong Tan (2006), *Marketing Management: An Asian Perspective*, 4th ed., Pearson Education South Asia.

表 3–6　Ansoff 產品／市場擴張矩陣

	既有產品	新產品
既有市場	市場滲透策略	產品開發策略
新市場	市場開發策略	多角化策略

3.4　策略分析與管理

3.4.1　企業內外部環境 SWOT 分析

　　SWOT 分析興起於 1960 年代，是最早一代的系統化策略分析工具，過去半世紀間在各種行銷與非行銷的環境分析情境中被廣為使用。這四個英文字母各自指引一個分析方向，而這四個分析方向又可區分為兩大類環境。

　　在多數的情況下，現代企業進行策略規劃時，都會從分析內外部的環境開始。從行銷的角度出發，企業檢視內部價值創造與提供過程中相對於競爭對手的長處與短處，便是所謂的內部環境分析。一個方便的檢視方法，

是如表 3-7 所示，從企業內部的各功能別狀況與整合情形，進行有系統的分析，得出企業內部的強處與弱點。

● 表 3-7　內部環境分析的檢查要項

大項	細項
行銷面	品牌資產、市場佔有率、顧客滿意度、顧客維持率、產品品質、服務品質、通路效能、需求價格彈性、創新能力、營業地域、銷售人力團隊戰力、整合行銷能力與效率等。
財務面	現金流量、有形資產、短期資產、損益狀況、歷史上各專案的投資報酬率等。
生產製造面	產能、經濟規模、客製化能力、人工技術水準、作業流程效率等。
組織面	企業使命與策略規劃的契合程度、組織文化、組織氣候、組織反應環境狀況能力、各部門協調溝通狀況等。

參考資料：Kotler, Philip, Kevin Lane Keller, Swee Hoon Ang, Siew Meng Leong, and Chin Tiong Tan (2006), *Marketing Management: An Asian Perspective*, 4th ed., Pearson Education South Asia.

至於組織的外部環境分析，一般而言則是針對如本書第四章所敘述之人口、經濟、政治、法律、科技、自然等組織鑲嵌於中而受其制約、影響的環境因素，逐一探討這些環境因素所象徵的機會與威脅。

內外部環境分析的總和呈現，則是通常稱為 SWOT 的分析模式。其中，S (strength) 指涉組織內部環境分析所得出的組織強項，W (weakness) 指涉組織內部環境分析所得出的組織弱項，O (opportunity) 指涉組織透過外部環境分析所認知組織於環境中所能掌握的機會，T (threat) 則指涉組織透過外部環境分析所認知組織於環境中所面對的威脅。

3.4.2　Michael Porter 的三種基本策略

根據 Michael Porter 於 1980 年所出版的策略經典 *Competitive Strategy: Techniques for Analyzing Industries and Competitors*，一個行銷者瞭解到自身強弱與環境中的機會、威脅後，可以從三種基本策略中擇一作為經營策略。這三種基本策略分別是：

1. **全面性價格領導策略** (overall cost leadership)

如果行銷者透過作業流程、採購、物流等環節的效率化提升，而在產品或服務提供上可以達到規模經濟效果時，則可以因為成本降低而訴諸低價搶市。例如 EMS 大廠的鴻海，即具備此種能耐而得以價格優勢縱橫市場。

2. **差異化經營策略** (differentiation)

採取此一策略的行銷者，尋求針對行銷組合中的某些元素，進行具有價值的差異化經營。例如某些航空公司的商務艙強調座椅可以平躺如床、奢侈品強調品牌故事與產品質感，都屬差異化經營的作法。

圖 3-7　Swatch 走個性化、有獨特色彩的路線，有很強烈的品牌辨識度，在手錶市場中獨具一格。

3. **集中化經營策略** (focus)

採取此一策略的行銷者，將資源集中於某一項組織強處與機會點而加以發揮。在行銷領域裡，所謂的「利基」市場經營者，便常是採取集中化經營策略。例如某些牙醫診所以牙齒矯正為主業、某些律師事務所專營智慧財產權業務，都是集中化經營策略的體現。

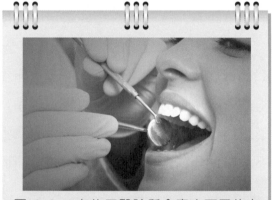

圖 3-8　有的牙醫診所會專攻不同的主業，如齒列矯正、牙齒美白，這即是集中化策略的展現。

3.4.3　資源基礎的觀點

相對於 Michael Porter 以產業結構為主的策略聚焦觀點，1990 年代興起的資源基礎觀點 (resource-based view, RBV) 則從需求、資源稀有性與資

源專有性等組織資源特性作為策略分析與規劃的焦點。科里斯 (Collis) 與蒙哥馬利 (Montgomery) 兩位學者於 90 年代中期發表於 *Harvard Business Review* 的一篇文章，便具體地說明資源基礎觀點的策略思考方向。根據他們的分析，組織所擁有的資源在市場競爭到底有多少實質價值，可由如表 3-8 所列的幾項標準來評斷。

⊙ 表 3-8　資源基礎觀點下組織資源價值的決定因素

不可模仿性 (inimitability)	1.透過無法被模仿的資源（如專利權、特殊地點等）而產生。 2.透過特殊的歷史演化背景而產生，即所謂發展史上的「路徑依存」 (path dependency)。 3.透過長久發展出的組織文化而產生。 4.透過龐大沉入成本的投入所帶來的阻卻效果而產生。
耐久性 (durability)	多數資源的壽命有限；尤其當產業面臨到遊戲規則被改寫的「破壞性創造」時，原先的組織資源可能便喪失意義。
專有性 (appropriability)	資源究竟屬於組織中的某些個人，或者緊密鑲嵌於組織中，有很大的差異。如果是前者，則人去以後便樓空。
替代性 (substitutability)	如果競爭者可以用其他方式取代組織所具有的資源，則該資源的價值就會降低。
競爭優越性 (competitive superiority)	指涉詳細的組織獨特能力。

參考資料：Collis, David J. and Cynthia A. Montgomery (1995), "Competing on Resources: Strategy in the 1990s," *Harvard Business Review*, July/August, 118−128.

　　根據 Collis 與 Montgomery 的闡述，組織一旦認知到資源的價值，則其面對市場競爭時最重要的準備工作便是厚植有價值的資源實力。這又可以分三個面向來進行管理：❷

⑴進行資源投資

　　資源，一如其他的組織資產，都會因折舊而導致價值的減失。因此，組織必須不斷地對於關鍵性資源進行投資。例如迪士尼在 1980 年代中期之前曾有一段長時間沒有什麼亮眼的產品出現，直至新總裁艾斯納 (Michael

---

❷　詳 Collis, David J. and Cynthia A. Montgomery (1995), "Competing on Resources: Strategy in the 1990s," *Harvard Business Review*, July / August, 118−128.

Eisner) 於 1984 年上任後投資 5,000 萬美元邀請史蒂芬史匹柏製作「威探闖通關」(Who Framed Roger Rabbit)，才重新積累起迪士尼傳統招牌的動畫電影產品相關資源，而有後續「美女與野獸」、「獅子王」、「阿拉丁」等暢銷動畫片的陸續出現。

⑵設法將既有資源升級、擴大

不少組織事實上先天就缺乏獨特的高價值資源。對於這樣的組織，Collis 與 Montgomery 的建議是沒資源要找資源，找到資源要讓這些資源逐步升級。例如 Intel 除了本身的技術資源外，又透過 "Intel Inside" 的整合行銷溝通努力，在技術資源基礎上積累出品牌資源。又如

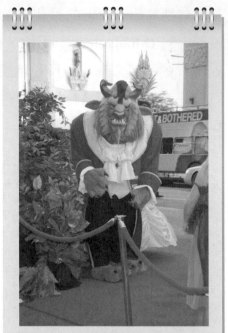

圖 3-9　迪士尼在 1991 年推出的電影「美女與野獸」，不但票房表現亮眼，還榮獲兩座奧斯卡金像獎，而且也是影史第一部被提名奧斯卡最佳影片的動畫電影。

SHARP 原只是日本二線的電視與收音機組裝廠，但因為有創辦人早川德次的堅持研發創新，而能在有限技術與不利環境條件下精進，而於 1964 年產製出可第一臺商品化的電子計算機，其後又在此基礎上於 LCD 與攝錄影機等範疇技術上取得領先的地位。

⑶務實地運用既有資源

Collis 與 Montgomery 指出，面對組織既有資源時，管理者容易犯下三個錯誤：

▮ 高估資源的可移轉性：例如 Marks & Spencer 試圖複製移轉其在英國與歐洲地區經營有成的零售營運模式，但在北美（以及如臺灣）等市場相繼失敗，可能因為忽略了「路徑依存」的重要性，在橫的移植的過程中發生水土不服的狀況。

▮ 因身處高獲利產業而高估組織競爭力：例如菸草公司 Philip Morris Company，其在菸草事業上的成功很大一部分來自該產業的進入障礙。當 Philip Morris 因為在菸草產業經營的成功而自信地跨足軟性飲料市場

時，因為這個市場並無甚進入障礙，整個環境迥異於菸草業，因此 Philip Morris 以菸草業的思維經營 7-UP 等飲料，最終仍無法成功。

📓 高估了一般性資源的價值：例如克萊斯勒以設計與製造技術自豪，曾因此跨足航太工業，但最終仍因為產業差異性的無法調適，而必須撤出回到本業。

🖌 3.4.4　策略地圖 ❸

策略學者卡普蘭 (Kaplan) 與諾頓 (Norton) 主張策略是從組織高層抽象使命以降，直至基層前線與後臺日常作業的連鎖邏輯中環環相扣的諸環節其中的一環，並且重點在於尋找替組織的利害關係人 (stakeholders) 如顧客、股東等創造價值的最適路徑。在這樣的脈絡下，組織策略接續關乎組織存在理由、組織員工價值觀的組織使命，以及界定中長期組織目標的願景 (vision)，而規劃組織價值創造的步驟部署。

● 表 3–9　策略地圖的基本價值主張

價值主張策略	特性	事例
低總成本 (low total cost)	以具競爭力的價格提供品質良好、樸實有效率的市場交易	西南航空、戴爾電腦
產品領導 (product leadership)	以深具特色的優異產品／服務特性，讓頂尖顧客願意支付高價進行交易	賓士汽車、英特爾
完整顧客解決方案 (complete customer solutions)	強調透過量身訂作的解決方案提供，與顧客建立長遠的關係	IBM、美孚石油
系統鎖定 (system lock-in)	藉由顧客熟悉本身系統所投入的學習成本而提高顧客轉換系統時的轉換成本，與顧客建立長遠的關係	Microsoft、eBay

參考資料：Kaplan, Robert and David P. Norton (2003), *Strategy Map: Converting Intangible Assets into Tangible Outcomes*, Harvard Business School Publishing Corporation 其中譯本《策略地圖》(2004)，臉譜出版。

---

❸　本節主要參考 Kaplan, Robert and David P. Norton (2003), *Strategy Map: Converting Intangible Assets into Tangible Outcomes*, Harvard Business School Publishing Corporation 其中譯本《策略地圖》(2004)，臉譜出版。

　　組織策略因此根源於組織的文化與領導風格，以學習與成長過程中所積累的人力資本、資訊資本、組織資本等為基礎，從而規劃制定合適的營運管理、顧客管理、創新管理以及法規與社會環境管理等流程，藉此創造獨特的利益予顧客，並進而透過成本結構改善、資產利用率提升、營收增加機會的搜尋、顧客價值的強化等方式，將該獨特利益所帶來的顧客價值主張轉換為長期股東價值。表 3–9 勾勒出策略地圖的基本價值主張，圖 3–10 則說明策略地圖相關面向的相互關聯。

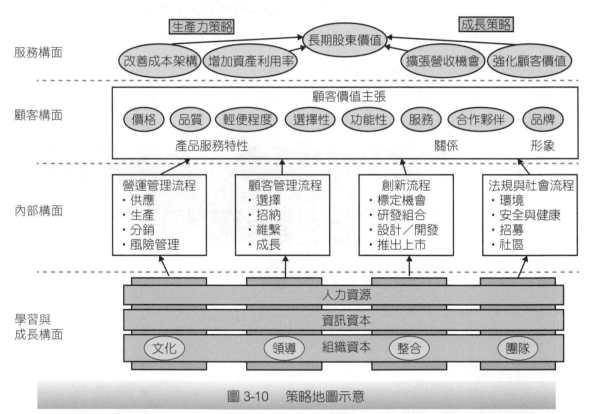

圖 3-10　策略地圖示意

資料來源：Kaplan, Robert and David P. Norton (2003), *Strategy Map: Converting Intangible Assets into Tangible Outcomes*, Harvard Business School Publishing Corporation 其中譯本《策略地圖》(2004)，臉譜出版，第 49 頁圖。

3.5　全球化環境下的行銷組織 ❹

　　由於資訊通訊技術的進步、跨國交通的頻繁、各地消費者對於全球品牌的逐步熟悉，行銷者過往因為地理因素而面對的活動限制（或保護），在全球化的浪潮下已不復以往般重要。行銷者因此面對的是全球性的潛在客群經營可能性，但同時也面對了全球性的競爭壓力。除了本章之前所介紹的各種行銷組織與策略議題外，面對全球化趨勢，行銷組織尚應有一明確的行銷相關策略。

如此可樂：可口可樂的海外經營

　　1930 年可口可樂成立「可口可樂出口公司」(Coca-Cola Export Corporation)，取代原有負責海外業務拓展的國外部門 (foreign department)。30 年代中葉起，開始在美國境外設廠製造可樂糖漿。但 30 年代仍碰到許多問題，例如德國政府健康部門不斷質疑可口可樂的古柯葉萃取成分，墨西哥政府要求可樂原料成分需完全公開，古柯葉原料來源的祕魯則抗議可口可樂商標中的 Coca 字眼將該國的原產物壟斷為專有品牌。

　　1990 年代可口可樂公司有 80% 的利潤來自美國以外的市場。這個時候公司意識到公司的管理架構必須隨著全球化態勢有所調整，於是將可口可樂組織設計上原先的「北美」與「國際」二分法改為依照全球五大地理區市場劃分，管理可口可樂發源地北美市場的部門這時候在組織設計上的地位同負責其他四大地理區市場的另四個部門相同。

3.5.1　全球化競爭中的關鍵行銷決策

　　一般而言，在全球競爭中，行銷者將視野拓及母國以外的市場時，最

---
❹　本節主要參考自 Keegan, Warren J. (1995), *Multinational Marketing Management*, 5th ed., Prentice Hall, pp. 378–381.

關鍵的決策有三，分別是：(1)是否開始進行跨國行銷？(2)選擇進入哪些市場？(3)應以何種模式進入選定的市場？以下針對這三個關鍵問題，簡要地加以說明。

決策項目一：是否開始進行跨國行銷？

跨國行銷一方面可能藉由潛在客群的接觸，而替行銷者大規模地擴展市場；但另一方面，卻也意味著龐大的成本與不熟悉的風險。一般而言，行銷者具備以下所述各條件其中至少一項時，才會開始嚴肅地評估跨國行銷活動的成本與效益：

(1)當行銷者有足夠產能，而本國市場需求有限，需進入他國市場以追求生產上的規模經濟時。

(2)當行銷者發現所行銷的產品或服務在國外市場有顯著的需求時。

(3)當他國市場中競爭飽和度較本國市場顯著為低，且進入障礙不高時。

(4)當行銷者企圖透過國外行銷，將本國品牌加以全球化時。

(5)在商業行銷情境中，當本國顧客外移至他國，而行銷者欲繼續服務這些顧客時。

決策項目二：選擇進入哪些市場？

一旦決定跨足海外進行行銷活動，行銷者的下一個決策項目是要進入哪些市場。此時需要針對以下各點加以分析，以做成較適切的決策。

(1)市場環境評估

根據第四章中所討論的行銷環境分析原則，行銷者應針對各個可能進入的市場中人口、文化、經濟、政治、法律、技術、自然環境、交通等條件進行分析，評估這些條件下進入各該市場的預期利益與風險。

競爭狀況

從競爭的角度看市場進入的選擇，有幾種可能性。當行銷者希望創造某一地理市場中的先進入者優勢 (first mover advantage)，或者希望在競爭對手鯨吞整個市場前爭取該地一部分的市場佔有率，或者希望能藉由強勢攻擊競爭者主導的地理市場而以「圍魏救趙」的方式鬆解本國市場中所面臨的競爭時，則合適進入各該市場。而如果行銷者資源有限，無意以攻擊者的角色與已佔據國外市場的競爭者發生正面衝突，或者不希望第一個進

入某個新興市場而期待競爭者先行進入以教育潛在顧客，則自然適合暫時先避開各該市場。

經貿協定

許多國家間簽有經貿協定（如北美自由貿易區、東南亞國協）或甚至於經濟整合的共識（如歐盟）。行銷者有時企圖先在有此類協定或共識的國家間，擇一先進入其中進入障礙較低的國家，建立橋頭堡，作為後續開發其他相關市場的策源地。

⑵企業策略

某些企業擬有品牌經營的長期願景 (vision)，或是具備積極市場擴張的策略意圖 (strategic intent)。對於這些企業而言，海外市場的策略考慮的便不是一個時點，而是長時間擴張過程中的市場進入序列安排。這類的長期進入序列安排，其考量可能包括市場文化的學習、人才的培育、產品的在地化、產量與市場總需求的配適等等環節。

決策項目三：應以何種模式進入選定的市場？

⑴間接出口

行銷者的間接出口，靠的是貿易商或代理商協助各出口作業細節與進口國家的市場開發。這是種風險與相對報酬都最小的市場進入方法。

⑵直接出口

行銷者憑藉自有的出口部門，自力執行出口業務；但在進口國端，行銷者一般仍需透過當地通路商的合作，將產品遞送給最終顧客。

⑶授權

行銷者將生產流程、專利權、商標或其他營業機密授權予其他廠商，由其他廠商在他國進行生產，是所謂的授權 (licensing)。對於行銷者而言，此種作法可以保障授權期間來自權利金的營收，而風險則是取得授權者透過學習，可能完全掌握行銷者特有的價值創造、溝通、傳遞方法，而於授權期間過後可能養虎為患地成為行銷者的直接競爭者。

⑷合資

國際行銷的情境中，行銷者欲進入不熟悉的海外市場時一種常見的方式是與熟悉該市場的企業合資 (joint venture) 經營。合資的好處是雙方可以

互相截長補短，而可能的壞處則是雙方可能因經營理念的不一致而發生齟齬，而且品牌行銷者在合資情境下，有可能因為必須遷就合資對象的作業模式，而無法百分之百地執行品牌設計中的每一個執行細節。

⑸直接投資

行銷者可能以新建或購買的方式，直接在海外市場設立子公司，獨力經營該市場的行銷，是為直接投資。直接投資是風險與相對的預期報酬都很大的市場進入方式，合適資源充沛的企業在品牌經營的前提下採用。

3.5.2 全球行銷組合規劃

距今將近 30 年前，行銷學界的巨擘 Theodore Levitt 即在他討論市場全球化趨勢下行銷者因應策略的著名文章中，❺明確區別跨國性企業 (multinational corporation) 與全球性企業 (global corporation)。它界定前者的基本策略是對於行銷組合進行大量調整以適應不同市場，而後者則是以齊一的尺度經營全球各市場。按照他的見解，在彼時方興未艾的全球化浪潮中，致勝之道是追求如福特早年產製 T 型汽車般，運用量產的規模經濟，追求高品質、合理售價而型式齊一的產品或服務，藉之經營所有的地區市場。他認為彼時包括可口可樂、SONY、日本車廠等成功事例，都在在說明了這

圖 3–11　Theodore Levitt 認為洗衣機行銷者應該推出統一規格型式、高品質、通銷各國的齊一產品，而非因應在地化客製化產品。他認為這樣才能在量產下達到規模經濟，結合合理售價與高品質滿足消費者的需求。

個原則的適用性。他另外舉 1960 年代西歐的自動洗衣機需求為例；當時行銷研究顯示各國消費者對於洗衣量、水溫、機器開蓋方式、機體材質、外觀等產品特性的偏好都不同，但是若根據這些異質需求而針對零碎的小國

---

❺　Levitt, Theodore (1983), "The Globalization of Markets," *Harvard Business Review*, May/June.

家市場客製化洗衣機產品，在成本效益上將十分不經濟。因此，他主張洗衣機行銷者應該推出的，其實是統一規格型式、高品質、通銷各國的齊一產品，在量產造成的規模經濟下結合合理售價與高品質，便能滿足西歐各國消費者潛在的、未言明的真正需求。該文中根據產品與溝通兩大變數，說明行銷者在國際化過程中可能採取如表 3–10 所示的各種策略。

　　Theodore Levitt 在當時即主張「地球是平的」(The Earth Is Flat)，呼籲全球性企業除非全球統一的行銷組合在某地遇到無法突破的困難，否則便應堅持全球一致的作法，盡量避免在地化的作為。

⊛ 表 3–10　行銷者在國際化過程中可能採取的策略組合

		產品策略		
		不變更	適應性調整	開發新產品
溝通策略	不變更	直接延伸	產品調整	產品創新
	變更	溝通調整	雙重調整	

參考資料：Levitt, Theodore (1983), "The Globalization of Markets," *Harvard Business Review*, May/June.

如此可樂：黑松汽水與可口可樂

　　1931 年現有品牌成立的黑松汽水，在二次戰後的品牌經營歷程中，大量倚重各種適時適地的行銷溝通方式。1950 年代，主要的大眾溝通媒介是廣播，所以當時黑松贊助中廣開闢「黑松汽水流行歌曲競賽」；同一時期，黑松還藉由參與商展、廟會、國慶活動等貼近消費者的方式進行品牌溝通。1960 年代中期臺灣進入電視時代後，黑松的電視與其他媒體廣告，除了繼續累積品牌資產外，還意外地陸續捧紅了白嘉莉、崔苔菁、王祖賢、張雨生、李心潔等各個時代的一線紅星。

　　1967 年起，可口可樂與百事可樂等國際品牌開始陸續進入臺灣市場。據說，當時可口可樂曾表示五年內就會讓黑松從飲料市場消失。這時黑松的作法，是依照可口可樂的規格，從產品面改變瓶身、包裝、標籤等元素，並透過強大的經銷體系鞏固市場。在這樣的態勢下，臺灣的碳酸飲料市場的大餅透過國際品牌的進入而變大，但黑松在可口可樂與百事可樂攻城掠地之際營

業額仍持續成長，由 1977 年的新臺幣 12 億元擴展到高峰期 1997 年的新臺幣 47.7 億元。這場土洋碳酸飲料的戰爭，黑松長時間在市佔率上保持領先的地位。直到近期，可口可樂隨著通路結構的改變，以可樂、芬達、雪碧三個品牌正規軍正面出擊，並進行業界所謂的「三打二」策略的攻勢（二指的是黑松沙士與黑松汽水），黑松的碳酸飲料龍頭地位才拱手讓給可口可樂。截至 2006 年，臺灣碳酸飲料市場中，可口可樂集團的市佔率超過三成，而黑松則佔 27%。

參考資料：楊雅民 (2006)，〈從奢侈品變成大眾化飲料〉，〈黑松廣告：臺灣巨星的搖籃〉，〈汽水瓶形人偶廟會出巡〉，《自由時報》，8 月 20 日 C2 版。

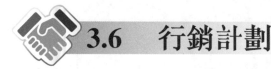

3.6 行銷計劃

3.6.1 什麼是行銷計劃[6]

　　組織的行銷策略通常以文字敘述的方式，藉由「行銷計劃」呈現、溝通、記錄。「行銷計劃」（有時也稱為「行銷計劃書」或「行銷企劃書」）是針對某一產品或服務在未來一段時間內的行銷，描述該期間內種種行銷活動與其背後策略考量的書面規劃方案。

　　對一個行銷者來說，一份行銷計劃 (marketing plan) 可能與某個新產品發展或上市有關，可能策動某次價格戰的發動，可能就與某一新通路商結盟進行規劃，可能是新一波整合行銷溝通活動的準備，也可能是這些行銷組合元素一起變動調整的藍圖。除了執行面的行銷組合課題外，行銷計劃也常牽涉到行銷策略的改變、STP 規劃的調整。行銷計劃可粗分為常態性的計劃（如年度計劃、季計劃等）與非常態性計劃（如某波溝通活動的計劃、某新產品上市計劃等）。

　　從組織層級架構的角度看待行銷計劃，則它是組織內大大小小、遠遠

---

[6] 本節主要參考自 Winer, Russell S. (2007), *Marketing Management*, 3rd ed., Pearson.

近近與行銷相關的各式規劃活動中，聚焦最清楚、內容最縝密詳細的規劃活動結果。位階上，它從屬於組織使命、策略規劃、策略事業單位規劃一脈以降的策略事業單位細部規劃。就一份文件而言，它則是行銷組織針對環境進行分析、對行銷相關資訊進行彙總、對行銷目標與策略進行規劃、對需用資源進行配置的種種規劃活動之最終呈現。

3.6.2　行銷計劃的內容

雖然撰寫行銷計劃的情境各殊，但是行銷計劃的架構則大同小異。以下，以一個涵蓋計劃概覽、情勢評估、行銷目標、行銷策略、執行方案、財務預測、計劃控管、計劃假設等八大重點的計劃書略加說明。

⑴計劃概覽 (executive summary)

這個部分有時以計劃書詳細目錄的方式呈現，有時以綱目方式列示計劃內容的梗概，有時則以簡潔的段落式文字敘述書寫，旨在點出該計劃的重點。一般來說，計劃概覽被放在計劃的最前面，卻需要等到計劃內其他項目書寫完成後才有辦法統整製作這個部分。

⑵情勢評估 (situational assessment)

這個部分將計劃相關的環境因素加以具體描述、評估。包括計劃相關產品或產業背景、相關歷史數據、環境變數現狀、市場供需狀況與其他攸關動態等內容，都可在此呈現。在不少的行銷計劃書中，這個部分也常以 SWOT 分析的方式來描述規劃行銷活動所處的內外部環境狀況。

⑶行銷目標 (marketing objectives)

此處，清楚地以量化的方式呈現計劃執行完畢後，期待能達成的顧客行為面（如交易量、交易金額、交易頻率等）、態度面（如產品／品牌知名度、產品／品牌指名度、產品／品牌偏好程度等）、關係面（如新增顧客數、顧客流失率等）指標。

⑷行銷策略 (marketing strategy)

透過先前所勾勒出的狀況與期待，從策略面分析市場區隔、選擇可欲的區隔、並說明相關的定位策略。

⑸執行方案 (implementation plan)

關於產品面、價格面、通路面、溝通面的細部執行方案規劃（含項目、時程、執行人員／部門等），在這個部分完整地陳述。在行銷組合之外，也可進一步描述組織分工、顧客關係管理、顧客資訊取得等相關的面向。

(6)財務預測 (financial projections)

財務預測包含財務支出面與收入面的規劃。在支出方面，應就各活動細節的成本詳實進行計算。在收入方面，則應透過系統性的銷售預測動作，規劃未來因本計劃而產生之收益。

(7)計劃控管 (implementation controls)

這部分可以包括計劃稽核相關的部門、人員、項目、時程等環節的安排，預先規劃妥整個計劃的控管。

(8)計劃假設 (planning assumptions)

這個部分應闡明計劃撰寫時的關鍵性假設，以及與這些假設相關的現實面未來若有所變動時計劃應調整變動的部分。有時，比較審慎的行銷者會要求在這個部分完整地呈現各種應變計劃 (contingency plan)。

 分組討論

1. 章首的「行銷三兩事」中提到各個市場中，在國際品牌競爭下，都仍存在著一些「在地贏家」。臺灣有沒有這樣本土的「在地贏家」？如果有的話，請分析一下它成功的條件。

2. 你目前身邊的各種用品，包括哪些品牌？上網找一找這些品牌行銷者自述的使命。

3. 請替你目前所在的學校，針對它在高等教育市場競爭中的實際狀況，進行 SWOT 分析。

4. 找一家便利商店，看看冷藏貨架上陳列的啤酒。其中國外來的啤酒有哪些？從瓶罐包裝的文字開始，試著瞭解這些國外啤酒行銷者用什麼樣的模式進入臺灣市場？

5. 試著瞭解《地球是平的》這本書的重點。你認為地球是平的嗎？有沒有哪些地方不平呢？

筆記欄

4

行銷的總體環境

本章重點
◢ 瞭解何謂行銷的總體環境
◢ 認識行銷總體環境的各個元素
◢ 瞭解行銷總體環境對於行銷者而言的重要性
◢ 掌握重要行銷總體環境的現狀與變動趨勢
◢ 熟悉行銷者進行國際化活動時的關鍵性決策

行銷三兩事： 金字塔底層的市場

　　到 2004 年為止，全世界有超過 40 億的人口，年所得經過購買力平價調整後低於 1,500 美元，被稱為是「金字塔底層」 (bottom of the pyramid, BOP) 的消費者。BOP，也就是我們一般所稱的窮人，常常是被行銷者認為無利可圖而棄卻的消費者。2004 年著名的策略學者普拉哈拉德 (Prahalad)，卻透過學生的專案研究計劃集合，告訴行銷者：這些窮人一樣是有利可圖的好客戶，企業可以一面服務廣大的窮人而盡到企業的社會責任，一面透過這些服務賺錢。前提是，企業本身要有足夠的創意，以創新的商業模式經營窮人客群。

　　根據 Prahalad 的分析，傳統思維的行銷者認為金字塔底層的窮人缺乏購買力、要配送物品給窮人市場很不經濟、窮人沒有品牌意識、窮人不願意接受新技術；而因為以上的各種認知，所以結論自然是窮人市場不值得開發。但是，從許多對金字塔底層消費者進行行銷的成功案例顯示，這些想法都只是過往的迷思。個別窮人固然消費力不高，但整個金字塔底層的總消費力仍相當驚人。對窮人進行配送的不經濟，其實是因為開發中國家的基礎建設常有獎富抑貧；但窮人和所有其他消費者一樣，都希望能消費品質有保障的品牌產品。只要窮人買得起、方便取得，窮人一樣喜歡享受技術進步所帶來的福祉。

　　以印度最大的肥皂商聯合利華 (Unilever) 為例，認知到印度每年有幾十萬人死於痢疾，任何時候該國全國人口的百分之十都正受痢疾所苦，但是痢疾只要藉由良好的個人衛生洗手習慣就可以防範，而聯合利華正好提供產品線齊全的個人清潔用品，於是便以自家的肥皂產品為基礎，結合政府的衛生宣導、教育界的知識傳播、社區的口耳相

圖 4–1　印度聯合利華 (Unilever) 瞄準金字塔底層的消費者,行銷適合印度鄉村居民的新款肥皂。

傳乃至行為改變，進行大規模的整合行銷傳播活動。在這個活動中，主要訴

求的產品是印度聯合利華旗下老牌子的肥皂 Lifebuoy。首先，聯合利華認知到廣大金字塔底層的消費者需要耐用、低價的肥皂以持續肥皂洗手的動機，因此先進行產品改良，推出體積變小、價錢降低但清洗耐用度與以前產品一樣的新款 Lifebuoy 肥皂。同時，聯合利華透過消費者調查，發現印度鄉村居民認為油膩、沾汙的手的確不乾淨而該好好清洗，卻對於看似乾淨但充滿病菌的雙手不具備危機意識。因此，印度聯合利華與印度奧美廣告公司合作，設計出巡迴鄉間的雙人敞篷車，車上配有一套供隨行人員與觀眾互動，藉以凸顯看不見的病菌可怕之處的簡單實驗設備。在廣大的印度鄉間，選定擁有中學的村莊，由這些敞篷車藉學校、村莊政府與社區的協助開始巡迴針對學生族群溝通，希望學生接受洗手觀念後回到家裡再把這觀念傳播給其他家庭成員。

墨西哥的 CEMEX 水泥企業是另外一個藉由創意，成功經營金字塔底層市場的例子。根據這家公司的估計，全墨西哥每年水泥市場中，有大約 40% 的銷售量是一般民眾購置自助建屋之用。相對於大型建築營造客戶很容易受到景氣波動而調整水泥購買的數量，這一群自助建屋者始終展現著持續性的水泥需求。所以總體而言，這個由一大群「螞蟻雄兵」所形構的市場區隔，反倒是水泥市場中的安定力量。仔細分析這個市場區隔，CEMEX 發現這裡頭普遍是 6 到 10 人組成的家戶，其中許多貧苦家庭需要東省西儉儲蓄 4 年才有辦法存錢買水泥蓋一個房間，而要蓋好一個四房的屋子，則需要花上 16 年的時間。

針對這些為貧苦所壓抑的建屋水泥需求，CEMEX 設計出一套結合信用貸款與人際網絡，對於公司與金字塔底層消費者而言雙贏的專案，名為 "Patrimonio Hoy"。這個專案採小組型式接受顧客，每組顧客限制為 3 人，組妥後向 CEMEX 的分支點註冊。註冊後，CEMEX 派出技師前往小組每位成員住處瞭解其各自的建築規劃與水泥

圖 4-2　墨西哥 CEMEX 水泥企業針對貧苦家庭的建屋水泥需求，設計出一套結合信用貸款與人際網絡，對於公司與金字塔底層消費者而言雙贏的專案，名為 "Patrimonio Hoy"。

需求，並提供建築諮商的服務。接下來，每一週每個組員透過輪值的「組頭」，匯出 N 元給 CEMEX；滿五週後 CEMEX 就先提供價值為 $10N$ 元的水泥材料，等於透過組員前五週所建立的信用 $(5N)$ 而以水泥的型態給予價值 $5N$ 的信用貸款 $(10N - 5N = 5N)$。類似的信貸模式持續進行，貫串整個小組的建築過程。透過這樣的機制，金字塔底層的消費者可以從無中建立可供貸借之用的個人信用，並且在網絡壓力下將儲蓄行為規律化，而最終享受到高品質的水泥供應。不少參與 Patrimonio Hoy 的墨西哥人，因為專案的設計，把原先可能要花 4 年的房間建築時間縮短到 1 年半，提早完成了建設完整家園的夢想。另一方面，CEMEX 並且在美國墨西哥籍人民聚集打工的城市設置分駐點，供這些離鄉背井的打工者將儲蓄下來的工資匯回家鄉的建房專案計劃中，更進一步加速房屋興建的腳步。

參考資料：Prahalad, C. K. (2004), "The Fortune at the Bottom of the Pyramid: Eradicating Poverty through Profits," Wharton School Publishing.

4.1　總體環境概述

根據第一章所提到的定義，行銷，是藉由產生於社會網絡中的交易行為，所進行的價值創造、溝通與遞送活動。這裡所謂的社會網絡，範圍可大可小，但無論如何，必然都鑲嵌在由它所存在的情境中人口、經濟、社會、政治、法律、科技、自然等因素所組成的影響脈絡裡。對於行銷者而言，這些因素便成為影響各種行銷活動的「總體環境」。唯有時時分析總體環境，行銷者才有可能實際瞭解市場上各種需求和競爭的來源，調整自己的步伐，而不至於在快速變遷的市場競爭中脫節、落後。❶

總體環境分析，對於行銷者而言有領域上和尺度上的兩方面意涵。從

---

❶　此外，行銷者也面對著切身相關的供應商、顧客、股東、競爭對手、工會與其他各種利益團體。這些個體的總和，有時也被稱為是行銷者所面對的「個體環境」。由於行銷個體環境中各個元素對於行銷者而言代表不同的意義，需要行銷者一一去理解與管理，因此本書將行銷者對於行銷個體環境中各元素的管理，於分散的章節中討論。本處因此不再贅述。

領域的角度而言，行銷者所面對的是一個複雜的、混沌的、開放的環境，而不是一個可以由工程角度理解的封閉系統。因此，行銷者必須有開放的心胸、多元的視野，具備跨領域的知識，以詮釋各種環境變貌。從尺度的角度而言，總體環境分析可以對焦在一個區域、一個國家、一個洲、甚或全球等不同尺度上；然而在全球化的浪潮下，較小範圍（例如臺灣）的總體環境不可能獨立存在，必然

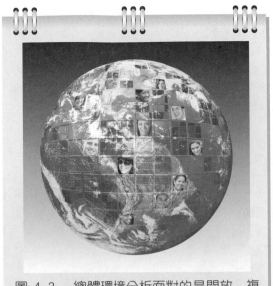

圖 4-3　總體環境分析面對的是開放、複雜、多變的環境，尤其在全球化的浪潮之下，行銷者更應具備全球視野以掌握市場先機。

受到較大尺度（例如全球）的總體環境所影響。因此，即便是強調「在地經營」的行銷者，若欲理解市場變貌、掌握市場先機，仍應該具備「全球視野」。

表 4-1 比較我國與若干國家間近期在人口、經濟、社會、科技等總體環境上的一些關鍵指標。表中所涵蓋的面向，將在本章各節中一一說明。

➡ 表 4-1　臺灣與他國在總體環境重要指標上的比較

	單位	基準	臺灣	南韓	日本	新加坡	中國	英國	德國	美國
人口	百萬人	2008	23.0	48.6	127.7	4.8	1,324.7	61.3	82.2	304.5
2025 年人口預測	百萬人	2008	23.8	49.1	119.3	5.3	1,476.0	68.8	79.6	355.7
粗出生率	千分比	2008	9	10	9	11	12	13	8	14
粗死亡率	千分比	2008	6	5	9	5	7	9	10	8
扶養比	百分比	2008	38	39	54	39	37	52	49	49
總生育率	人	2008	1.1	1.3	1.3	1.4	1.6	1.9	1.3	2.1
都市人口比率	百分比	2008	70	82	79	100	45	80	73	79
粗結婚率	對／千人	2006	6.3	6.8	5.8	5.4	7.2	5.2	4.5	7.3
粗離婚率	對／千人	2006	2.8	2.6	2.0	1.6	1.5	2.4	2.3	3.6
男性初婚平均年齡	歲	2007	31	31	30	30	26	32	33	29
女性初婚平均年齡	歲	2007	28	28	28	27	23	30	30	27

平均餘命	歲	2006	77.9	78.2	82.4	79.7	72.7	79.2	79.3	78.0
嬰兒死亡率	千分比	2008	4.5	4.0	2.8	2.4	23.0	4.9	3.9	6.6
就業比:農業	百分比	2007	5.3	7.4	4.2	–	40.8	1.4	2.2	1.4
就業比:工業	百分比	2007	36.8	25.9	27.9	31.0	26.8	22.3	29.6	20.6
就業比:服務業	百分比	2007	57.9	66.7	67.9	68.4	32.4	76.3	68.2	78.0
平均每人國內生產毛額	美元	2007	16,855	20,015	34,326	36,384	2,489	45,993	40,369	45,760
按 PPP 之平均每人 GDP	美元	2006	28,028	22,985	31,951	47,426	4,682	32,654	31,766	43,968
所得戶數 5 等分最低所得組所得佔總所得比	百分比	2007	6.8	6.2	6.5	4.1	4.3	5.7	8.5	4.3
所得戶數 5 等分最高所得組所得佔總所得比	百分比	2007	40.4	42.6	41.4	53.4	51.9	44.4	36.9	48.3
第 5 分位組所得佔總所得比為第 1 分位組之倍數	倍	2007	6.0	6.8	6.4	12.9	12.2	7.8	4.3	11.1
個人連網普及率	百分比	2007	64.4	76.3	68.9	70.0	16.0	72.0	72.0	72.5
每百人行動電話用戶數	戶	2007	105.8	90.2	83.9	133.5	41.2	120.5	117.6	86.0
國會議員女性比率	百分比	2006	21.0	13.7	12.3	24.5	21.3	19.6	30.6	16.6
管理及經理人女性比率	百分比	2006	18	8	10	31	17	35	38	42
專技人員女性比率	百分比	2006	45	40	47	44	52	47	50	55
女性平均工作所得佔男性比	百分比	2006	60	52	46	52	65	70	61	64

資料來源:〈2008 年行政院主計處社會指標統計年報〉,頁 160–163。

4.2　人口環境

　　任何市場，都由人作為基本元素所組成。因此，對於目標市場中人口靜態結構與動態趨勢的掌握，便成為行銷者在擬定任何行銷策略前必須做好的準備。

➔ 表 4-2　我國的人口年齡結構變化

	1990	1995	2000	2005	2009
0～4 歲	1,613,288	1,590,485	1,489,242	1,191,505	1,013,602
5～9 歲	1,893,288	1,601,359	1,615,158	1,509,408	1,278,537
10～14 歲	2,018,789	1,884,239	1,598,693	1,616,085	1,543,444
15～19 歲	1,796,472	2,008,335	1,875,363	1,590,930	1,615,667
20～24 歲	1,902,136	1,779,571	2,001,787	1,896,382	1,616,003
25～29 歲	1,974,557	1,881,015	1,778,878	1,981,427	1,969,997
30～34 歲	1,871,518	1,958,377	1,880,525	1,786,347	1,950,293
35～39 歲	1,684,644	1,858,380	1,948,453	1,869,597	1,809,919
40～44 歲	1,145,237	1,670,238	1,840,177	1,928,046	1,870,306
45～49 歲	887,542	1,120,607	1,644,449	1,794,416	1,897,297
50～54 歲	851,976	848,364	1,096,189	1,583,912	1,743,841
55～59 歲	765,281	810,191	817,926	999,585	1,461,102
60～64 歲	727,946	715,216	768,524	798,866	876,723
65～69 歲	546,450	663,674	659,042	707,197	764,681
70～74 歲	346,810	470,126	582,622	586,967	620,959
75～79 歲	222,946	270,923	378,169	472,167	493,623
80～84 歲	103,599	152,575	188,721	265,356	338,921
85～89 歲	38,266	55,713	84,265	107,797	153,628
90～94 歲	10,560	14,924	22,959	36,345	46,100
95～99 歲		2,614	4,564	6,835	10,602

100 歲以上		505	966	1,649	1,946
總人口數	20,401,305	21,357,431	22,276,672	22,730,819	23,077,191

資料來源：行政院主計處，http://sowf.moi.gov.tw/stat/month/m1-06.xls。

　　表 4–2 說明我國跨年的人口年齡結構變化狀況。很明顯地，我國的人口年齡組合，正由數十年前低齡者多、高齡者少的「金字塔」式比例，演變為現今青壯年年齡層人口多，而老、少年齡群人口較少的「橄欖」狀比例結構。這樣的變化，很大的部分可以從圖 4–4 所顯現的出生數下降所解釋——2008 年全臺的出生人口數，竟然只有約 40 年前出生人口數的一半。依照這樣的趨勢進行下去，未來若無導致大量人口遷徙的事件發生，則我國人口年齡比例將逐漸從「橄欖」狀比例再演變為少子、青壯年人口減少、老年人口趨多的「倒金字塔」型比例。

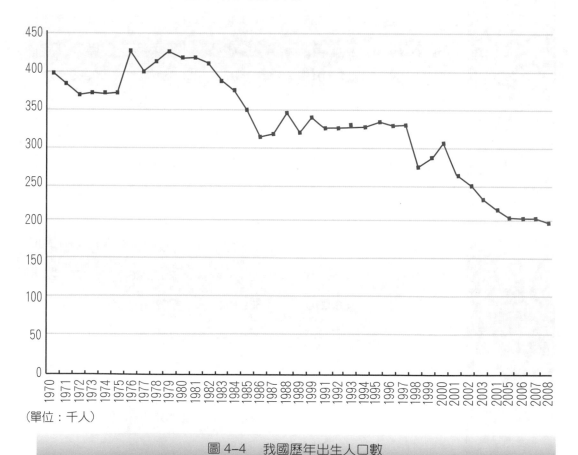

（單位：千人）

圖 4–4　我國歷年出生人口數

資料來源：內政部戶政司戶籍人口統計資料查詢，http://www.ris.gov.tw/version96/stpeqr_01.html。

　　根據 2008 年行政院經濟建設委員會所發行的〈中華民國臺灣 97 年至 145 年人口推計〉，我國現面臨結婚意願下降及遲婚、生育意願下降及遲育、人口成長減緩、人口結構趨高齡化等四大人口趨勢。根據這份報告，未來近半世紀間臺灣在人口動態方面將有以下幾項重要變化：

1. 由於婦女生育水準已遠低於需要維持穩定人口結構之「替代水準」(replacement level)，人口總數預估將於 2023 到 2028 年間由正成長開始轉為持續性的負成長。在不考慮跨國遷徙的情況下，2056 年臺灣人口數將減至 2,000 萬人左右。

2. 65 歲以上高齡人口佔總人口比率將由 2008 年的 10.4% 逐年增加，預估到 2056 年時，高齡人口將佔總人口的 37.5%。

3. 每 100 個工作年齡人口所需負擔的 14 歲以下幼年及 65 歲以上高齡人口數，將由 2008 年約 38 人，2028 年預估將增加為 53 人，而後增至 2056 年的 91 人。

　　此外，社會人口中最小也最基本的團體是家庭。家庭由於共同居住，一旦組成便成為命運共同體，在不同的家庭生命週期階段產生對於不同家用品的需求。甚至在個人消費上，消費者的消費態度、傾向、品牌知覺等行銷者最關切的面向，也常自小從其原生家庭中習得。

　　表 4–3 比較我國近期與稍早兩個年份的家庭組成狀況。從該表中，我們觀察到：

1. 新家庭形成的速度遠快於同一時期人口成長的速度。

2. 單人家庭、夫婦兩人家庭、單親家庭、祖孫家庭的比例升高，而核心家庭與三代家庭的比例則減少。其中尤以核心家庭的比例減少最為明顯。

3. 家庭總戶數增加了五成左右。

4. 家庭每戶人口數平均由 4 個人左右減至 3 個人左右。

● 表 4–3　我國家庭組成狀況的跨年比較

	1988 年	2004 年
全體家庭（千戶）	4,735.2	7,083.4
單人家庭比例	6.0%	9.9%

夫婦兩人家庭比例	7.7%	14.2%
單親家庭比例	5.8%	7.7%
祖孫家庭比例	0.8%	1.2%
核心家庭比例	59.1%	46.7%
三代家庭比例	16.7%	15.2%
平均戶（人／戶）	4.1	3.2

資料來源：〈2005 年行政院主計處社會指標統計年報〉，頁 23。❷

對於不同的行銷者，以上所討論的人口與家庭結構的變化，有不同的意涵。例如對於房地產業者而言，在人口成長趨緩乃至未來將出現負成長、老年人口比例增加的狀況下，應該審慎估計未來各地區家庭組成狀況以及家庭戶數的變化，調整房地產產品的設計。對於食品業者而言，新形態的家庭組合以及日趨高齡的人

圖 4-5　家庭是社會人口中最基本的單位，成員的組成、不同的家庭生命週期都會影響消費需求，甚至影響個人的價值觀。

口，背後則代表著產品汰舊換新的壓力以及某些新市場開發的契機。對於醫療相關產業業者而言，高齡化社會需要更細緻體貼的醫療、照護、安養服務；而這些服務尚且需要針對不同的顧客家庭結構進行溝通。對於保險

---

❷　根據主計處同一來源的說明，各分群的定義為：「單人家戶：指該戶僅一人居住。夫婦兩人家庭：指該戶只有夫婦兩人居住。單親家庭：指該戶成員為父或母其中一人，以及至少有一位未婚子女所組成，但可能含有同住之已婚子女，或其他非直系親屬，如兄弟姊妹。核心家庭：指該戶由父母親，以及至少有一位未婚子女所組成，但可能含有同住之已婚子女或其他非直系親屬。祖孫兩代家庭：指該戶成員為祖父（母）輩及至少一位未婚孫子（女）輩，且第二代直系親屬（父母輩）不為戶內人口，但可能含有同住之第二代非直系親屬。三代家庭：指該戶成員為祖父（母）輩、父（母）輩及至少一位未婚孫（子）女輩，但可能還含有其他非直系親屬同住。」

業者而言，單人家庭、夫婦兩人家庭、單親家庭的比例增加數字背後，都意味著開發新型態保單的寬廣可能。而對於餐飲業者而言，超過全國家戶數四分之一的單人家庭與夫婦兩人家庭，也預示許多新型態餐飲服務的契機。

行銷三兩事：實行一胎化政策 30 年後的中國人口問題

相對於臺灣以及多數開發較早的國家，中國在人口方面也開始面對它的「高齡、少子化」問題。自 1970 年代末起，中國開始執行俗稱「一胎化」的生育政策。根據中國國家人口和計劃生育委員會相關機構的研究，這項政策自開始實施至 2000 年為止，共減少了 2.5 億人口的出生。在有效控制人口成長之餘，一胎化政策也帶來某些副作用，

圖 4-6　中國實行一胎化政策，加上重男輕女使得男女比例日漸失衡等情況，皆會影響行銷者對於產品開發、市場區隔、行銷溝通與品牌意義塑造等環節的評估。

包括城市中的年輕人極少有兄弟姊妹、父母寵溺獨子女、人口結構快速出現高齡化、所謂四二一（4 名祖父母、2 名父母、1 名小孩）未來將造成勞動力短缺與扶養負擔陡增，以及因重男輕女配合上胎兒性別鑑定與墮胎所導致的男女比例失調。針對最後一點，近期有研究指出中國目前新生兒的男女比例是 119 比 100，遠高於一般工業化國家 107 比 100 的標準；也因為如此失衡的出生性別比是一個長期的現象，使得目前中國 20 歲以下的人口中，男性比女性多出了 3,200 萬人。更有甚者，男女人口比失衡的現象在鄉村尤其嚴重。所以可以預見在未來一二十年內，中國鄉村地區便會因為大量適齡男性無法覓得婚配對象，而產生某些社會問題。

對於打算長時期深耕中國市場的行銷者而言，除了面對近乎普世皆同的老人化趨勢外，中國特有的獨子女現象以及將日益浮現的成年男女比失衡狀況，在未來無論對於產品開發、市場區隔、行銷溝通與品牌意義塑造等環節，都將產生不可忽視的影響。

參考資料：Branigan, Tania (2009), "China's Gender Imbalance 'Likely to Get Worse'," *The Guardian*, May 19；以及 http://zh.wikipedia.org/wiki/%E8%AE%A1%E5%88%92%E7%94%9F%E8%82%B2%E6%94%BF%E7%AD%96

4.3　經濟環境

關於現代行銷的討論，通常假設行銷活動發生在市場經濟體制中。在交易自由的市場經濟裡，行銷者的策略規劃與活動執行，密切地受到許多息息相關的總體經濟因素所左右。例如市場景氣低迷時，通常伴隨著高失業率與市場參與者對未來展望的悲觀不確定，消費者因此通常會節制奢侈品與降低耐久財的消費，行銷者因此也慣性地縮減行銷預算。又如兩國之間匯率若有顯著變化，最直接便反映到兩國人民訪問對方國家的意願，而對整個旅遊相關產業發生直接影響。再如央行若採取寬鬆的貨幣政策，使得借貸利率水準保持在低水位，則一般而言各種市場裡的交易活動都會受到資金活絡的影響而升溫。凡此種種，都說明行銷者時時掌握短期總體經濟變動的重要性。

除了瞬息萬變的即時總體經濟資訊外，重要總體經濟指標所反映出的市場結構性與市場的長期發展趨勢，則是行銷者針對該市場制定重要行銷策略、規劃資源部署、進行全球行銷配置時的關鍵考量。這方面，牽涉到一國的所得水準、所得分配、產業特性、就業狀況等因素。

人均國民所得象徵著一國人民的普遍消費能力，而其成長率則意味著該國短期內的市場潛能。表 4-4 說明我國過去半世紀間的人均國民所得狀況。從該表中，我們不難發現 1980 年代是臺灣人均國民所得增加速率最快的年代；那個年代因此也是臺灣與消費者行銷有關的諸多產業（例如廣告業、連鎖零售業）奠下現有基礎的年代。持續到 1990 年代，經濟發展的動能持續，配合上日益現代化的消費與媒體環境，臺灣持續成為許多國外品牌與行銷相關產業注目的市場。到了 2000 年代，相對於經濟量能持續暴增的中國市場，臺灣的經濟成長似乎遇到了一個瓶頸；也因此，不少全球品

牌這時不再針對臺灣市場單獨製作（尤其是電視）廣告，而某些跨國行銷研究業者也降低了在臺灣部署的分量。

表 4-4　臺灣的人均國民所得成長狀況

	人均 GNP		人均國民所得		人均民間最終消費支出	
	（新臺幣元）	年增率	（新臺幣元）	年增率	（新臺幣元）	年增率
	(NT$)	(%)	(NT$)	(%)	(NT$)	(%)
1955	29,396	4.27	28,746	4.77	18,586	1.95
1960	34,724	3.12	33,401	2.19	20,476	2.28
1965	47,010	8.00	45,552	6.16	28,839	8.28
1970	66,857	9.06	65,434	8.82	39,104	7.70
1975	93,070	2.51	88,189	2.20	55,626	2.78
1980	140,976	5.14	129,431	3.71	77,717	3.33
1981	146,449	3.88	132,595	2.44	79,943	2.86
1982	149,592	2.15	135,478	2.17	82,201	2.82
1983	159,744	6.79	144,282	6.50	86,945	5.77
1984	175,923	10.13	158,721	10.01	94,594	8.80
1985	183,323	4.21	164,928	3.91	98,856	4.51
1986	203,847	11.20	187,909	13.93	105,320	6.54
1987	226,211	10.97	209,654	11.57	116,442	10.56
1988	242,787	7.33	225,080	7.36	130,481	12.06
1989	259,786	7.00	241,928	7.49	145,329	11.38
1990	271,908	4.67	252,937	4.55	155,121	6.74
1991	289,305	6.40	268,602	6.19	164,795	6.24
1992	308,341	6.58	286,329	6.60	178,295	8.19
1993	325,485	5.56	302,845	5.77	190,334	6.75
1994	345,387	6.11	319,475	5.49	204,780	7.59
1995	364,301	5.48	332,827	4.18	214,425	4.71
1996	383,501	5.27	353,810	6.30	226,859	5.80

1997	403,834	5.30	373,380	5.53	240,786	6.14
1998	417,081	3.28	388,332	4.00	253,349	5.22
1999	438,352	5.10	400,582	3.15	265,171	4.67
2000	461,940	5.38	409,184	2.15	275,171	3.77
2001	451,308	−2.30	395,319	−3.39	275,125	−0.02
2002	471,611	4.50	413,030	4.48	280,783	2.06
2003	489,506	3.79	423,119	2.44	283,696	1.04
2004	518,538	5.93	437,123	3.31	295,272	4.08
2005	533,798	2.94	442,187	1.16	303,065	2.64
2006	557,450	4.43	455,589	3.03	307,212	1.37
2007	586,878	5.28	473,742	3.98	313,099	1.92
2008	584,852	−0.35	443,634	−6.36	311,135	−0.63

資料來源：2009 年 8 月行政院主計處國民所得統計摘要，http://www.stat.gov.tw/ct.asp?xItem=15060&ctNode=3565。

🌐 行銷三兩事：打開現代中國經濟的大門

　　要瞭解現代中國，是一件很不容易的事；沒有長時間的涉入、廣泛的觀察，很容易瞎子摸象一樣地被接觸或耳聞的某些表相所蔽。但對於 21 世紀的行銷者而言，用平實的態度試著去認識萬花筒般的中國實相，瞭解這個市場的特殊性，卻又是無可規避的重要課題。

　　從「巨觀」的角度看現代中國市場，故事通常從 1970 年代末期鄧小平的改革開放政策說起。1970 年代中期以前的 10 年，中國經歷的是腥風血雨的 10 年文革，生產遲滯落後。1978 年鄧小平連續出訪數國，他在日本神奈川縣的日產汽車廠參觀現代汽車製造時，驚訝發現當時中國長春第一汽車製造廠的生產效率只有日產汽車的幾十分之一。1979 年年底接見日本首相時，鄧小平第一次描繪出他心底的中國經濟進程藍圖，是要透過現代化措施引領的經濟發展，讓中國到了 20 世紀末成為年人均所得 1,000 美元的「小康之家」。1987 年他接見西班牙訪問團時，把這個遠景更推向 21 世紀的前 30 到 50 年，目標是年人均所得 4,000 美元，達到「中等發達的水平」。六四事件之後的 1992 年，他在自政治舞臺引退之前巡視華南幾個地方，發表了指引近 20

年中國經濟改革開放政策的「南巡講話」。這些重要的講詞，不只在中共內部的路線鬥爭中替中國市場經濟的長遠發展定調，其中的用語其實也成了許多日後爆炸性成長的中國企業豪氣乃至霸氣的註腳。他說：「改革開放膽子要大一些，敢於試驗，不能像小腳女人一樣。看準了的，就大膽地試，大膽地闖……沒有一點闖的精神，沒有一點冒的精神，沒有一股氣呀、勁呀，就走不出一條好路，走不出一條新路，就幹不出新的事業」。他老人家並且結論說：「從現在起到下世紀中葉，將是很要緊的時期，我們要埋頭苦幹」。

圖 4–7　　1970 年代末期起，鄧小平在中國推行了一連串的經濟改革措施，如今中國已成為全球化企業不可忽視的市場版圖。

參考資料：〈小康構想與 1983 年鄧小平蘇杭之行〉，http://news.xinhuanet.com/theory/2008-09/28/content_10118935.htm；〈鄧小平南巡講話〉，http://www.njmuseum.com/zh/book/cqgc_big5/dxpnxjh.htm；《中國市場消費報告》(2005)，中國社會科學文獻出版社。

　　除了人均所得的絕對水準外，所得分配對於行銷者而言，也有測度一市場中購買能力分群化、異質化的重要性。從表 4–5 中所呈現，各國所得最低的五分之一家戶與所得最高的五分之一家戶其所得佔所有家戶的各自比例，我們可以看到臺灣相對於其他國家，所得分配不均的狀況迄今並不特別嚴重。近期特別流行於臺灣的所謂「M 型社會」說法，若證諸所得分配的數據與簡單統計分配的概念，事實上僅只是媒體以聳動的標題，造成社會口耳相傳後眾口鑠金的迷思。但是另一方面，如表 4–5 所示，我國的貧富差距，隨著過往經濟起飛動能的萎縮，經濟成長的果實不再讓全民雨

露均霑，而的確有擴大的趨勢；而當今的若干經濟政策與賦稅思考，則有擴大這方面差距的走勢。針對這樣的長期趨勢，行銷者尤應更細緻地經營分眾，並注意到貧與富兩個極端的產品開發與服務創造。

⮕ 表 4-5　家庭所得按戶數五等分位之分配

	所得最低組的所得佔比 (%)	所得次低組的所得佔比 (%)	所得中間組的所得佔比 (%)	所得次高組的所得佔比 (%)	所得最高組的所得佔比 (%)	最高組收入為最低組的倍數
1978	8.89	13.71	17.53	22.70	37.17	4.18
1988	7.89	13.43	17.55	22.88	38.25	4.85
1989	7.70	13.50	17.72	23.07	38.01	4.94
1990	7.45	13.22	17.51	23.22	38.60	5.18
1991	7.76	13.25	17.42	22.97	38.60	4.97
1992	7.37	13.24	17.52	23.21	38.66	5.24
1993	7.13	13.12	17.65	23.44	38.66	5.42
1994	7.28	12.97	17.41	23.18	39.16	5.38
1995	7.30	12.96	17.37	23.38	38.99	5.34
1996	7.23	13.00	17.50	23.38	38.89	5.38
1997	7.24	12.91	17.46	23.25	39.14	5.41
1998	7.12	12.84	17.53	23.24	39.26	5.51
1999	7.13	12.91	17.51	23.21	39.24	5.50
2000	7.07	12.82	17.47	23.41	39.23	5.55
2001	6.43	12.08	17.04	23.33	41.11	6.39
2002	6.67	12.30	16.99	22.95	41.09	6.16
2003	6.72	12.37	16.91	23.17	40.83	6.07
2004	6.67	12.46	17.41	23.25	40.21	6.03
2005	6.66	12.43	17.42	23.32	40.17	6.04
2006	6.66	12.37	17.42	23.51	40.03	6.01
2007	6.76	12.36	17.31	23.16	40.41	5.98
2008	6.64	12.37	17.43	23.40	40.17	6.05

資料來源：2009 年 8 月行政院主計處國民所得統計摘要，http://www.stat.gov.tw/ct.asp?xItem=15060&ctNode=3565。

消費力來自所得，而所得則來自就業。一般而言，有固定收入的就業人口，是消費市場中多數行銷者的主要顧客；行銷者因此有必要瞭解這一群主要顧客的組成樣態。表 4–6 說明臺灣過去 20 年間就業結構的演變。這個表顯示，相對而言女性、壯年（45～64 歲）、高學歷（大專及以上）、服務業、白領的各樣態人口在過去 20 年間在就業比上呈現顯著的增加。表 4–7 進一步分析臺灣婦女的勞動參與狀況。從這個表中，消費市場的行銷者可以發現，傳統上操持家務的婦女，有越來越多人在不同的生命週期階段投入（或重新投入）就業市場。這個現象也意味著市場上對於家務相關領域的各種產品與服務，有愈來愈大的需求。

⊙ 表 4–6 臺灣就業結構的演變　　　　　　　　　　單位：%

項目別	1988 年	1993 年	1998 年	2003 年	2007 年	2008 年
性別						
男	62.35	61.97	60.20	58.29	57.03	56.69
女	37.65	38.03	39.80	41.71	42.97	43.31
年齡						
15～24 歲	17.72	14.33	12.13	10.52	8.34	7.85
25～44 歲	57.08	61.35	61.32	59.45	58.18	57.72
45～64 歲	23.90	22.75	24.96	28.37	31.67	32.62
65 歲以上	1.29	1.57	1.59	1.66	1.81	1.81
教育程度						
國中及以下	57.90	50.16	40.60	32.21	26.46	24.85
高中（職）	27.67	31.79	34.70	36.42	35.94	35.32
大專及以上	14.43	18.05	24.70	31.37	37.60	39.83
行業						
農業	13.51	11.58	8.53	7.30	5.23	5.14
工業	42.32	39.78	38.77	35.47	36.75	36.90
服務業	44.17	48.64	52.70	57.23	58.02	57.96
職業						

白領工作人員①	25.88	33.17	37.21	40.32	43.31	44.46
藍領工作人員②	43.45	39.34	37.22	33.44	32.39	32.04
其　他③	30.68	27.49	25.57	26.24	24.30	23.50

註：①白領工作人員包括民代及主管人員、專業人員、技術員及助理專業人員、事務工作
　　　人員。
　　②藍領工作人員包括技術工及有關工作人員、機械設備操作工及組裝工、非技術工及
　　　體力工。
　　③其他包括服務工作人員、農事工作人員。

資料來源：行政院主計處 97 年人力運用調查統計結果綜合分析。

➲ 表 4–7　臺灣有偶婦女勞動力參與率的變化　　　　　　　單位：%

年別	平均	子女均在 6 歲以上				有未滿 6 歲子女				尚無子女
		小計	子女均在 18 歲以上	有 6～17 歲子女		小計	子女均在 6 歲以下		有 6 歲以上子女	
					僅有 6～14 歲子女			子女均在 3 歲以下		
1988	42.66	41.82	30.20	52.23	–	42.29	40.83	–	44.49	56.55
1993	44.39	43.78	31.32	55.76	55.11	42.99	41.50	41.73	45.63	59.71
1998	46.50	44.20	31.28	59.23	60.52	49.60	48.73	46.84	51.04	65.58
2003	47.34	44.69	32.39	62.02	63.86	53.46	53.90	53.96	52.69	64.30
2007	49.57	45.90	32.79	66.07	68.27	61.18	61.11	59.25	61.34	70.09
2008	49.38	45.18	32.78	64.76	67.73	64.14	64.06	61.86	64.31	70.34

資料來源：行政院主計處 97 年人力運用調查統計結果綜合分析。

4.4　社會文化環境

　　一個市場中影響行銷者活動的社會文化環境諸元，除了先前探討過的人口、家庭等因素外，還包括該市場所在社會的語言、規範、習俗、主流價值、流行品味乃至禁忌等等。

　　操持共通語言的人，因為彼此溝通較無障礙，所以彼此交流較易，社會文化諸面向上的同質性也相對較高。因此，行銷者面對廣大市場時，常以語言作為簡單而有效的分群基準。例如在美國，近年不少行銷者便積極經營西班牙語人口的市場。全球現有 6,000 餘種語言流通，表 4–8 列示其

中被作為母語（第一語言）的人口最多的語言。

表 4-8　全球主要母語

語言別	第一語言		佔全球人口比率 (%)	母語國
	使用人口（百萬）	排名		
普通話（華語）	885	1	14.8	中國
英語	334	2	5.6	英國
西班牙語	332	3	5.6	西班牙
孟加拉語	189	4	3.2	孟加拉
印度語	183	5	3.1	印度
俄語	180	6	3.0	俄羅斯
葡萄牙語	176	7	2.9	葡萄牙
日語	127	8	2.1	日本
德語	98	9	1.6	德國
吳語（江浙話）	77	10	1.3	中國
爪哇語	76	11	1.3	印尼
韓語	75	12	1.3	韓國
法語	72	13	1.2	法國
越南語	68	14	1.1	越南
卡納塔克語	66	15	1.1	印度

資料來源：〈2005 年行政院主計處社會指標統計年報〉，頁 133。

　　至於一地的社會規範、風俗與禁忌，影響市場活動甚廣，而其理解之道則繫於親身、在地的體驗。譬如臺灣的農曆年、中元普渡、中秋烤肉等民俗節日相關活動，對於許多民生消費產品的行銷者而言都是商機，但只有深刻體觸這些民俗並且歷年進行持續性、攸關性溝通活動的廠商（如旺旺仙貝的民俗祭拜訴求），才有辦法讓民眾將品牌與特殊民俗節日加以連結。又如在地普遍的民間媽祖信仰，包括廟宇在內的行銷者，近期則試圖在「平安」的主訴下開發包括信用卡在內的新商品。主流文化之外，近年的「臺客」詮釋、線上遊戲社群、哈韓族等流行，則形塑了行銷者可以藉

力使力加以分眾化經營的一個個
次文化現象。

　　此外，同一個消費領域，隨著
社會權威在不同時代所帶動的風
潮，也會在不同時點上展現出反
差很大的消費模式。例如 1980 年
代初期，臺灣的衛生體系開始強
調 B 型肝炎的嚴重性，並訴求 B
型肝炎會透過餐具上未洗淨的唾
液傳染，到了 1980 年代後期，臺
灣已有 95% 的餐廳與 100% 的攤
販使用免洗筷，並視之為衛生進
步的象徵。❸ 整個社會在接受此
一觀念後，便開始流行在外食時
使用免洗筷匙。近年，則因媒體諸
多強調免洗筷的粗製濫造會導致
筷體殘屑堆積體內、筷體發霉或
二氧化硫殘留過高有害人體等報
導，加上環保意識的風潮，對於都
會地區白領階級而言，外食餐具
的首選便轉為自攜的「環保筷」。
而不同時期對於免洗筷或環保筷
的執著，都是國外少見的臺灣社會特有消費文化。

圖 4-8　農曆 7 月 15 中元普渡祭拜好兄
弟，相關的活動消費、祭拜的用品等都是一
大商機。

圖 4-9　近年 cosplay 成為一項重要的次
文化活動，人們會穿著類似的服飾，加上道
具的配搭，化妝造型、身體語言等等參數來
模仿動畫、漫畫等之中的角色。

---

❸　參考資料：林崇熙 (1998)，〈免洗餐具的誕生：醫學知識在臺灣的社會性格分
　　析〉，《台灣社會研究季刊》，32，1–38。

行銷三兩事：官字兩個口

在臺灣，「醫師」和「律師」都是人們敬重的職業，在歷年不同的社會職業聲望調查中常名列高聲望的前茅。但是在中國，根據「社會科學研究」雜誌 2005 年刊登的一項調查，聲望最高的是如市人大常委主任、市長、法院院長等頭銜的官員，律師的聲望排第 16 位，比不上機關科長，而醫師的聲望更屈居第 29 位，比機關科員還低。這份調查一方面凸顯中國一般民眾對於執業律師在司法體系中所扮演角色以及醫師在醫療行為上的相對不信任，另一方面也具體說明了中國人對於「官」的特殊情結。

2009 年中國《南方周末》有一篇藝文界人士陳丹青的專文，敘述他所認知的當代中國主流價值觀。文中，他提到進入 21 世紀後，中國的核心價值觀無論在哪個領域，都一致地收斂到「牽動所有人」的「怎樣做官」這件事上。這位畫家出身，敏銳而直言的文化觀察者說：「在所有圈子裡，文藝界、大學、單位，我發現，真正興奮的話題，嚴重的話題，是誰將做官，以及，自己與這位官員將發生什麼關係，得到什麼好處，或者壞處──這就是核心價值觀……我真的想不出以往任何一個時期像今天這樣，中國人，無論是哪個階層、哪種身分的中國人，非常清楚「官」意味著什麼，官，在多大程度上決定我們的一切，從深處，也就是核心部位，決定一切。」──這是鮮少有人點出，但值得中國境外的行銷者試圖瞭解中國主流價值、尋思市場切入之道時值得仔細玩味其背後意義的洞見。

另外在這篇文章的結尾，陳丹青則點出了另外一股趨勢：「今天，真正強大的價值觀正在形成，很簡單：民族主義。這一價值觀正在有效凝聚這個國家，尤其是凝聚年輕人的意識形態」。

參考資料：魏城 (2007)，《所謂中產》，南方日報出版社；陳丹青 (2009)，〈我們今天喪失了價值觀嗎?〉《南方周末》，7 月 8 日。

4.5 政治環境

不同國家中有互異的政治體制、立法程序與政治衝突議題，而這些政治環境因素與行銷者的關聯極深。例如通訊或航空等受管制較深產業的行

銷者，在民主體制的國家常常需要透過國會遊說的工作，而在專制國家則常選擇透過與統治集團利益共生的關係建構，創造比較有利於己的遊戲規則。又如行銷溝通的各種活動內容，無分產業，除了要顧及不觸犯市場中各分眾的政治敏感神經外，行銷者主動或被動觸及種族、性別、國籍等衝突性議題時，常需透過專業公共關係部門或外界諮詢顧問的引導，以確保符合當地所謂的「政治正確」，並降低傷害品牌權益的可能性。

　　無論在哪個市場中活動，行銷者都面對一系列來自總體經濟調整、立法變動、重大社會事件、政府政策變動乃至戰亂等風險。一般將這些風險統稱為「政治風險」。如果沒辦法有效因應各種風險因子，行銷者便有可能因為非市場的政治因素，而無法如預期開展行銷活動或收割行銷成果。政治風險又區分為兩大類，其一主要與行銷者某一個別專案、活動、事件有關，稱為個體政治風險。其二，則影響及多數行銷者的活動，是為總體政治風險。

　　全球市場上有若干顧問公司，專門針對各國的總體政治風險進行研究、評比。例如紐約諮詢公司歐亞集團 (Eurasia Group)，透過對於各國政府、社會、安全與總體經濟等四大類因素的評比，而例行性地發布「全球政治風險指標」(Global Political Risk Index)。在 2008 年四月所發布的該指標中，全球新興國家以匈牙利的總政治風險最低，南韓居次。同一份報告報導的亞洲其他國家，風險程度由低至高則分別為中國、泰國、印度、印尼、菲律賓與巴基斯坦。

　　政治環境中有一項常對於行銷者造成困擾的因素，即是貪污。根據國際間這方面調查的權威獨立機構國際透明組織 (Transparency International) 所下的定義，貪污 (corruption) 簡單地說，便是以被賦予的權力圖謀私利的行為。對於行銷業者而言，在促進與顧客發生交易的過程中，常常需要與官方或半官方的機構接觸或受其約束、管制。而在 B2B 行銷的過程中，上下游企業組織中有決策力的人士也往往對於行銷者努力促成交易的成敗扮演關鍵的角色。因此，無論面對公部門或私領域，行銷者都有可能碰到憑藉權力圖謀私利的貪污狀況，而牽扯出連串道德、法律與商譽方面的棘手問題。根據這個組織所發行的 2009 年全球貪腐趨勢指數 (Global Corruption

Barometer) 調查報告，全球而言，貪污問題最嚴重的部門，依序分別是政黨、政府行政部門、國會立法部門、司法部門、商業界。有趣的是，這個排序在各國有所不同。例如在美國、英國、加拿大、印度、南韓、以色列等國，政黨被認為是貪污活動相對而言最盛行的領域；在捷克、波蘭、菲律賓等國，被認為貪污居首的則是政府行政部門；在印尼、烏克蘭等國，立法機關被認為是貪污活動最盛行的領域；在香港與新加坡，被認為貪污居首的則是商業界。

　　Transparency International 每年都透過大規模的調查，評比全球各國相對的貪污盛行狀況，而編纂成「貪污知覺指數」(Corruption Perceptions Index, CPI)。表 4–9 列出亞太各國家 2010 年於此一指數中的排名（排名越低者代表貪污盛行狀況越低）。

⊙ 表 4–9　亞太各國家 2010 年的貪汙知覺指數排名

全球名次	國家或地區
1	新加坡
8	澳洲
17	日本
33	臺灣
39	南韓
56	馬來西亞
78	中國
78	泰國
110	印尼
116	越南
134	菲律賓
176	緬甸

資料來源：Transparency International 2010 Corruption Perceptions Index (CPI) Table, http://www.transparency.org/policy_research/surveys_indices/cpi/2010/results

💲 行銷三兩事： 強大的中國國有事業

　　「中糧集團」是中國稱為「央企」的國有事業之一，集團包括中糧糧油、中國糧油、中國食品、地產酒店、中國土畜、中糧屯河、中糧包裝、中糧發展、金融等 9 大業務板塊，並且擁有中國食品 (HK 0506)、中糧控股 (HK 0606)、蒙牛乳業 (HK 2319) 三家香港上市公司。集團自述的使命是「奉獻營養健康的食品，高品質的生活空間及生活服務，使客戶、股東、員工價值最大化」，願景是「建立主營行業領導地位」，而發展策略則是「集團有限相關多元化，業務單元專業化有限度：集團今後不過度多元化，第一要務是發展好主營業務」。而根據中國《南方周末》周報記者的分析，近年來中糧試圖掌控相關產業的上下游，透過垂直整合的動作，讓「中糧出品」的產品佔據中國人的餐桌。此外，集團的領導者甯高寧也努力讓這個集團發展成一個「民族企業」。截至 2008 年 9 月，這個集團的總資產為 1,403 億元人民幣。

　　在 1980 年代末期，中國的改革開放進程捲起一股「國退民進」的風潮，國有企業在當時政策下面臨風雨飄搖的景況。當時以進出口貿易為主業的中糧，被迫放棄多數的地方分公司以及 12 萬名員工中的八成以上員工，僅透過原有的銷售通路優勢，以「貿易皮包商」的姿態倖存。1992 年，中糧轉變策略，將貿易與實業進行結合，並開始進行一系列的併購與改組動作，而開始快速擴張的歷程。在食糧產業，中糧的擴張以及如近期它收購民營企業蒙牛乳業的動作，讓論者喻之為當今中國「國進民退」潮流的代表。

　　中糧集團的故事僅是中國國有企業過去數十年間由慘淡到「兇猛」（《南方週末》當週頭版標題用語）的一個縮影。這中間的歷程，短時間內中國國有企業由「國退民進」到「國進民退」的變化如何發生，迄今還未有定論；但是國家力量的主導，尤其是前蘇聯快速民營化後產業崩解的例子所造成的中共政策方向變化，常被認為是主因。今天，單單中國石油與中國移動這兩家國有企業，一年即有 2,200 億元人民幣的利潤。

　　全球各國的行銷者欲進入中國市場，很難不和某些國有企業競爭。而在可預見的未來，這些行銷者在自己的母國，也很有可能遭遇到這些重噸位的中國國有企業在海外擴展的過程中搶地盤。

參考資料：蘇永通、王存福 (2009)，〈中糧：全能央企「狼」性擴張〉，《南方周末》，8 月 20 日；何忠洲 (2009)，〈十年央企大變身：從哪裡來，向何處去？〉，《南方周末》，8 月 20 日以及中糧集團網站 http://www.cofco.com/cn/index.asp。

4.6　法律環境

　　一個國家的法律環境，是該國社會經濟發展過程的政治結果。行銷者在特定的市場中尋求與顧客的交易，無法避免各種法規的規範。行銷者因此應當嫻熟所參與市場的相關法規，以避免因觸法而造成營運上的阻礙與品牌經營的污點。在這方面，不同產業的行銷者又各自面對影響該產業最深的若干法規。表 4–10 即整理例示經濟部商業司在 2000 年代初期針對不同流通產業進行調查，所得到影響或困擾各業最深的各種法律規範。

➔ 表 4–10　影響臺灣流通業較大的各種法律規範

	3C 產品連鎖零售	食品什貨連鎖零售	藥妝連鎖零售	文教育樂用品零售	購物中心
都市計劃法	*		*		*
公平交易法	*	*	*	*	*
勞動基準法	*	*	*		*
消費者保護法	*	*	*		*
環境保護相關法令	*	*			
電器商品標示法	*				
資訊、通訊、消費性電子商品標示法	*				
食品衛生管理法		*			
健康食品管理法		*	*		
商品標示法		*	*		
道路交通管理管制條例		*	*		
廣告物管理辦法		*	*	*	
廢棄物清理法		*		*	
藥事法			*		
藥師法					
化妝品衛生管理條例					

大陸出版品相關管理辦法				*	
消防法					*
建築法					*
公寓管理條例					*
工商綜合區相關法令					*
促進民間參與公共建設相關法令					*

參考資料：經濟部商業司〈2002 流通業產業調查報告〉；經濟部商業司〈2003 流通業產業調查報告〉。

如此可樂：可口可樂面臨的法規與社會環境

　　1939 年美國國會通過一項要求所有市售食物與飲料都應標明成分的食物、藥品與化妝品管制法案 ("Pure Food, Drug, and Cosmetic Act")。對於可口可樂而言，這項法案的不利之處在於施行後可口可樂必須標示出飲料中含有但過去始終避諱提及的咖啡因成分。可口可樂與其他飲料業者透過各種遊說動作，讓美國主管此方面事務的食品藥物管理局 (FDA) 在法案通過後數十年間並未強制對飲料業者執行此一規定。直到 1960 年代，可口可樂都不需在其包裝瓶上確切標示出其咖啡因成分。

　　1970 年代初期環保意識抬頭，當時的一份調查聲稱全美國有 5% 的固態垃圾由可口可樂所製造。許多環保團體要求可口可樂重新使用逐漸淘汰的可回收玻璃瓶作為包裝材料，減少無法循環利用的包裝材料的使用。可口可樂面臨到的難題是，消費者雖然在接受調查時口頭上多表示希望能為環保貢獻心力，但在資源回收機制尚未健全的情況下，多數消費者實際上希望的是隨飲隨拋的可樂包裝以避免回收的不便。這個時候如果可口可樂單方面全面採用回收包裝材，部分消費者有可能反而轉向購買喝完後直接扔到垃圾桶，比較不麻煩的百事可樂。可口可樂此時因應環保壓力的方式是：一方面呼應環保潮流，要求其自有的各裝瓶廠貫徹包裝材料回收作業，另一方面對最終消費者溝通環保回收的重要性。

4.7 科技環境

對於行銷者而言，科技環境中最攸關的面向有二，其一，關係到有哪些技術可以透過何種方式而在市場上加以應用，以滿足顧客尚未被滿足的需求。例如，Skype 巧妙運用 VOIP 技術，將商業化為終端消費者間的廉價通訊服務。其二，則牽涉到產業競爭中有無原非產業成員的外來者，挾著與產業習慣的技術有相當差異的新型技術運用進入市場，而可能在產業中造成破壞性的創新，改寫遊戲規則。例如 Apple 公司原非音樂市場成員，但透過 iPod 與 iTunes 聯合創發出新型態音樂消費模式的提供，對於音樂產業造成偌大的衝擊。

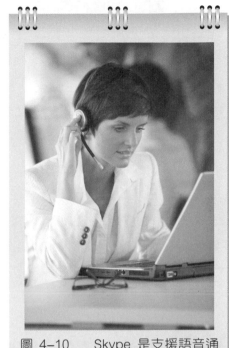

圖 4-10　Skype 是支援語音通訊的即時通訊軟體，可以用低廉的價格享受高畫質清晰的語音聊天。

從競爭的角度而言，科技環境不斷演變意味著市場中的行銷者，不時面對著來自市場內既有競爭者與來自市場外各種不可預期競爭來源的壓力。例如「電子紙」技術的成熟，對既有的出版業行銷者而言，一方面象徵著同業可能早一步運用該技術擴大原有市佔率，另一方面也意味著原本不屬於「出版業」的廠商——例如電子產品業者、通訊業者甚至網路業者可能在未來以新技術瓜分出版市場的大餅。

行銷三兩事：也有人對 i-Phone 沒興趣

　　2008 年 8 月，Apple 與印度在地電信業者 Bharti Airtel 和 Vodafone 等合作，將彼時已在全球許多市場蔚為風潮的 i-Phone 手機導入當地市場。這個新興而龐大的市場，在之後的半年內就新增了 2,000 萬手機用戶，但是 i-Phone 的銷售量卻很洩氣——同一時期在印度總共賣不到兩萬支。

分析 i-Phone 滯銷的原因，一方面因為印度的電信業者不像許多其他國家的電信業者，願意補貼顧客的手機購買以換取與顧客長期綁約的關係，因此 i-Phone 在印度的售價必須直接反映產品進口成本，而一支高達 700 美元。另一方面，印度在 3G 的網絡建置方面尚未完善，許多 i-Phone 所擅長的網路功能在使用上受到侷限。再者，印度的手機使用者習慣轉寄所收到的簡訊，但進口的 i-Phone 並無簡訊轉寄的功能。

同樣地，i-Phone 在規模更大的中國市場，前景也不明確。中國市場同樣有用戶不習慣綁約，因此電信業者沒有貼補手機價錢誘因、3G 建置仍未完善等與印度一樣的問題；另外，還面對政府一些電信規定所造成的服務限制。

品牌很重要，好產品也很重要，但是強大品牌所推出的好產品，常也無法在全球各地都被接受。產品在一地風行，還要靠諸多行銷業者不見得有辦法掌握的周邊條件配合。各地條件不同，地球並沒有那麼平。

參考資料：Srivastava, Mehul (2009), "i-Phone's Asian Disconnect," *BusinessWeek*, April 13, 12.

4.8　自然環境

陽光、空氣、水，一直以來都是人類生養所需的重要自然資源。而在現代，太陽能發電在因經濟發展而用電需求日增的許多國家都成為重點發展的科技項目；各國逐漸關切二氧化碳排放所引起的溫室效應而開始有所謂「碳權交易」活動的出現；水資源，則更是以飲水、洗滌、工業用、能源發電等面貌，成為不同的產品面世。除此之外，近年來隨著中國、印度等大國的工業需求起飛，各種礦藏、原物料乃至食物農作物的價格也都經歷一次次的大幅波動。行銷者無論是從產品原料取得、產品製造成本控制、產品環保節能設計、價格策略、通路規劃乃至於行銷溝通訴求等方面，欲有效地進行行銷活動，便勢必需要密切注意自然環境中各種因素的變化狀況。

以全球暖化為主要趨勢的氣候變遷，是近年來自然環境中最常被提及討論的問題。整個 20 世紀，全球地表溫度平均上升了 0.74°C；此外，如颶風、洪水、乾旱等極端天氣事件發生的頻率，也日益提高。一般認為這些

暖化現象與異常天候的元兇，是經濟活動中二氧化碳與其他氣體排放量增加所造成的溫室效應。也因此，行銷者意識到牽涉產品原料與製程、物流管理、物件回收乃至品牌意義等層次的「綠色行銷」(green marketing) 的重要。

　　而就日常的市場交易活動而言，氣象也是個至關重要但常被行銷者忽略的因素。美國商務部統計，有高達 70% 的企業，其活動受到天氣變化嚴重影響。譬如遊樂場和各種戶外事件行銷活動如果遇到下雨，則遊客或參與者必然大減。服飾業「看天吃飯」，如能有效預測氣溫則可以在季節性服飾上進行較有效率的生產與存貨規劃。據報導，遠雄建設甚至依照對天氣的預測調整媒體廣告量——如果預期週末天候狀況良好，則遠雄便會從週間開始增加建案廣告的曝光量以刺激週末看屋的活動量。這些都是行銷者與短期氣象變化有密切關聯的例子。 ❹

　　也因為氣象與各種行銷活動息息相關，所以全美國有五百餘家「氣象公司」提供專業的氣象預測、分析、諮詢服務；而臺灣 2004 年，也成立了第一家「天氣風險管理公司」。在愈加細緻的分工情境以及行銷者的日益重視下，對於氣象的掌握，事實上也就成了行銷研究活動其中的一環。

🌐 行銷三兩事： 天氣與行銷

　　根據統計，在德國氣溫每上升攝氏 1 度，當日啤酒銷售量平均上升 230 萬瓶；而氣溫達到攝氏 28 度以後，每升高 1 度，臺灣的 7-Eleven 便利商店當天平均就會多賣出兩盒涼麵。除此之外，像啤酒、冰品、關東煮等商品，每日銷售量亦受當天的氣溫與天候影響相當大。7-Eleven 統一超商則進一步配合氣候變化，

圖 4-11　啤酒、涼麵等食品的銷售數量與天氣息息相關，因此必須配合氣候變化調整商品布置與氣氛營造。

❹　參考資料：陳雅潔 (2009)，〈看天吃飯：五大產業趨吉避凶有法寶〉，《財訊》，9 月 1 日。

在零售店鋪彈性調整商品布置與氣氛營造，並稱之為「體感行銷」。

參考資料：陳彥淳 (2009)，〈氣溫差一度就差一萬盒涼麵〉，《財訊》，9 月 1 日。

 分組討論

1. 本章章首「行銷三兩事」中，說明了行銷者掌握社會財富金字塔底層的商機後，所創發的種種行銷活動。臺灣的金字塔底層要如何界定？這個階層有多少人？對行銷者而言，這個階層還有哪些尚未被開發的經營機會？

2. 圖 4-4 的線型，對哪些行銷者而言是機會？對哪些行銷者而言是威脅？

3. 前往臺灣行政院主計處 (http://www.dgbas.gov.tw/)、中國國家統計局 (http://www.stats.gov.cn/) 與 U.S. Census Bureau (http://www.census.gov/) 的網站，分別瞭解這些網站中有哪些公開的統計數據？

4. 針對上一題中所提到各網站所能下載的統計數據，分析哪些類別的行銷者，有需要定期追蹤哪些類別的統計數據以掌握總體環境動態？

5. 行銷總體環境的各元素中，有哪些比較容易預測其未來走勢？哪些的動態相對難以預測？

筆記欄

5

行銷研究

本章重點

▲ 瞭解行銷資訊系統的組成
▲ 區辨行銷研究的初級資料與次級資料
▲ 掌握執性與量化的行銷研究方法梗概
▲ 認識行銷研究次級資料的來源
▲ 認識第三方行銷研究服務

行銷三兩事： 母親節的實驗

2004 年母親節前夕，美國郵購目錄業者威廉索諾瑪 (Williams-Sonoma) 寄出 56 種版本的母親節郵購目錄。這 56 種版本間差異很小，譬如某一版多了索引，某一版多了一封總裁的信等等。一陣子之後結算，Williams-Sonoma 發現雖然大多數版本所創造的業績都差不多，但是有四種版本的業績相對於其他版本顯著性地突出，其中一個版本的業績提升效果達到 7% 之多。

圖 5-1　Williams-Sonoma 推出多種版本的母親節郵購目錄，以實驗何種版本能影響銷量的提升。即使只有微幅的成長，但在廣大市場中實為可觀利潤的增加。

在一個小市場中，7% 的回應率提升也許不代表什麼；但在幅員廣大的市場裡，這樣的效率提升，扣除成本之後，卻可能意味著可觀利潤的增加。

參考資料：Lee, Louise (2006), "Catalogs, Catalogs, Everywhere," *BusinessWeek*, December 4.

對於一個強調顧客導向、重視市場動向的行銷者而言，時時都必須面對以下幾大挑戰：

- 判斷總體行銷環境中的人口、經濟、社會、政治、科技等趨勢，並推敲這些趨勢對於品牌與客群經營的影響。
- 根據攸關的情報，擬定長短期的行銷策略，辨識市場區隔、設定定位目標。
- 從消費者的行為以及態度預測其需求，並符應此一需求制訂合適的行銷組合。
- 對照銷售紀錄以及行銷活動紀錄，評估行銷資源配置之妥適性，並隨時進行合理的調整。
- 即時掌握競爭對手的行銷組合變化，迅速評估其影響，並盡快決定因應對策。

　　為了有效因應這些挑戰，稍具規模的行銷組織通常會以不同的型態，建置一套行銷資訊系統 (marketing information system)。行銷資訊系統是一個涵蓋行銷組織內對於行銷活動有關的人事、設備和流程作持續性整合的資訊架構，以便行銷相關的各個階層與事業部門能即時且正確地蒐集資料、分類資料、分析資料與評估資料。在 21 世紀的數位化環境中，行銷資訊系統事實上是一個涵蓋較傳統定義更廣的行銷研究❶系統。行銷資訊系統與傳統定義下的行銷研究最大的差別，是後者在特定時間點為特定行銷議題提供答案，而行銷資訊系統則為各種位階的行銷決策提供持續性的行銷資訊。依照 Kotler 等人的定義❷，行銷研究系統是行銷決策系統的一環；除了狹義的行銷研究系統外，為廣義的行銷研究而服務的行銷決策系統還包括了行銷情報、內部紀錄、行銷決策等系統。

　　以下，先針對行銷資訊系統中行銷情報、內部紀錄、行銷決策等子系統加以簡單地介紹，隨後再用比較多的篇幅來說明行銷研究子系統的主要環節。

5.1　行銷情報系統

　　市場競爭就如同戰場上的戰鬥一般，資源配置最佳部署的前提是蒐集即時而攸關的情報。各種情報的蒐集，其目的不外乎針對環境、顧客、競爭對手的動態加以掌握。表 5–1 以一家乳品公司為例，列示攸關競爭的各種行銷情報以及其可能的情報來源。

　　由表 5–1 可見，行銷情報包括行銷組織內外部初級與次級的資料，其型態變化多端，雖然部分可量化以進行制式處理，但有很大比例的行銷情報其品質確保的關鍵在於「人」。因此，一個行銷情報系統的成敗，關鍵在

---

❶　本章本文部分，主要擷取改編自黃俊堯、黃士瑜 (2006)，《行銷研究——觀念與應用》，三民書局。

❷　Kotler, Philip, Kevin Lane Keller, Swee Hoon Ang, Siew Meng Leong, and Chin Tiong Tan (2009), *Marketing Management: An Asian Perspective*, 5th ed., Prentice Hall.

於該系統能否提供一套合理、縝密而有效率的流程，讓各種型態的情報可以在適切的時間在攸關的部門裡流通、過濾、消化而累積為市場知識。

表 5–1　行銷情報系統應用舉例

行銷情報	情報來源
消費者的乳品消費模式	• 家戶收支調查資料 • 問卷調查
消費者對於新推出乳品的接受度	• 銷售紀錄 • 焦點團體座談 • 問卷調查 • 通路商訪談
消費者的品牌偏好	• 焦點團體座談 • 問卷調查 • 通路商訪談
天氣狀況對於乳品銷售量的影響	• 銷售紀錄 • 氣象資料
競爭對手促銷的影響	• 銷售紀錄 • 對手網站、宣傳資料 • 人員採訪各通路瞭解競爭對手折扣等活動狀況
競爭對手的新產品開發狀況	• 人員採訪各通路以進行瞭解 • 媒體報導 • 競爭對手離職人員訪談
產品電視廣告的效果	• 銷售紀錄 • 焦點團體座談 • 實驗 • 問卷調查 • 模式化調查研究報告
運用新技術開發新產品的可能性	• 媒體報導 • 技術相關學術期刊 • 技術相關研討會 • 政府技術移轉

5.2　內部紀錄系統

　　一個行銷組織傳統上建置有帳務系統，這是內部紀錄系統的基礎。不過，與行銷活動以及行銷研究有直接關聯的內部紀錄系統是顧客交易紀錄

資料，例如大型零售商透過零售點作業系統 (point of sale, POS) 系統累積顧客的交易記錄。這一類的內部紀錄是行銷資訊系統中內部紀錄系統的核心，包括客戶的姓名、年齡、性別、通訊方式等靜態資料為主軸，配合各次交易或接觸的紀錄，這些客戶管理的資料是屬於品牌忠誠度管理的一環，也是客戶關係管理 (CRM) 的一部分。有些零售商發行會員卡利誘會員於零售點結帳時過卡，有些廠商會蒐集消費者回函，這都是廠商進行客戶關係管理時蒐集資料的方法。在現代行銷資訊系統中應建置電子化紀錄並將之保存資料，尚且包括定價、折扣、促銷活動、通路配銷資訊、廣告、公關活動等行銷組織本身可以掌握的行銷組合資訊。

客戶交易或會計帳務一類的內部次級資料，日積月累下來往往數量龐大且複雜，因此必須透過資料探勘 (data mining) 的方式來進行資料整理與分類。資料探勘利用電腦軟體幫助行銷經理人從龐大的資料庫裡整理出想要的資料，或讓複雜的資料變得有意義。一般而言，主要的資料探勘有以下幾個方向：

1. 分類性 (classification) 探勘

分類性探勘試圖依據某些變數，將探勘的標的元素加以分類。行銷研究方面最常見的分類性探勘是顧客分群。例如銀行要推出新金融商品，便可以分類性探勘將客戶群中最有可能購買該商品的顧客標出。又如郵購廠商，透過分類性探勘可以將不同的郵購目錄依據若干人口統計變數與交易行為變數寄送給不同的目標消費群成員。

2. 群聚性 (clustering) 探勘

群聚性探勘類似分類性探勘，在行銷上主要用來將人或物加以分門別類。與分類性探勘不同的是，群聚性探勘通常不事先指定分類用之關鍵變數，而是透過大量的探索性運算，直接讓資料說話，由資料決定分群的樣態。透過群聚性探勘，無線電話業者可能會找出一群事先並未意料到的用戶，以女性為主，用話集中在夜間 9 點至 11 點，職業以辦公室白領為主，未婚居多這樣的一個族群。如果這個族群的規模夠大，那麼該業者便可以推出一個針對此一族群的優惠計費方案以維繫並擴大此一客群。

3. 關連性 (association) 探勘

關連性探勘旨在挖掘出隱藏於資料內的各種關連可能性。行銷研究方面常使用此類探勘來進行交叉銷售。今天如果你曾到亞馬遜書店網站 (Amazon.com) 購物，日後再次到訪該網站時你便會接收到各種購物推薦資訊。亞馬遜可以針對不同個人客製不同的網頁資訊，主要便是運用其龐大顧客購物紀錄資料進行關連性探勘，以進行客製化的交叉銷售動作。

4. **序列型態** (sequential pattern) **探勘**

序列型態探勘可說是更複雜的關連性探勘，它除了處理橫切面的物件關連外，還處理時間縱剖面上的序列關連。例如一家連鎖大賣場可以透過序列型態探勘挖掘歷史交易記錄，藉此預測哪些顧客會員最有可能在中元節前幾天前往大賣場購買拜拜相關的物品，進而針對這些顧客會員寄送中元節 DM 或相關產品的折價

圖 5-2　廠商可以透過序列型態探勘，在節日前把 DM 寄送給有可能消費的顧客，以鞏固客群。

券，以確保這些顧客不會轉至別的大賣場消費。

除了資料庫及其程式化的探勘作業以外，有用的內部紀錄還包括行銷者過往為其他目的所進行的研究資料記錄。即便當時的研究問題與現在的問題不盡然相同，還是可以從中找出一些共通點或可以參考的經驗。內部次級資料相對於其他的資料或取得方式，它都是最便宜的，而且因為資料就存在於公司內部，也比較容易且快速取得。

實務上，常見到傳統行銷組織雖然因為帳務等理由儲存了大批的交易紀錄，但卻忽略了將種種行銷資源的使用予以系統化、電子化的紀錄，因此減少了許多善用內部紀錄，配合以下所要介紹的行銷研究系統與行銷決策系統以分析攸關情報的機會。

5.3 行銷決策系統

行銷決策系統 (marketing decision support system, MDSS)，顧名思義是為了行銷目的而建置的決策輔助系統。什麼是決策輔助系統?基本上，只要是能夠程式化地將龐雜的資料，透過計量方式產出簡化而能夠幫助管理者有效作出決策的相關資訊，這樣的系統就是決策輔助系統。在這樣的定義下，任何今日可供行銷組織經理人常態性操作，從龐雜繁生的資料中萃取關鍵資訊的程式化系統，

圖 5-3 品牌經理人透過與內部紀錄系統連結的行銷決策系統操作，藉由系統「黑箱」內的分析模型對於歷史資料的運算，即可推算出應給予各產品的折扣數。

從一套簡單的試算表程式到複雜的地理資訊系統 (geographic information system, GIS)、線上即時分析程序 (online analytical processing, OLAP) 等等，都屬於決策輔助系統。

根據行銷科學的巨擘約翰李特 (John Little) 的說法 ❸，在行銷決策系統──一般行銷經理人認為的「黑箱」內，基本的組成元件包括資料庫、分析模型、統計運算法、介面等部分。舉例而言，若有適當的行銷決策系統建置，當某服飾品牌經理人在某會計年度年底想透過短期、局部性的折扣促銷活動以刺激銷售量、滿足年度營運目標時，透過與前述內部紀錄系統連結的行銷決策系統操作，輸入計劃折扣促銷的天數、最大折扣範圍、計劃折扣品目、期望的銷售業績等資訊，透過行銷決策系統「黑箱」內的分析模型對於歷史資料的運算，便可以產出應在哪些零售點的哪些品目給予多少折扣可以達成預期目標的資訊。理論上，經理人無需瞭解黑箱內的複雜運算法，他或她需要做的只是輸入若干條件，便可以等行銷決策系統輸出依照歷史經驗最適化的行動法則即可。

---

❸ 同註❷

5.4 行銷研究系統

　　行銷研究是針對特定行銷問題，設計、蒐集並分析解讀資料，藉以提出可用來解決該特定問題分析報告的過程。在擬定發展行銷策略與行銷組合時，行銷者需要有足夠的資訊與資料以作為策略發展的基礎與參考，並且藉以瞭解外在環境（消費者）或市場變化可能造成的影響。而行銷研究便是連結行銷者與外在市場環境的訊息基礎。它的作用在於透過訊息／資料，在消費者與行銷者之間建立一個連結。這些訊息或資料可以用來定義行銷問題、解決或評估行銷活動、監督行銷表現並改進行銷過程。因此，行銷研究的目的，在於運用行銷決策相關的訊息／資料以連結市場和行銷人員，幫助行銷者在各種條件限制下做出最合適的行銷決策。行銷研究必須能反映消費者所為所思。也就是說，行銷研究確保行銷策略與作法確實根植於消費者導向的前提上。它提供行銷者客觀的市場資訊，使其免於陷入「直覺」性的行銷決策模式，避免行銷者過度自信而做出與市場狀況相違背的行銷決策。

　　一如前面介紹過其他幾個行銷資訊系統中的子系統，行銷研究的基礎仍在資料。就行銷研究而言，資料分為初級資料 (primary data) 與次級資料 (secondary data) 兩種。次級資料主要是已經存在的統計數據，它們是因為以前的一些研究目的，而由其他研究者或研究單位於過去所蒐集的資料，並非專為現時行銷者所面臨

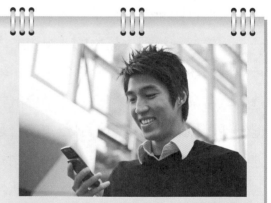

圖 5-4　　行動電話通訊業者要蒐集所需的初級或次級資料，如門號數、行動電話持有人口特性等，研判行動電話市場的概況，以做出適當的行銷決策。

的問題而蒐集。相反的，初級資料是研究者自身為了當次研究目的而特意蒐集的資料。舉例而言，為了業務拓展之需，行動電話通訊服務業者會蒐集國內行動電話門號數、行動電話持有人的人口特性（如地區、性別、年

齡與收入等）和持有數目等，由相關研究單位蒐集整理報告出的次級資料來瞭解行動電話市場的概況。但如果這家行動電話通訊服務業者想知道它某一款未上市手機是否能被市場接受，那麼因為不可能找到合適的次級資料方便做出判斷，它就需要專為這個問題採取行銷研究步驟，自行蒐集必要的初級資料。

　　行銷研究流程，包含問題形成與研究目的確認、研究設計、資料蒐集方法與資料型式、樣本設計與樣本數選擇、資料分析、研究報告撰寫等相連接的序列步驟。表 5–2 勾勒出這些步驟的重點。

⬤ 表 5–2　研究流程每一階段所須注意的問題

步驟	重點
問題形成與研究目的確認	• 為什麼要做研究？是為了解決哪些問題？或是為了找出哪些行銷機會點？ • 行銷者需不需要有一些背景資料供參考？ • 行銷者需要有哪些資料來幫助做決策？ • 行銷者將如何來運用這些資料？ • 是不是真的需要進行行銷研究？
研究設計	• 對於主題行銷者知道的有多少？ • 行銷者可以針對主題提出一些假設嗎？ • 哪些類型的問題是必需回答的？ • 哪些類型的研究最能回答行銷者的問題？
資料蒐集方法與資料型式	• 現有的資料有沒有幫助？ • 行銷者是否應該測量哪些東西？ • 行銷者如何進行測量？ • 資料從哪裡來？如何取得資料？ • 當行銷者在決定資料蒐集方式時，有沒有哪些文化或地區性等因素是必須考慮到的？ • 在資料蒐集上有沒有相關的法規限制？ • 能不能透過訪問的方式達到研究目的？ • 如何進行訪問？ • 訪問型式是電話訪問、郵寄問卷還是面對面訪問呢？ • 除了取得回答，需不需要觀察受訪者的肢體動作？ • 問卷裡是不是需要有評分之類的量表讓受訪者回答？ • 誰來蒐集資料？ • 資料蒐集需花多久的時間？ • 該如何來確保資料品質？

樣本設計與樣本數選擇	• 誰是行銷者的目標人口？ • 行銷者能不能列舉出目標人口的特性？ • 行銷者需要多大的樣本數？ • 該如何選出行銷者所要的樣本？
資料分析	• 誰來進行資料編輯的工作？ • 資料如何編碼？ • 誰來督導資料編輯的過程？ • 行銷者需要哪些或哪種格式的資料報表？ • 行銷者需要哪些分析技巧來解讀資料？
撰寫研究報告	• 報告最後是呈交給誰？誰會閱讀報告？ • 需不需要包含建議？ • 報告需用哪一種格式或型式來撰寫？ • 需不需要提供口頭簡報？

參考資料：Churchill & Iacobucci (2002), *Marketing Research: Methodological Foundations*, South-Western.

5.5　行銷研究方法：初級資料的蒐集

　　初級資料的蒐集方法主要分為兩大類：量化研究 (quantitative research) 與質化研究 (qualitative research)。量化研究是行銷研究中較傳統也較常被倚賴的研究方式；有時候在業界，量化研究又被不精確地稱為調查研究（這裡認為該用法不精確的主要原因是問卷調查一類的研究，只是行銷研究裡量化作法的一部分）。量化研究通常涵蓋整個母體或包含相當數量的樣本數，例如全國普查或全國收視率調查，利用有組織的問卷內容或特殊器械，大規模取得所要的資訊，在清楚且明確定義的數據資料格式條件下進行量化分析。相反的，質化研究則主要依賴解讀、分析所觀察樣本的行為、表情或言談內容，發掘出量化研究所無法提供的深層資訊。

　　量化研究與質化研究並不一定獨立存在於個別研究專案裡的。有時候，當行銷問題與研究目的範圍比較大時，研究人員會在一個研究專案裡綜合採行這兩種研究方式。這樣做的重點在於同時擁有兩種研究的優勢，在資訊互補的狀況下既能取得深入的觀察與消費者態度方面有關的訊息，也能

有數據化的量化分析。一般來說，這種結合兩種研究（量化研究與質化研究）的研究，多會先進行質化研究，先以探索性的討論和觀察技巧如深入訪談、焦點團體座談會等方式，瞭解問題的重點以及可能涵蓋的層面，並藉以作為下一步量化研究的基礎。在這種情況下，質化研究可為研究人員提供第一手且最直接的背景訊息。研究人員可以透過與消費者的深入對談，深切瞭解消費者的行為、偏好、認知、態度以及消費者所使用的語言。接下來的量化研究，便可以憑藉質化研究為根基，確認調查項目、修飾調查方向與用語、檢驗質化研究的發現，透過大規模的資料點進行分析。

5.5.1　質化研究方法

觀察

　　質化研究裡相當重要的一個技巧是觀察 (observation)。觀察必須利用一些儀器的輔佐，例如錄影、錄音或寫筆記等，讓研究人員透過直接涉入情境而非他人口頭傳播的方式（討論或對談）來取得資料。觀察並非毫無章法或隨性的作法，而需緊緊地遵照研究目的以及從之發展出的觀察規則，以確保所作的觀察發現是穩定且具意義的。觀察最大的限制，在於它無法蒐集到不能透過眼睛看到的隱形資料；也就是說，觀察只能讓研究人員掌握外顯的、可見的行為，卻不能用來解釋為什麼會產生這些外部行為。行銷研究中的觀察可作以下幾種區分：

圖 5-5　　研究人員藉由觀察顧客在賣場內的走動路線、在各區的停駐時間等動態，可以瞭解消費者的消費模式。

⑴直接觀察與間接觀察 (direct versus indirect observation)

　　直接觀察，顧名思義指的是根據研究問題，直接在現場情境中透過研究人員本身視覺、聽覺與嗅覺的運作，掌握研究標的的狀況。舉例來說，

行銷者可以透過觀察消費者在賣場中的活動路線以及在各櫃架的滯留時間，瞭解不同消費者的購物重點。間接觀察，則是當行銷者想要瞭解某一不存在於現實狀況下的情境，或者想取得無法直接以肉眼有效觀察到的資訊，或者想掌握某些觀察對象過去的經驗和行為時，所必須採用的方式。間接觀察涵蓋許多形式，例如將競爭品牌同類貨品擺置於一個貨架上供受訪者選擇的構作式觀察 (contrived observation)、將書寫成文字的文本解析為可歸納的研究單元的內容分析 (content analysis)、透過儀器觀察讀者接觸平面廣告時眼光注目焦點與移動軌跡的生理跡象測量 (physical trace measures)等。

⑵結構性觀察與非結構性觀察 (structured versus unstructured observation)

結構性觀察利用事先設定好的問題與程序來進行觀察，依事先的設定作資料分類記錄以進行分析。而非結構性觀察則是當問題模糊時使用，在資料的記錄與處理上彈性比較大。

操作結構性觀察時,研究人員必須事先決定觀察哪些行為和哪些類別，並擬定記錄觀察的型式。研究人員必須清楚明瞭觀察的焦點，而在進行觀察時只專注於這些焦點，而忽略其他的面向。要有辦法事先決定觀察要素，研究人員通常已經掌握了研究背景，並且有了很確切的研究問題，甚至已經有一組假設待觀察結果加以驗證。因此，結構性觀察多適用於敘述性研究與因果關係研究。舉例而言，如果一組研究人員關注的問題是顧客在賣場內的行走動線與各區停駐時間，則在觀察進行之前便可以事先制訂一份用以記錄觀察結果的制式表格，其中包含所欲蒐集的動線結構、各區停駐時間等欄位；研究進行時，現場觀察人員就只需要依照這些欄位進行觀察，而忽略不在觀察焦點內的顧客動態。

非結構性觀察，就類似人類學中的田野調查 (field study)，研究者基本上保持一個開放的態度，接收現場實境下的各種訊息，而後將所有所見所聞加以記錄，爬梳整理。在蒐集深入資料與探索消費者經過深思熟慮後所產生的行為等方面，非結構性觀察有相當大的幫助；但因為通常沒有確切的觀察焦點，所以這類研究並不大適用於驗證假設；相對地，非結構性觀察比較適用於探索性研究。在行銷研究情境中進行非結構性觀察時，觀察人

員會在觀察現場作普遍觀察，然後記錄整理所感興趣或可深入探討的觀察點。相對於結構性觀察，非結構性觀察對觀察人員的要求與訓練比較嚴格，因為觀察人員必需能在觀察過程中辨識對議題有幫助的行為。

⑶偽裝觀察與非偽裝觀察 (disguised versus undisguised observation)

　　在非偽裝觀察 (undisguised observation) 裡，被觀察的人知道他們正在被觀察；反之，則是偽裝觀察。在偽裝觀察裡，有些時候觀察者會偽裝成消費者，也就是所謂的祕密客 (mystery shoppers)，到店家或門市等觀察服務人員或售貨人員的服務態度與專業知識。或者，觀察人員或研究人員透過單面鏡 (one-way mirror) 觀察被觀察者的行為。這些作法都是常見的偽裝觀察研究法。偽裝觀察的好處在於可以觀察到被觀察者真實且未經修飾的行為。如果被觀察者知道他們將被觀察，他們的行為通常會和平常不太一樣，這就是所謂的「霍桑效應」(Hawthorn effect，取名自霍桑在 1920 年代針對工人的作業進行非偽裝觀察時所發現的，被研究的工人對研究者進行觀察研究這件事的覺察、詮釋和觀看而改變自己行動慣性的現象)。此外，偽裝觀察的缺點則在於偽裝過程中很難做到完全偽裝，而且因為偽裝所需的非重複性人力成本甚高，偽裝觀察通常無法大量或長時間地進行。

⑷人工觀察與機械化觀察 (human versus mechanical observation)

　　透過訓練過的觀察人員直接進行觀察並記錄觀察所得，便是人工觀察。相反的，利用電子儀器或機械來記錄觀察的方式則稱之為機械觀察。如前面所提過的例子，當某一平面廣告研究的焦點在於掌握讀者接觸平面廣告時眼光注目焦點與移動軌跡時，便必須透過瞳孔測量器 (pupillometer) 等器械追蹤眼睛的動態。

焦點團體座談會

　　質化研究另一常見的技巧是焦點團體座談會 (focus group discussion)。所謂焦點團體指的是將一小群與某特定主題或產品類別有關的人士聚集在一起，而由一位訓練過的研究人員擔任主持人的角色 (moderator)，利用事先設計過的討論流程與主題來帶領和引導這小群團體的討論內容。焦點團體座談會討論時間大約是 2 個小時（考慮到受訪者精神專注的時間與討論品質，一般不建議座談會的時間超過兩個半小時），每一場約 6～8 人參加。

主持人的工作是要讓受訪者在切題的前提下能自在地表達個人的想法，另外主持人則要鼓勵每一位成員都能參與討論的進行。

行銷研究中，焦點團體座談會的目的在於挖掘消費者與某特定事物或主題相關的想法、感受與經驗、情緒等。這種討論具結構性，且有特定主題。小型團體所組成的焦點團體座談會可以讓參加討論的人有互動，可以激發出彼此間的情緒與經驗討論，鼓勵受訪者與其他人分享個人的行為和情感。這種技巧之所以被稱為「焦點」團體，是因為這團體裡有一位主持人（或稱為引導人，moderator）來幫助團體的討論焦點，讓團體討論內容能聚焦在主題範圍內，而不致於淪為漫無章法、天馬行空的討論。

焦點團體座談會愈來愈受到許多行銷組織的喜歡，因為他們的行銷人員可以透過焦點團體裡的成員互動、討論、表情和肢體動作來瞭解消費者對特定議題的看法與感覺,而這些資料很難從制式的問卷訪問等方式取得。廣告公司是大量運用焦點團體座談會的例子之一。廣告公司很喜歡利用焦點團體座談會的方式，瞭解消費者對品牌或產品的想法與態度，並藉由這樣的方式發展廣告傳播策略。很多廣告公司在確定廣告概念時，會先舉行焦點團體座談會，瞭解消費者對所提出的每一種概念的想法和渴望，再決定概念方向並發展廣告創意。另外，對於民生用品或甚至固定財的廠商來說，焦點團體座談會也是確定產品開發方向的重要作法。例如嬰兒濕巾的廠商在研發新產品時，就經常會運用焦點團體的方式，讓媽媽們分享她們育兒經驗與辛苦談等，瞭解媽媽們使用嬰兒濕巾的場合，並探查現有的濕巾有沒有任何她們覺得不方便或使用上有所擔心的地方，再藉由這樣的討論找尋新產品的靈感並設計產品發展定位。

🌐 行銷三兩事：中國的奢侈品消費

近年來我們已經熟悉本地媒體報導中國人在外地出手闊綽的事例。對於一個總體經濟剛剛跨越「小康」階段的國家而言，中國的消費者對於奢侈品購買與炫耀性消費的喜好，常讓人吃驚。

根據一名長期在中國協助中外品牌推廣的美國業者智威湯遜廣告公司 (Walter Thompson) 的大中華區總裁湯姆多克多羅夫 (Tom Doctoroff) 觀察，在當代中國，奢侈品的消費表彰一個人的能力。一個月入 2,000 元人民幣的年輕白領女性捨得買 Gucci 的錢包，藉以表示自己玩得起、持續向上爬、沒被

圖 5-6　在中國，奢侈性消費的目的是彰顯自己的地位，因此醒目的名牌尤其受歡迎。

淘汰。一個企業老闆從頭到腳醒目的名牌，藉以維持自己大腕的身分地位。他因此歸納出當代中國消費者的普遍習慣，並稱之為「當眾消費劇」(dramatization of public consumption)——花大錢要花在別人看得見的地方。因此，上餐館吃飯、到了哪兒旅遊、買了什麼高檔貨，重點都是要讓別人知道。也因此，中國的消費者比較捨得花錢布置客廳，而對於一般訪客比較不會看到的房間布置開銷便比較算計了。

　　這一類透視到消費市場「潛規則」的「消費者洞見」(consumer insight)，很難透過量化的研究方式取得。行銷研究者必須浸淫於在地環境中夠久，透過長期的觀察與互動，才有辦法把出一個市場的「脈象」。

參考資料："Big Trouble in Not-so-little China," *Marketing News*, March 1, 2008, 14.

深入訪談

　　除以上兩種最普遍的質化研究技巧外，另外一種也被某些研究者採用的質化研究技巧是深入訪談 (in-depth interview)。深入訪談通常是透過一對一的訪談方式，對某特定主題進行追根究底的訪問。當研究目的在於瞭解消費者個人較為私密性的使用行為或情緒時，或者受訪者因身分、地位、職業等因素不大可能參與一般的焦點團體座談會等狀況下，深入訪談最常被應用到。訪談場所則視研究情境與受訪者狀況決定，可能在受訪者的家裡或辦公處所進行，也可能在研究人員指定處展開。例如，某藥廠欲瞭解小兒科專科醫師對於該藥廠某一系列處方用藥的認知與態度，並尋找最有效的廣告訴求以準備在醫藥專業刊物上刊登平面廣告。這時，由於問卷、

觀察或焦點團體座談等方式都不合適，該藥廠遂委託專業的研究人員，於預先約受的空檔時間至小兒專科醫師診療處所進行一對一的深入訪談。

如此可樂：可口可樂的版圖擴張與行銷研究

1920 年代可口可樂的員工花了三年的時間，探訪 1 萬 5,000 個可樂零售點，企圖釐清銷售據點的位置、交通流量與銷售量間的關係。與此同時，可口可樂訪問 4 萬 2,000 名可樂消費者，發現其中 62% 的消費者第一次接觸可樂的經驗來自蘇打吧；而這些於蘇打吧首次接觸可樂產品的消費者初次購買時指名可口可樂。透過這樣的研究，可口可樂也發現，銷售量大的店面通常在店內外都有顯著的可口可樂宣傳廣告物件。因此銷售人員便常態地造訪店面，提供各種支援與服務，企圖使這些零售點樂於與可口可樂合作。

5.5.2　量化研究方法

量化研究中最常見的資料取得方法是調查法 (survey)。除了調查法外，行銷者尚可透過行銷資訊系統中前述的情報與內部紀錄等子系統獲得攸關資訊，進行與前面概述過的資料探勘或行銷數量模型建構有關的活動。此處，便對焦於調查來加以討論。

調查的主要有三種執行方式為：個人訪問 (person-administrated interview)、電腦輔助式訪問 (computer-assisted interview) 與自填問卷 (self-administered interview)。簡單地說，個人訪問是訪問員與受訪者間，透過面對面或聲音對聲音的訪問，沒有利用其他的輔助工具時所進行的調查模式。電腦輔助訪問則是利用電腦輔助或指引訪問進行或記錄訪問的調查。自填問卷則是讓受訪者自己填寫問卷，通常沒有旁人或電腦的輔助。

⑴個人訪問

在採取個人訪問的研究中，訪問員唸出問卷的題目與選項，並依受訪者的回答，將答案記錄在傳統或電子型態的問卷上。訪問的方式，則可透過面對面或電話交談等方式進行。個人訪問是最普遍且行之多年的一種調

查方式。這種個人的訪問方式，其成功率以及蒐集得來的資料品質，相對而言較容易受到訪問員的訪問語氣、表情、態度等所影響。

　　個人訪問提供受訪者對題目或問卷最立即的回應，因此訪問員還可以將受訪者對題目最直接的回答或肢體行為記錄在問卷裡，供日後分析參考。但因為現在社會上假藉市場調查或行銷調查名義行詐騙之實的例子很多，很多人於是不信任任何以行銷研究為名的訪問調查。因此，當下所執行的個人訪問需要透過訪問員在訪問之前所作的研究調查說明，以試圖舒緩人們對訪問調查的恐懼。此外，每一個訪問通常都必須記錄受訪者的個人人口變數基本資料，如性別、年齡、收入與職業等。如何讓受訪者願意回答此類敏感的變數，是目前執行個人訪問時的重大挑戰。如果能解除受訪者的

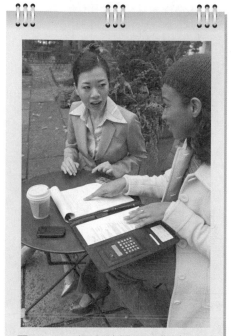

圖 5-7　個人訪問可以觀察到受訪者最立即的反應，但最大的缺點是容易被訪問者的表情、態度等因素所影響。

抗拒心理，人為的訪問調查相對而言可以透過訪問員的觀察，對於受訪者的回答作基本的資料確認以確保資料無誤。例如訪問員可以直接判斷受訪者的性別使此一變數不會有誤，又如除了受訪者直接回答問卷有關年齡的問題外，訪問員還可以追問「請問您是幾年次的?」之類的問題來確認受訪者的回答。

　　如前段所提到的，個人訪問最大的缺點在於訪問時可能產生的人為誤差。這種誤差可能發生在訪問員的訪問語氣與態度，也可能發生在圈選受訪者回答的過程中，例如誤圈答案。因此，參與人為訪問調查的訪問員必須受過訪問訓練，而訪問過程與結果的監控也是必要的。也就因為這些因素，所以個人訪問的調查方式在成本上較以下將介紹的自填式調查來得高。

　　個人訪問的主要型式有面對面個人訪問 (personal interview；face-to-face interview) 和電話訪問 (telephone interview) 兩種。面對面個人訪問，顧名思

義是發生在訪問員和受訪者間面對面的訪問行為，這種訪問通常在受訪者家裡 (in-home interview)、辦公室 (in-office interview) 或街頭訪問 (street intercept)。街頭訪問的方式又可分為兩種，一種是訪問員在街上接觸受訪者並在現場訪問受訪者，這種情況多發生於問卷很短，訪問時間約五分鐘以內的訪問。現在我們常在臺北忠孝東路四段看到一些直銷化妝品品牌，在街上攔截路人，並作簡短訪問，就是一種街上接觸受訪者並在現場訪問受訪者的調查執行例子。另一種街頭訪問，因為訪問時間比較長或問卷內容比較複雜，需要提供受訪者一個可以坐下來以從容接受訪問的方式，一般則稱為街頭定點訪問 (Central Location Test, CLT)。一般在進行廣告測試時需要受訪者看廣告影片，或者廠商執行例如試喝飲料或概念測試一類的產品測試時，都需要讓受訪者直接接觸廣告或產品概念而後作答，這類研究調查便會採用街頭定點訪問方式進行。無論哪一種形式的街頭訪問，經驗上比較適合在人潮聚集且能融匯城市內不同地區民眾的地方進行，以豐富樣本結構。例如大型購物商圈或各城市的火車站附近，都是經常被選用來執行街頭訪問的地點。

電話訪問則是利用電話的溝通以取得受訪者的答案。因為電話普及性高，可以彌補面對面個人訪問在地域上的限制，而且相對而言成本也比較低。電話訪問的訪問樣本數通常比較大，訪問地區的地理涵蓋範圍也比較大。一般面對面的個人訪問在臺灣多半只在大都市內進行，實務上基於成本考量更常僅將調查區域放在大臺北地區與大高雄地區，頂多加上大臺中地區。而電話訪問因為沒有交通上的問題，只要有電話便可以進行訪問，因此在訪問上比較沒有地域或城鄉上的問題。不過，也因為電話訪問是透過聲音，對於鄉下地區或年齡較大的族群來說，電話訪問因為缺少面對面的幫助，容易產生口音與對題目瞭解程度上的問題。另外最近幾年因為行動電話的普及與民眾作息時間的異質性等因素，電話訪問已從傳統上僅限於訪問有線電話用戶的作法，擴及至行動電話門號的訪問。至於有線電話或行動電話的選擇，則需視研究情境中的目標樣本對象而定。一般而言，與家戶消費有關的服務或產品的調查，仍以有線電話的訪問較為經濟；但若是針對個人性消費或有明確的目標樣本對象族群界定，則透過行動通訊

業者提供的用戶名單加以訪問可能較有效率。

⑵電腦輔助式訪問 (computer-assisted telephone interview, CATI)

　　電腦輔助式訪問讓電腦輔助訪問進行，並記錄受訪者的答案。這種方式需要公司內的資訊工程師先將問卷改寫成電腦程式並輸入電腦內，然後讓訪問員依據電腦程式的指示進行訪問與輸入受訪者的回答。電腦輔助式訪問通常運用在電話訪問上。進行 CATI 訪問時，每位訪問員配有電話耳機與麥克風，依據電腦螢幕的指示逐題進行訪問。這種電話訪問可以利用電腦程式的設計，控制訪問流程並確保受訪者答案的一致性與資料品質。除了電話訪問外，電腦輔助訪問也可以應用在面對面的個人訪問上。對一些問卷設計複雜，或需要受訪者在不同組合選擇間作決定並依受訪者決定再進行訪問的調查來說，電腦可以減低人為訪問可能造成的疏失。另一種現在常見的電腦輔助訪問型態是線上訪問 (internet-based interview)，這種訪問讓受訪者可以經由網路的方式接受調查，透過線上互動來完成問卷。只要後端程式設計良好，線上訪問可以執行相當複雜乃至在傳統情境下操作不易的多條件式跳題訪問。

⑶自填問卷 (self-administered interview)

　　自填問卷就是讓受訪者自己來填寫問卷，而沒有研究人員或訪問員的協助。最常見的自填問卷方式是郵寄自填問卷。研究人員將設計且印刷好的問卷郵寄給受訪者，並要求受訪者在指定時間內將問卷填妥寄回研究單位。雜誌社很常用這種方式，來取得讀者對該期雜誌的看法；新車滿意度調查也通常用這種方式進行，研究人員將問卷寄給新車車主，並請車主在填完問卷後寄回。郵寄問卷的調查方式通常會有兩個主要問題：

- 低回應率：也就是寄出的問卷石沉大海，並沒有被填寫而寄回研究單位。郵寄問卷通常是寄出了幾千份問卷才能回收幾百份甚至只有數十份問卷。它的回應率非常低，容易造成研究成本的浪費。

- 受訪者誤差 (self-selection bias)：行銷者不能確定填問卷的人是不是就是原來設計要訪問的那位受訪者。而且，填寫並回寄問卷的受訪者類型和拒絕填寫並回寄的人在特質上有相當大的差異，如果研究人員就從回收問卷來作分析，勢必造成樣本代表性上的偏差。

　　雖然郵寄問卷並不是唯一有這兩個缺點的調查方法，其他的調查訪問方式某種程度也都有這些問題,但這些問題在郵寄問卷上更明顯也更嚴重。經驗上，近年來針對消費者進行的郵寄問卷其成功率多低於 10%，也就是如果要完成 100 份回收問卷,研究人員至少必須寄出 1,000 份以上的問卷。而為了鼓勵受訪者回寄問卷，研究人員必須利用很多方式，例如抽獎或電話催寄的方式來刺激受訪者寄回問卷，而這些方法將提高研究的成本。

　　另一種愈來愈普遍的自填問卷則是網路調查 (on-line survey)。網路調查讓受訪者利用電子郵件內建連結或透過網路廣告橫幅 (banner) 的點選，進入線上問卷網頁自填問卷。網路調查最大的問題在於樣本的代表性不足。網路調查的最大好處在於它能在最短時間內接觸到最多的人群，但雖然少部分入口網站以大眾化的內容為主,大多數的網站卻並不是大眾化設計的，它們僅吸引到有特殊偏好的網路族群。在這種情況下進行網路調查時，研究人員必須考慮到:

🔋 如何吸引網友到指定的網站回答問卷?

🔋 如何讓樣本具有代表性?

　　實務上，目前業界進行較大規模的網路問卷時，通常會與大型的入口網站（在國內如 Yahoo、PChome 等）結合。理論上由於這些網站的流量較大且使用者相對於其他網站的異質性較高，所以樣本的品質可能相對而言會較可靠。另一方面，目前市面上有若干市調公司專營網路調查。這些線上市調業者目前主流的運作方式則是在晚近熱門的許可式行銷 (permission marketing) 的操作原則下，以抽獎或贈品的方式經營出一群龐大的自願受訪者，當這些自願受訪者初加入時即被要求填寫人口統計變數方面的相關資料。一旦有委託主委託的線上市調案件，這些線上市調業者即根據委託主所要求的人口統計變數條件篩檢出合適的樣本，發送帶有問卷網頁連結的電子郵件予樣本受訪者，並對於受訪者的回答加以回饋。理論上，這樣的操作方式可以比過往藉由網路廣告橫幅執行的線上市調模式更具效率。但無論如何操作，網路市調業者近期內仍持續面對一個基本的挑戰：在網路上取得某些年齡層（如四十歲以上）的樣本較傳統面訪或電訪的方式取得樣本來得困難。

行銷三兩事：虛擬貨架測試

菲多利 (Frito-Lay) 旗下有 15 個每個價值超過 1 億美元的零食品牌，總共兩百多個 SKUs（單品）。傳統上，像 Frito-Lay 這樣的品牌需要常常進行市場測試，以決定新產品開發、產品包裝、定價等策略。每一波的測試，都需要動員大量的人力物力進行各種實體布置。近幾年，Frito-Lay 透過一家擅長 2D 虛擬情境測試，名為 Decision Insight 的行銷研究顧問公司，採取更有效率而預測效果據說相較於傳統作法也更準確的虛擬市場測試法。

在這種測試作業中，Frito-Lay 先詳細規劃要施測的情境（可能是價格的調整、包裝的改變、新產品的導入等等），然後 Decision Insight 便設計出與消費者走進便利商店時所看到的貨架陳設相同的虛擬貨架。在這些虛擬貨架上，Frito-Lay 施測的產品和其他品牌的競爭商品並陳，包裝容量、售價等等資訊也都在貨架上清楚標明。數百名受邀的受測者透過網路進到這個虛擬商店；受測者對看到的任何商品有興趣，都可以透過滑鼠點選，而得到更詳細的資訊（就如同在真實店家中把商品取下端詳一樣）。而後，受測者把有興趣購買的產品點選放入虛擬的購物車，結束後某些受測者並接受專業行銷研究人員一對一的線上訪談，好讓行銷者發掘更多的消費端洞見 (insights)。

參考資料：Enright, Allison (2006), "Best Practices: Frito-Lay Gets Real Results from a Virtual World," *Marketing News*, December 15, 20.

訪問方式的選擇

討論了這麼多種類的訪問方式，在決定該採用哪一種訪問方式時，研究人員必須先確認研究目的與研究問題是什麼。只有先確認研究目的，才能幫助行銷者決定最適當的訪問方式。表 5–3 簡要比較幾個最常用的行銷研究訪問方法的優缺點。另外，行銷者還可以根據幾個面向來考慮訪問方式：

📱 時間

所有的行銷決策都有時間上的限制。例如新商品訂於何時上市、新廣告要在什麼時候推出，而這些時間上的問題決定行銷者可以執行研究的時間有多少。然後再從時間來評估哪一種或哪些訪問方式在時間上最能配合。

📋 預算

多數的行銷研究人員經常面臨到預算的問題。不同的訪問方式，其單位成本也不同。但一般來說，預算最主要影響到訪問內容的長度。也就是說，預算決定可以從訪問中得到多少資料。如果預算非常有限，在訪問設計上的最先考量通常是「問卷是不是設計得簡短直接些?」。簡短直接的問卷設計不需要對訪問人員作太多的訓練，因此比較便宜。

📋 其他特殊考量

時間與預算是決定訪問方法的重要指標，而如果研究專案有其特殊考量，也同樣會影響訪問方式的決定。例如，如果行銷者的研究目的是想知道受訪者對尚未推出的廣告的看法，則行銷者必定需要採用面對面的訪問方式——這種方式允許行銷者出示未上市廣告的內容或片段給受訪者看。又或者如果研究目的在於瞭解市場上不同投資者對各種不同投資組合的偏好度與接受度，研究人員或許便需要電腦輔助將投資組合的要素設計成電腦程式，讓電腦依受訪者的個人回答，搭配出數種個人化的投資組合，再進行訪問。而如果行銷者的考量點是讓最多的人在最短時間內接受訪問，那麼電話訪問就是一個可以考慮的方法。此外，對資料品質的要求也是一個因素。資料品質牽涉到訪問過程所受到的監督程度。當問卷比較複雜時，行銷者會希望訪問員能無誤地完成訪問，因此能讓研究人員當場督導訪問進行的方式是最適當的。

　　在決定採用何種調查訪問方式時，研究人員除考慮到時間、成本和研究本身的特質與需求外，還會注意到調查執行時的狀況，例如如何控管訪問執行和怎麼做最適合最方便受訪者。

📋 執行上的控管

這牽涉到如何將訪問上的誤差減低到最少的狀況。所謂訪問上的誤差，指的是訪問員未能完全依照訪問要求來進行訪問、答案記錄錯誤或作弊等之類與訪問執行相關的問題。從這個觀點來看，網路調查與郵寄問卷的方式因為不需要訪問員，所以比較不會出現訪問員執行方面的問題。一般來說個人訪問比較容易出現訪問上的誤差情形。因此，專業的行銷研究公司多設有督導一職，專門負責控管訪問員如何接觸合格受訪者與確定訪問流程

和訪問技巧。

受訪者方便性

從受訪者觀點來看，網路調查與郵寄問卷的方式是最具彈性也最少干擾的訪問方式。網路調查和郵寄問卷讓受訪者可以以自己的速度來填寫問卷，而網路調查更是方便，受訪者只要填寫完畢，在鍵盤上按一下「完成並寄出」便完成了訪問。個人訪問對受訪者最不方便了，受訪者必須在固定的時間點完成訪問。因此對受訪者來說，個人訪問的彈性與自主性是所有訪問形式中最低的。

⊙ 表 5–3　常用訪問方法的比較表

方式		優點	缺點
個人訪問	在家訪問 (in-home interview)	• 高回應率 • 能對個人進行特別的訪問 • 適用於各種問卷設計 • 適用追問開放題 • 方便澄清受訪者不確定性的回答 • 可以運用視覺材料輔助訪問	• 訪問單位成本高 • 難以監控訪問員的訪問進行 • 訪問容易受訪問員影響產生誤差
	街頭訪問 (street intercept)	此方法除了具有所有在家訪問優點，而且還有以下優點 • 執行快速：可以在短時間內完成比在家訪問更多的樣本數 • 訪問員能在研究人員的督導下進行訪問，確保資料品質	• 受訪者比較會排斥在逛街時接受訪問 • 訪問時間不宜太長（一般建議為 30 分鐘以內）
	傳統式電話訪問 (pen&paper telephone interview)	• 單位成本低 • 包含地區性大 • 訪問員在研究人員督導下進行訪問，確保資料品質 • 執行快速	• 訪問時會有口語溝通上的問題 • 訪問員對於不清楚的答案有困難就作進一步追問 • 不適合太長的訪問
電腦輔助訪問	CATI	CATI 的優點與傳統電話訪問一樣，而且還有以下優點： • 電腦可以減低人為誤差以確保資料品質 • 協助訪問進行	除與傳統式電話訪問具有相同的缺點外，還有： • 設立成本比較高：設備（電腦）與軟體程式設計等成本

| 自填問卷 | 郵寄問卷 (mail survery) | • 透過郵寄表，方便建立樣本結構
• 可以取得廣泛的樣本來源
• 無訪問員介入所產生的人為誤差
• 單位成本低 | • 低回應率
• 難以控制執行時間長短
• 難以追問開放性問題
• 受訪者誤差 |

5.6　行銷研究方法：
　　次級資料的蒐集

次級資料來自於進行某類研究的政府單位、非營利組織或公司行號；此外，學術機構也是外部次級資料的來源之一。更具體地說，外部次級資料包括政府機關定期或不定期的出版物、學術或非營利性團體的期刊出版物，與商業團體或調查公司的出版物與商業調查報告等等。例如臺灣經濟研究院、中華徵信所和尼爾森市場研究公司等皆提供定期與不定期的商業調查報告。如果能妥善運用這些資料，將可獲得許多寶貴的行銷與市場資訊。外部資料可以透過兩種方式取得：(1)公開的資料；(2)商業性資料

5.6.1　公開的資料

公開的資料是那些可以在網路、圖書館、法人團體、政府機關或其他管道取得已經對外公布且可以公開使用的資料。例如：〈中華民國人口統計年鑑〉，研究人員可以購買印刷的年鑑得知臺灣各地的人口結構或從網路上取得人口統計資料。目前普遍可見的用法是透過搜尋引擎 (search engine)以關鍵字或其他方式對特定主題進行相關資料的蒐集。

5.6.2　商業性資料

商業性資料則須要花錢才能取得。這類資料是標準化且有系統的蒐集，可以讓各種不同的使用者（例如不同產業性質的行銷組織公司）從中獲得一致的資料。但這並不表示資料一定能完全符合使用者的需要。商業性資

料主要有付費模式化研究報告 (syndicate service) 和資料庫服務 (database) 兩種。

付費模式化研究報告 (syndicate research)

有些獨立的專業行銷研究公司提供一般行銷組織團體與公司一些透過標準流程進行研究取得的研究數據。公司可以透過簽約或訂購的方式取得相關的研究數據。這些數據並不能從圖書館或網路上免費取得。例如，尼爾森公司媒體大調查裡有關電視節目收視率和報紙閱讀率之類的資料。或由某些大型行銷研究公司所提供的零售業大調查，廠商可以透過這類型的大調查，瞭解零售商／各類型通路的貨品銷售情況，以判別市場的優劣勢。

資料庫服務

這是由公司外部的組織或研究公司所建立的資料庫。不同於公司內部的資料只建有公司自己客戶的資料，這種外部資料庫能提供更多且更廣泛的資料。例如，中華徵信長期以來對於國內廠商的信用、營業狀況、獲利能力等方面建立資料庫，研究者若有需要需付費購買資料庫的使用權。

5.7　第三方行銷研究服務

　　除了存在於行銷組織內的行銷研究部門可依公司特定行銷需求進行不同形式的行銷研究外，還有獨立於廠商或廣告媒體商等之外的專業行銷研究公司。這些行銷研究公司（或稱市場研究公司）提供獨立且不受委託單位內部因素干擾的研究服務，依行銷組織委託者的需求提供各種形式與研究內容的行銷研究服務。有些專業行銷研究公司進行模式化調查研究 (syndicate research)，它們持續且定期地蒐集特定的市場資訊，然後將這些整合分析過的資料銷售給有興趣的行銷組織。這種模式化調查研究 (syndicate research) 並不是專為某一客戶的某些特定行銷問題而設計的研究，它的價值在於持續、規律且有系統地蒐集特定的市場資訊。有些行銷研究公司則著重於為個別客戶的特定需求量身訂作的行銷研究 (custom-designed research or customized research)。有些行銷研究公司僅提供資料蒐集，也就是市調執行的服務，它們為委託客戶蒐集資料並將原始資料直接交給委託客戶，並

未經過資料分析解讀與報告撰寫的過程。有些公司本身不做資料蒐集的工作，它們提供的服務是研究設計、資料分析與撰寫研究報告，它們將資料蒐集這一部分的工作委由專業市調執行的公司來執行。行銷組織公司可以依其行銷議題的需求與公司內部的資源，委託各類型行銷研究公司進行相關研究調查。圖5–10說明目前許多獨立的，提供完整服務的專業市場行銷研究公司的工作架構組織。

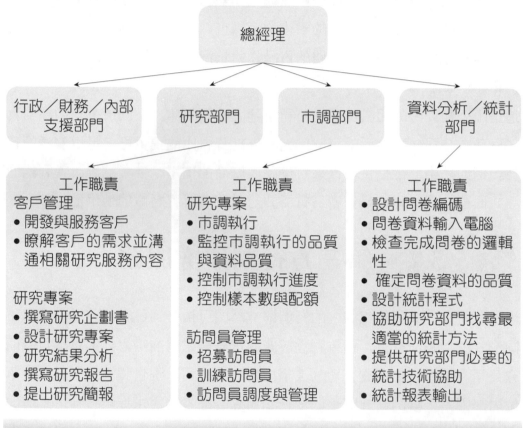

圖 5-8　專業行銷研究公司的組織與部門工作職責

 分組討論

1. 本章章首「行銷三兩事」中提到一個行銷者對於與顧客的溝通訊息所進行的實驗。回想一下你所學過的統計學，這樣的實驗需要運用到什麼樣的統計工具？

2. 行銷者的行銷情報系統與電影、電視中常見的國家情報體系間，相同處有哪些？相異處又有哪些？

3. 如果同學們要合資開一家茶飲店，設店前應該進行哪些行銷研究，以降低經營失敗的機率？

4. 如果有一間報社要委託你進行讀者研究，以調整報紙內容編輯方向，你應該如何規劃這個研究的步驟？這個研究要透過哪些研究方法來進行？

5. 上網搜尋、整理出一份表格，彙整本地第三方行銷研究服務業者的名單與服務項目。

6

消費者行為

本章重點
◢ 認識對消費者行為造成影響的環境因素
◢ 認識對消費者行為造成影響的個人因素
◢ 認識消費者的購買決策

🌐 行銷三兩事：乾杯

　　國內外很多經典廣告的廣告商品是啤酒。啤酒好不好喝見仁見智，廣告的目的則通常是為了拉近消費者對於啤酒品牌的心理距離。幾年前，臺灣與中國的啤酒市場都出現了以貼近在地的歌曲博得廣大消費者認同的廣告。在臺灣，陳明章詞曲，金門王和李炳輝演唱的「流浪到淡水」，觸動人心的詞意讓初入臺灣市場的麒麟啤酒瞬即攫取不少消費者的心。這首臺語歌的歌詞是這樣的：

「有緣　無緣　大家來作伙

燒酒喝一杯　乎乾啦　乎乾啦

扞著風琴　提著吉他　雙人牽作伙　為著生活流浪到淡水

想起故鄉心愛的人　感情用這厚　才知影癡情是第一憨的人

燒酒落喉　心情輕鬆　鬱卒放棄捨　往事將伊當作一場夢

想起故鄉　心愛的人　將伊放抹記　流浪到他鄉　重新過日子

阮不是喜愛虛華　阮只是環境來拖磨

人客若叫阮　風雨嘛著行　為伊唱出留戀的情歌

人生浮沉　起起落落　毋免來煩惱　有時月圓　有時也抹平

趁著今晚歡歡喜喜　鬥陣來作伙　你來跳舞　我來唸歌詩

有緣　無緣　大家來作伙

燒酒喝一杯　乎乾啦　乎乾啦

有緣　無緣　大家來作伙　燒酒喝一杯　乎乾啦　乎乾啦」

　　幾年後，與上海有深厚淵源的力波啤酒，在策略性的「上海概念」定位下，也靠著一首「喜歡上海的理由」歌曲所拍成的系列廣告，成功引起廣大迴響，讓力波啤酒成為「上海的啤酒」。這首歌的歌詞是這樣的：

「上海是我長大成人的所在　帶著我所有的情懷

第一次乾杯　頭一回戀愛　在永遠的純真年代

追過港臺同胞　迷上過老外　自己當明星感覺也不壞

成功的滋味　自己最明白　舊的不去新的不來

城市的高度　它越變越快　有人出去有人回來

身邊的朋友越穿越新派　上海讓我越看越愛

好日子好時代　我在上海　力波也在」

> 　　如果沒長時間生長在臺灣和這片土地人民互動過，很難體會「流浪到淡水」的情緒；如果沒跟著上海的繁榮一起成長過，也很可能抓不住「喜歡上海的理由」的在地親切。品牌在溝通中要讓潛在顧客產生共鳴，如果找得到一個合適的、在地的共鳴點，就容易讓許多潛在顧客把這個品牌當朋友了。
>
> 參考資料：莫邦富 (2004)，《行銷創勢紀——稱霸中國市場的企業策略》，香港經要文化出版。

　　行銷者面對消費者市場時，常常被「如何理解消費者」這樣的問題所困擾。每一個個人，包括行銷者自己，都是所謂的「消費者」；每個人的生活經驗中充滿了消費經驗。但是，沒有哪兩個人在長期間裡可以有一模一樣的消費經驗，因為沒有兩個人完全「相同」。對於行銷者而言，要掌握消費者的行為，就必須先瞭解消費者異質性 (heterogeneity)。在這一章中，我們便從理解消費者為何是異質的角度出發，從環境影響因素、個人影響因素和購買決策等三個方向，探討消費者行為。

6.1　環境影響因素

6.1.1　文化

　　文化是一個社會裡眾人所承襲、經驗與傳遞的一套神話系統、敘事結構、共同價值、風俗習慣與行為規範。透過語言、儀式、象徵、神話和宗教，一個社會不斷詮釋且時而更新長時間傳承的文化。中國的風水、日本一絲不苟的行為規範、臺灣人神間交換性質濃厚的民間信仰、美國人充滿自信的樂觀、許多原民部落對於女性經期的避諱、各個社會中不同的婚配制度與婚姻價值觀等等，都是文化遞嬗結果的彰顯。

　　Geert Hofstede 倡議以幾個文化構面來分析不同國家的代表性文化。依照他的定義，最關鍵的文化構面包括與對威權的服從有關的「權力差距」（power distance；一個社會愈服從權威，其權力差距便愈大）、與對於正式行為規範之需求大小有關的「不確定性規避」（uncertainty avoidance；愈仰

賴明文規範的社會，不確定性規避的程度就愈高）、與社會的氣氛以及主流價值有關的性別傾向（masculinity/femininity；愈強調外顯成就的社會愈陽剛，愈在乎關懷與和諧的社會愈陰柔），以及權衡公私利益權重的個人主義／集體主義（individualism/collectivism）。❶

每個文化裡，還會存在一系列文化「變奏」的「次文化」，讓同質性較高的正式或非正式社群成員尋得更具體的認同。例如在臺灣，習慣以美語溝通的外商企業經理階級、沉浸於線上遊戲的國中生、早年的「文藝青年」、一試定江山後工作受嚴密保障的公務員，因為各自的價值觀、使用語言、行為認同等方面的明顯特性，日久便形成了特殊、內部同質、外部傾向排他的次文化。

圖 6-1　各地都具有獨特的文化，如日本的藝伎即具有代表性的特色。藝伎是從事表演藝術的女性工作者，除為客人服侍餐飲外，在宴席上也會以舞蹈、樂曲、樂器等表演助興。

對於行銷者而言，若放眼於全球的消費者市場，則在價值的創造、溝通與傳遞上，必須能有效掌握各地文化的差異性。若欲細耕一特定文化中的市場，則除了充分瞭解該文化外，還需要進一步解讀該文化底下各種次文化現象，才有可能進行有意義的市場區隔劃分，精確地進行分眾式的溝通。

如此可樂：可口可樂作為一種象徵

珍珠港事件爆發後，可口可樂當時的總裁 Robert Woodruff 對全公司下達特別指令，要求不計任何成本與代價，要讓散布於全球每個角落的美軍都能以 5 美分的均一價購得已經逐漸樹立「國飲」地位的可口可樂。作為可以

---

❶　詳 Hofstede, Geert (1980), *Culture's Consequences*, Beverly Hills, CA: Sage.

鼓舞前線美軍士氣的美國「國飲」，可口可樂在戰時不受糖類配額的管制，美國陸軍甚至給予數以百計的可口可樂員工「技術觀察員」(technical observer)的地位，隨著軍隊動態布署，替前線官兵提供源源不絕的可口可樂補給。二次大戰結束後，這些散布於全球各地的可口可樂員工所取得的經驗與關係，便成為該公司深耕各地市場的利器。

為了彰顯可口可樂的象徵性地位，可口可樂的專屬攝影師於二次戰後竭盡所能捕捉高官顯要與王公貴族飲用可口可樂的相片。從約旦國王到美國總統，手持可樂瓶或者仰首暢飲的畫面幾十年間出現在全球各地的媒體報導上。

二次戰後，可口可樂的經營方針由遍布全美國擴大為遍布全世界。根據一件軼聞，曾有個準備以車輛橫度撒哈拉沙漠的美國旅者詢問他的駕駛，要多久以後才能脫離文明之域。駕駛反問什麼叫脫離文明之域，這名旅者回答：「沒有可口可樂的地方」。駕駛聳聳肩，邊開著四輪驅動車邊指著遠處沙丘後方浮現的可口可樂戶外廣告，回說大概永遠無法脫離文明之域。

💲 行銷三兩事： 哈雷騎士

在美國的公路或者公路電影中，我們常常看得到哈雷 (Harley-Davidson) 機車和它的騎士的身影。早年的哈雷機車騎士，至少有一部分的形象是彪形大漢、皮衣皮褲、渾身刺青而令一般人想避而遠之的美國阿飛。對於年營收超過 60 億美元，公開上市的哈雷機車而言，這並不是哈雷想傳布的品牌形象。一直以來，哈雷試圖傳遞其所標榜的美國精神：自由、自我、獨立，並努力透過各種行銷活動深化這樣的品牌精神。根據哈雷的行銷負責人表示，任何人只要嚮往自由、追求自我、主張獨立，都是哈雷的目標顧客。哈雷因此舉辦各種如

圖 6-2　哈雷機車推出了適合女性身型的機車、舉辦訓練課程、聯誼聚會等活動，成功的開拓了女性騎士的市場。

Posse Ride 一類的長途跋涉騎士活動、組織各地的哈雷騎士俱樂部，讓這個品牌一步步向中產階級的消費想像接近、貼合。

那麼，嚮往自由、追求自我、主張獨立的女性，合適騎哈雷嗎？

根據哈雷內部的紀錄，1990 年時，有 4% 的哈雷車主是女性；到了 2008 年，女性已佔哈雷車主的 12%。在這段期間，哈雷的行銷部門藉由一系列針對女性顧客的活動開創了這批傳統上被視為與哈雷品牌距離很遠，但人數佔地球人口一半的潛在客群。針對與哈雷品牌精神契合的女性，哈雷推出適合女性身型的機車，並且開辦女性新手騎士的訓練課程，而哈雷的經銷商也適時配合針對女性車主舉辦聯誼聚會。在線上經營方面，哈雷特別針對女性客群開闢了一個教導騎乘技巧、傳播振奮人心的女性騎士故事、供女騎士分享心情心得的網站。此外，近期每年哈雷都特別針對女性騎士舉辦徵文、錄影比賽、長程騎乘旅行等活動。這些努力的總和，便讓女性車主佔比在過去二十年中有了三倍的成長。

當然，哈雷還是不希望自己的品牌被聯想成很「娘」，還是不可能推出粉紅色的機車。哈雷一再強調的是：嚮往自由、追求自我、主張獨立。早年它用這樣的品牌精神拓展男性騎士市場；現在，它也同時接觸性格上和它的品牌精神相吻合的女性騎士市場。

參考資料：Sullivan, Elisabeth A. (2008), "H.O.G.," *Marketing News*, November 1, p. 8.

6.1.2　社會

在某些社會裡，「社會階級」(social class) 是影響消費者消費樣貌的重要關鍵——不同階級的人看不同的報紙、在不同的通路進行採買、對於產品有不同的價值取向。19 世紀馬克斯 (Karl Marx) 的理念與論述，主要便建立在彼時西歐社會工業革命後對立的兩個社會階級（資本階級與勞動階級）上。後來由於產業結構的改變、社會分化的日趨細緻，傳統馬克斯著重生產工具所有權的分析不再能適切地描述複雜化的社會階級議題，因此如表6-1 所舉之例，後續有針對經濟層面作更細緻分類的新馬克斯取徑社會階級劃分，以及源自社會學家韋伯 (Max Weber) 的多元定義角度。後者在區辨社會階級時，同時考量經濟面、社會面與權力面的變數。

➔ 表 6-1　社會階級的不同分類方法

研究者	階級結構分類
馬克斯 (Marx) (1848)	1. 資本家 2. 勞動者
達倫道夫 (Dahrendorf) (1959)	1. 雇主 2. 小雇主 3. 小資產階級 4. 監督及管理階級 5. 半自主性勞工 6. 勞工階級
萊特 (Wright) & 馬汀 (Martin) (1987)	1. 雇主 2. 小資本家 3. 經理階級 4. 監督階級 5. 專家階級 6. 勞工
戈德索普 (Goldthorpe) (1987)	1. 階級一：包含高級專業人士、高層政府或公私機構主管、大企業之經理和大地主 2. 階級二：低層專業人士與高級技術人員、低層行政人員與辦事員、小企業之經理和非手工之監督人員 3. 階級三：包含非手工的例行性工作雇員、個人銷售員與其他的服務性雇員 4. 階級四：包含小地主、自營作業的工匠以及其他所有非專業的自營作業工作者 5. 階級五：低層技術人員、手工工作之監督人員 6. 階級六：藍領受薪技術工作者 7. 階級七：所有手工半技術或非技術雇工與農場工人
王 (Wong) (1992)	1. 白領自雇階級 2. 白領受薪事務階級 3. 白領受薪經理階級 4. 白領受薪專業階級 5. 藍領自雇階級 6. 藍領受薪非技術階級 7. 藍領受薪半技術階級 8. 藍領受薪技術階級 9. 農業自雇階級 10. 農業受雇階級

資料來源：葉怡君 (2006)，〈臺灣數位落差的情況——以家庭為單位〉，國立清華大學科技管理研究所未出版碩士論文。

行銷三兩事：中國的中產階級

有位中國社科院的學者估算，中國的中產階層在 2000 年代中期佔就業人口的 20%，而每年可能以 1% 的速度成長，20 年後可達總就業人口的 40%。在經濟起飛未久的中國，對於所謂「中產階級」這個新興的概念時有爭辯。*Financial Times* 中文網因此曾針對中產階級這個概念做過深入的採訪報導。

在採訪過程中，有人主張的「中產」標準是「城裡有公寓，郊區有別墅，開車要開奔馳（賓士）、寶馬，旅遊要去北美」，有人認為資產該有 50 萬元以上人民幣的才算中產，有人認為素質較高、收入較穩、有房、有車、有分期貸款的中青代才是中產，有人抽象地認為「富、貴、雅」應是中國中產階層的標準。有學者認為中國的中產階級分為主要是私有企業主、鄉鎮企業主和小業主的「老中產者」，和指涉受過大學教育，屬於專技人員與經理階層的「新中產者」這兩類。根據麥肯錫顧問公司 2006 年的一份報告，年收入人民幣 2 萬 5,000 元到 10 萬元間（依照購買力平價 (purchasing power parity, PPP)，這個數目約當當時美國家庭年收入 4 萬美元的生活水準）的家庭，可稱為中國的中產家庭。至於官方的國家統計局，則在 2005 年訂出家庭年收入 6 萬至 50 萬元人民幣，作為「城市中等收入群體」的標準。

也有人認為，在改革開放前敵視「資產階級」長達數十年之久的中國，將英文 "middle class" 翻譯成「中產階級」，其中的「產」與「階級」等字眼目前仍容易造成敏感或混淆，「中間階層」可能是相較之下中性而較少爭議的詞彙。

參考資料：魏城 (2007)，《所謂中產》，中國南方日報出版社。

一般而言，臺灣數十年來不同社會階級實際的分殊，大體上不如西方社會那麼明顯。以住居為例，本土社會經濟發展的過程，讓一條街道或一小塊市區中常常雜居著理論上分屬各社會階級的居民。伴隨著這樣的情況，一般人並沒有很強烈的社會階級意識。

除了社會階級外，參考團體 (reference group) 也是可能影響消費者行為的一項社會因素。就行銷的角度而言，所謂參考團體，指的是會影響個人的行為、態度、品味等向度的社群。辦公室裡的同事、社團裡的社員、歌

友會的歌迷、家族中的親戚，乃至黑社會幫派中的幫眾，都是個人在進行某些行為時參考的對象，也可能在各自的場域裡型塑個人對於該場域的態度與偏好。因此，這些各自的社群，都是各場域中的參考團體。行銷者常常企圖透過代言、推薦以及各種聚焦明確的事件活動，拉近與目標

圖 6-3　歌友會的歌迷對於參考團體的認同，會影響個人的行為、態度、品味等選擇。

客群參考團體間的距離，從而建立目標客群的認同。

　　晚近，除了社會階級與參考團體外，行銷者也開始意識到社會網絡對於消費者可能造成的影響，以及行銷活動運用社會網絡作為槓桿的可能。所謂的社會網絡，是針對某一關係脈絡，抽象地解析人與人之間在該關係脈絡下的直接或間接關連。這裡所說的關係脈絡，可能是同鄉的關係、同事的關係、朋友的關係、同學的關係、社群成員間的關係、親戚間的關係等等。分析時，某一社會網絡常在二度空間中透過個人為節點，關係為連線的方式呈現。

6.1.3　家庭

　　家庭其實也是社會組成的一環，但由於它對於消費者的行為有非常大的影響，所以此處特別將它獨立出來討論。對於一般消費者而言，許多消費的習慣、品味、態度、記憶與聯想都與自幼至長的家庭經驗有密不可分的關係。古時候物資相對匱乏，僅有仕宦人家才有餘裕追求精緻的消費；暴發戶有錢了，卻因為沒有自小涵養的環境，所以學不來深沉的品味；因此，有所謂「沒做過三代的官，不懂得穿衣吃飯」這樣的說法。這就是消費慣性由家庭所塑造的一例。此外，前述的社會階級與社會網絡等面向，家庭通常也在其中扮演相當重要的角色。例如社會學上有所謂「向上流動」或「向下流動」的說法，描述家庭成員間第二代階級身分與第一代不同的狀況。但是更常見的，是社會階級（以及社會網絡）的代間複製。

　　與家庭有關的一個重要行銷概念，是家庭生命週期 (family life cycle)。這個概念將家庭視為一經歷若干演變歷程的有機體，而這些歷程即是所謂的家庭生命週期階段。

　　傳統的家庭生命週期概念，將家庭演變歷程視為是一個漸進的線性過程。例如以家庭成員年齡和婚姻與就業狀態為劃分標準，將家庭生命週期劃分為(1)年輕單身期；(2)年輕新婚期（無子女）；(3)滿巢一期（最小子女六歲）；(4)滿巢二期（最小子女至少六歲）；(5)滿巢三期（子女較長但皆未獨立）；(6)空巢期（父母仍就業，子女獨立）；(7)獨居期（空巢且配偶離去）等階段。

　　至於現代的家庭生命週期概念，則適應社會的多元變遷，考量每一階段其下一階段樣態的複數可能性，如圖 6–4。

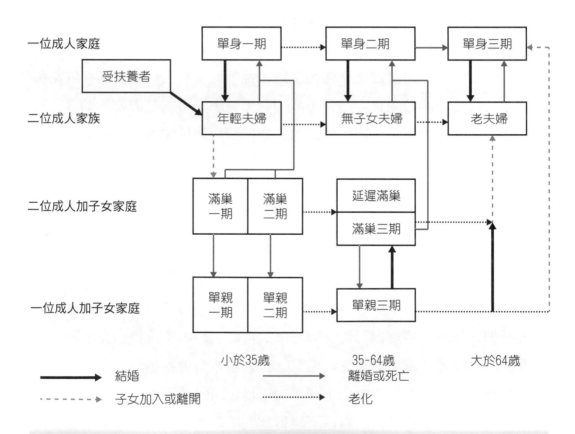

圖 6-4　　現代的家庭生命週期概念

參考資料：Gilly & Enis (1982), "Recycling the Family Life Cycle: A Proposal for Redefinition," in *Advances in Consumer Research*, 9, ed. Andrew A. Mitchell, Ann Arbor, *MI: Association for Consumer Research*, pp. 271–276. 本部分引自呂菁雅 (2004)，〈臺灣家戶分類實證模型之建構比較〉，元智大學企業管理研究所未出版論文。

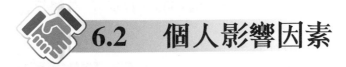

6.2　個人影響因素

6.2.1　人格特質

當我們說一個人是「樂觀的」、「外向的」、「合群的」、「奮發向上的」，這些形容詞都是說明這個人的人格特質。所謂人格特質，是每個人的心理特性；這些心理特性使一個人面對環境中的刺激，會相對持續地作出一定模式的反應。

針對人格特質，中西心理學界發展有一系列的量表。以中國科學院心理研究所與香港學者合作提出的「中國人個性測量表」(CPAI–2, Chinese Personality Assessment Inventory) 為例，即將華人人格特質分為領導性 (social potency)、可靠性 (dependability)、容納性 (accommodation) 和人際取向 (interpersonal relatedness) 等四個主要構面，其中包括表 6–2 等面向。

➡ 表 6–2　中國人個性測量表主要構面

領導性	新穎性、多樣化、多元思考、領導性、理智－情感、唯美感／藝術感、外向－內向、開拓性
可靠性	責任感、情緒性、自卑－自信、務實性、樂觀－悲觀、嚴謹性、面子、內－外控點、親情
容納性	阿 Q 精神、寬容－刻薄、容人度、自我－社會取向、老實－圓滑
人際取向	傳統－現代化、人情、人際觸覺、紀律性、和諧性、節儉－奢侈

參考資料：宋維真、張建新、張建平、張妙清、梁覺 (1993)，〈編製中國人個性測量表 (CPAI) 的意義與程序〉，《心理學報》第二十五卷第四期，頁 400–407。

對行銷者而言，瞭解消費者人格特質，其重要性在於針對目標客群的代表性特質，型塑「品牌個性」(brand personality)。品牌具備的個性使品牌「擬人化」，一方面讓品牌和個別消費者間產生有如兩個人之間的關係——此時品牌的角色像是個朋友、幫手或專家，另一方面對於某些消費者在某些情境中而言，品牌代表一個人的人格特質，彰顯了消費者的特性。行銷學者 Jennifer Aaker 曾將品牌個性歸納為五大類型，如表 6–3。顯而易見地，

品牌經營的重點之一，便是針對目標客群，型塑鮮明、可欲的品牌個性。

→ 表 6–3　　Aaker 的五大品牌個性

特性	形容	品牌例
真誠 (sincerity)	實在的、家庭的、保守的	柯達、可口可樂、Hallmark
興奮 (excitement)	年輕的、外向的、精力充沛的	百事可樂
能力 (competence)	有影響力的、能幹的、有成就的	惠普、華爾街日報
世故的 (sophisticated)	有錢的、屈尊紆貴的、修飾過的	BMW、Benz、Lexus
耐磨的 (ruggedness)	運動的、戶外的	Nike、Marlboro

參考資料：http://groups.haas.berkeley.edu/marketing/PAPERS/AAKER/BOOKS/BUILDING/brand_personality.html

6.2.2　　生活形態

生活形態涵蓋一個個人對於世事的特定態度、興趣與意見。行銷者需要對於目標客群的生活形態有具體的掌握，才有辦法透過符合客群態度、興趣與意見的方式，創造、溝通與傳遞差異化的價值。我們常常聽到所謂「月光族」、「窮忙族」、「草莓族」、「不婚族」、「宅男、宅女」、「追星族」等等說法，就是將擁有相同生活形態的人，劃為同一個市場區隔的作法。

圖 6–5　　可口可樂公司是全世界最大的飲料公司，產品行銷於將近兩百個國家，每天售出超過 13 億杯的飲料。

行銷三兩事：網路世代

唐泰普史考特 (Don Tapscott) 在過去十幾年間積極研究所謂的「網路世代」(net generation)。在 400 萬美元的研究經費支持下，他領銜研究了 12 個國家中將近八千名出生於 1978 年到 1994 年間（亦即網路世代）的青（少）

年。這些研究指出，此一世代的人口數，在不少國家中都接近該國總人口的四分之一，而且這群消費者正逐漸成為消費市場的主流與核心。在一本描述這些研究的書中，Don Tapscott 表示，1977 年到 1997 年這 21 年間出生的人口，過去稱為 Y 世代，但其實也可稱為 N 世代 (net generation)。這群年輕人常被更老的世代批評為唯我獨尊、充滿

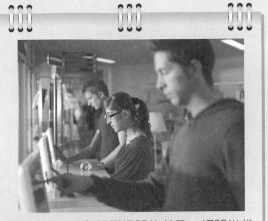

圖 6-6　因為網際網路的普及，網路世代每天花費許多時間使用網路，這群人擁有全球共通的經驗，且有許多共同特質。

暴力、缺乏交際能力、無視智慧財產權、耽溺於網路乃至思考遲滯。但是，他指出，網路世代是人類史上第一個在成長歷程中享有全球共通經驗的世代。在美國，這個世代的人口成長過程中平均花費了 2 萬個小時在網際網路上，1 萬個小時在各種電子遊戲上（我們這本書的年輕讀者多數應該也有類似的累積經驗）。對於行銷者而言，二次戰後半個多世紀在電視媒體作為傳播與溝通主流的情境中所累積的溝通經驗，碰到網路世代常會失效。Don Tapscott 指出網路世代共同擁有以下幾種特質：

- 崇尚選擇與自由。
- 喜歡個人化與客製化的溝通。
- 對於事物的觀察仔細，思慮周密，透過網路查證各種說法。
- 強調開放、正直、誠信。
- 希望在受教育與工作等事情上仍能同時享受娛樂。
- 習慣協同合作。
- 沒什麼耐心。
- 期待一直有新事物的出現。
- 不大懂得尊重他人的隱私。

參考資料：Tapscott, Don (2008), *Grown Up Digital: How the Net Generation Is Changing Your World*, McGraw-Hill.

6.2.3　動機

　　每個人的行為都有其動機。動機，常常是一種生理或心理上的緊張狀態，此一緊張則需要靠特定的行為加以緩解。譬如，午間肚子餓了，生理上的餓是一種緊張，由它引發覓食的動機；又如一般學生在考試前會擔心成績不佳，有了這樣的緊張，才有唸書的動機。由於動機是行為的驅力，對於行銷者而言，要有效地管理市場上對於特定品牌的需求，便需先瞭解顧客的消費動機。

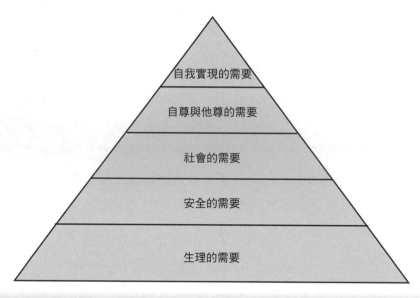

圖 6-7　馬斯洛的需要層級理論

　　在行銷領域中最常被提起的動機理論，是馬斯洛 (Abraham Maslow) 的需要層級 (hierarchy of needs) 理論，如圖 6-7。根據這個理論所示，人的行為動機包含生理的、安全的、社會的、自尊與他尊的以及自我實現的五個由低至高的需要層級。較低層次的需要被滿足後，而其緊鄰著的較高層的需要尚未被滿足時，這個未被滿足的需求層級便成了行為的主要動機。按照這個理論，當一個消費者衣食無虞（生理的需要被滿足）且生活受到保障（安全的需要被滿足）後，就會開始尋求社群、伙伴、人際關係的深化等社會面需要的滿足。經營社群網站的行銷者，循此便可以假設其社群成員在生理與安全方面已無虞，而這些社群成員主要加入線上社群的動機乃

在於滿足社會面的需要，甚至在社會需要被滿足的前提下尋求從線上社群獲得自尊與他人尊敬。

除了需要層級理論外，過去一整個世紀間，無論是行銷或非行銷領域，談到行為的動機，就很難不談到弗洛伊德 (Sigmund Freud)。弗洛伊德認為本我 (id)、自我 (ego) 與超我 (superego)，是決定一個人人格的三種成分。其中，潛意識層次的本我，涵蓋以性需求為主導的各種原始動機。同屬於潛意識的超我，則是社會道德規範的內化，制衡來自本我的原始動機下的各種衝動。至於意識層面的自我，則是本我與超我相互作用下的呈現。在本我與超我的衝突中，個人會生發若干心理防衛機制，例如壓抑、昇華、補償、投射等，藉以緩解衝突與焦慮。對於這些心理防衛機制的認知，有助於行銷者進行有效的行銷溝通。

除此之外，一個世紀前偉伯倫 (Thorstein Bunde Veblen) 在他的「有閒階級論」中，則提出了一種比較尖銳的消費動機理論。他認為無論古今，任何社會中都有一小群不事生產，高高在上、耀武揚威的「有閒階級」。而人性中充滿好奇、掠奪、模仿；這些人性的本質作用在消費上，便是社會眾人想盡辦法藉由炫耀性的消費 (conspicuous consumption)，模仿有閒階級；而有閒階級除了自身的炫耀性消費外，也會讓身邊的妻女、奴僕以符合他們身分地位的方式，「代理」彰顯有閒階級的社會優越性。

6.3　購買決策❷

6.3.1　知覺

佛家將眼、耳、鼻、舌、身、意並稱為人的「六根」，而相對大千世界中的色、聲、香、味、觸、法則稱為「六塵」。因為有此六塵作用於六根，

---

❷　本節參考資料為 Kotler, Philip, Kevin Lane Keller, Swee Hoon Ang, Siew Meng Leong, and Chin Tiong Tan (2009), *Marketing Management: An Asian Perspective*, 5th ed. Prentice Hall 與 Schiffman, Leon G. and Leslie Lazar Kanuk (2007), *Consumer Behavior*, 9th ed., Pearson.

因此有所謂眼識、耳識、鼻識、舌識、身識、意識等「六識」。這六識就代表了人接觸、選擇、詮釋各種訊息的過程。

塵世中的消費者，每日曝露於大量的訊息刺激中，因此在知覺的過程裡常常僅注意到與其當下需求、內心期待有關的刺激，或者是與其他刺激差異較大的刺激。例如翻閱一本雜誌時，你通常只會注意到那些與你較有關的廣告，此即「選擇性注意」。

注意到特定的訊息後，知覺過程的下一步是對於該訊息加以詮釋。這個步驟通常由組織訊息、訊息歸類和訊息推論這三個部分所構成。例如一個消費者注意到一款針對老人所推出的新手機廣告後，組織廣告中的訊息，在心中將所廣告的手機類化為「簡單型」的手機，進而做出該款手機功能有限、不符合自己的需求，而且若持有可能會被同儕訕笑等等的相關推論。在詮釋階段，由於第一印象、刻板印象、表面資訊、不相干的刺激等狀況的導引，將資訊曲解以配合這些狀況所導致的信念或判斷。譬如我們本就厭惡某個國家的產品，當接觸關於該國產品的負面報導時，我們會特別注意、相信它且用它來深化我們的信念；但是當我們看到關於該國產品的正面報導時，我們會比較傾向去質疑那份報導的公正性。這便是「選擇性扭曲」。

除此之外，我們常只會選擇去記得與我們的信念或判斷相吻合的資訊。譬如前述本就厭惡某國產品的情境下，我們比較容易去記得關於該國產品的負面報導，而比較容易遺忘這方面的正面報導。這就是「選擇性記憶」。

行銷三兩事：腦中的事

品牌專家林斯托姆 (Lindstrom) 和一群研究人員透過 SST (steady state typography) 腦電圖機研究當消費者接收行銷溝通訊息時，腦部活動的變化，並據此研判該行銷溝通訊息對於市場上一般消費者的可能成效。藉由這樣的腦神經學研究模式，他們在中國作了一次有趣的測試，印證了文化差異對於訊息接收者接收同一訊息時所會帶來的重大影響。

在這個測試中，研究團隊針對一群實驗對象，播放一支在全球各地都受到歡迎的微軟電視廣告。這支廣告從一個清冷的空倉庫畫面開始，以溫和的

語調配合畫面上倉庫裡物件的逐漸增多，到最後空倉庫成了一個坐滿觀眾的音樂廳。看完這支廣告後，受測者先填答一份問卷。問卷回收的結果顯示，中國的這批觀眾和全球各地的觀眾一樣，都對這支廣告充滿好感，也因這支廣告而提高了購買微軟產品的動機。

　　但是，透過 SST 腦電圖在觀眾觀片過程中即時掃描的結果，卻與同一群觀眾的問卷回答結果大相逕庭。腦部掃描的結果顯示，中國觀眾其實並不喜歡這支廣告——尤其不喜歡空曠倉庫的意象。透過掃描儀器發現，當這種空曠情境出現時，受測者腦部與「抵觸感受」有關的區域即刻被觸動點亮。

　　結論一：消費者說什麼，不一定代表他們真的覺得這樣。他們並非存心說謊，只是無法具體表達鑲嵌於文化環境中的生理反應。結論二：同一支廣告，很難適用於全球各國的市場。

參考資料：Lindstrom, Martin (2008), *Buyology: Truth and Lies About Why We Buy*, Broadway Business 其中譯本《買》，中國人民大學出版社。

6.3.2　學習

多數的消費行為是「學習」此一心理過程的結果。透過學習，消費者的信念、態度或行為得以受到塑造、強化或者改變。心理學對於學習的相關研究，大致上可分為以下幾種觀點：

⑴行為學習觀點

　　此一觀點強調學習過程中「可觀察」的部分，而不著重學習者的心理歷程。這裡所謂可觀察的部分，主要是刺激與反應間

圖 6-8　帕符洛夫藉由狗連結鈴聲和食物的學習行為而提出古典制約理論；該理論也被運用於日常消費行為中，例如大量重複的廣告策略。

的關係。例如帕符洛夫 (Ivan Pavlov) 的實驗中，每次搖鈴便給狗食物，狗因此學習到鈴聲和食物之間的關係。久而久之，即便搖鈴時不給食物，狗還是會習慣地分泌唾液。由此，帕符洛夫提出所謂的古典制約 (classical conditioning) 模式。某些行銷者相信大量重複的廣告可以讓受眾有效地對於廣告品牌加以記憶，便是對於古典制約模式的服膺。

此外，史金納 (Burrhus Frederic Skinner) 所代表的操作制約 (operant conditioning) 理論，強調的則是透過獎勵與懲罰，型塑學習者的行為。信用卡一般的紅利積點和逾期手續費等獎懲方法，便是以操作制約為原則所設計的機制，導引信用卡持有者學習發卡者所希冀的消費、付款行為模式。

(2)認知學習觀點

相對於行為學習觀點將學習視為是一個被動的外塑過程，認知學習觀點則將學習視為是一個有意義的、內生的主動的過程。此一觀點著重資訊處理與知識內化的心理歷程，強調記憶與習得知識間互為作用的關係。此一觀點認為個人由所謂感官記憶區接受並注意到刺激後，該刺激首先會停駐於短期記憶區，而後經過編碼的過程，將該刺激所含帶的資訊加以詮釋、類化，並存入長期記憶區中。長期記憶區裡有一套繁複的分類系統，這套系統代表個人的知識結構；透過學習而來存入長期記憶區的新資訊，會不斷活化、重組這套知識結構，並由之產生新的意義。

在認知學習觀點下，行銷者進行價值創造、溝通與遞送的要務，是以合適的行銷組合設計，幫助消費者學習並且有效地記憶品牌的獨特利益。品牌識別符號、主題曲、特殊的口號，配合上言簡意賅的獨特利益訴求，因此對於消費者正面地學習一個品牌的特性有莫大的幫助。

(3)社會學習觀點

社會學習觀點，強調學習不是原子化的事件，而是一種社會過程。這個觀點認為消費者透過觀察學習某一模範或是接受某一傳說中的楷模，逐漸習得可欲的行為模式。廣告代言人的說服、

圖 6-9　人們會仿效楷模的行為，廣告代言人即企圖利用這種社會學習的觀點，說服消費者。

品牌的「神話」，都屬於社會學習觀點的應用。

如此可樂：喝可樂當早餐

1930 年代的美國南方，可口可樂部分取代了咖啡的社會功能，「喝可樂談事情」取代了「喝咖啡談事情」。同時，可口可樂的廣告也開始暗示即便在早餐時段，也大可以可口可樂取代傳統的早餐飲品。

6.3.3 態度

對於食物的偏好、穿衣服的品味、對人的評價等等，都屬於一個人的態度。此處所謂的態度，是行為者透過學習，對於某一判斷標的（人、事、物或地）所產生的慣性好惡。行銷者瞭解消費者的態度，可以制訂較合適的溝通策略。此外，行銷者也常藉由行銷活動，企圖改變部分消費者的態度（例如扭轉負面的品牌印象、將產品重新定位等等）。面對這些狀況，行銷者應當掌握若干與態度改變相關的理論：

⑴平衡理論 (balance theory)

此理論主張態度的形成，來自個體與相關他人、個體與態度標的物、態度標的物與相關他人之間的三角關係。在這樣的三角關係中，行為者尋求認知的一致性。此一致性呈現於一個三角形圖上，則是三角形的三邊應該全屬於正向關連（我喜歡 A，A 喜歡 B，我也喜歡 B），或者其中有兩邊屬於正向關連（我喜歡 A，A 討厭 B，我也討厭 B）。如果不屬於這兩種情境（例如我喜歡 A，A 喜歡 B，而我卻討厭 B 的狀況），則行為者便會有認知失調的緊張感，而驅使自己調整對於 A 或對於 B 的態度，以達到認知的一致性。對於行銷者而言，品牌使用目標客群高度認同的代言人，便是本著平衡理論，企圖在目標客群與代言人有正向關係，而且品牌與代言人也有正向關係的情境下，建立起目標客群與品牌間的正向關係。

⑵推敲可能性模式 (elaboration likelihood model, ELM)

此一理論認為針對一消費情境，當消費者的涉入程度較高時，消費者

會設法主動取得大量資訊以進行評估,並且透過評估所產生的態度或信念,導引消費的行為。此一高涉入→主動訊息搜尋→態度→行為的模式,即所謂的「中央路徑」(central route)。另一方面,當消費者的涉入程度較低時,消費者比較傾向對於資訊僅作有限度的搜尋與評估,而較容易受到一些重複的、情感面的訊息所影響直接採取行動,而後才透過行動型塑態度。此一低涉入→有限訊息搜尋→行為→態度的模式,即所謂的「周邊路徑」(peripheral route)。行銷者確認行銷標的比較偏向消費者購買的中央路徑或周邊路徑,便能較適切地設計行銷溝通訊息。

(3)同化對比理論 (assimilation-contrast theory)

Muzafer Sherif 的同化對比理論,主張態度的變化,取決於個人原來的態度、新訊息以及新訊息的可信度。如果新訊息與原態度出入不大,則個人的態度與新訊息間會有同化的效果產生。而如果新訊息與原態度間的距離很大,則個人的態度與新訊息間會有對比的效果產生,個人將無法接受該新訊息。此一理論,對於行銷者進行定價決策時欲瞭解進而改變目標客群的參考價格,有相當大的幫助。

6.3.4 購買決策過程

消費者在進行購買決策時的過程,理論上可分為以下幾個步驟:

(1)確認需求

購買的需求,可能起於生理的 (例如: 餓了要買東西吃)、心理的 (例如: 這星期都吃得很隨便,這一餐要好好吃一頓),或者社會的 (例如: 該和老朋友吃個飯聚一聚了) 動機。在這個階段,消費者首先確認與消費品類有關的初級需求。

(2)蒐集相關資訊

同一個初級需求 (例如有添置冬裝的需求),通常可以由許多種次級需求 (例如對不同服飾品牌的需求) 所滿足。消費者此時依據涉入程度,採取偏向中央或周邊路徑的方式,進行大量或有限的資訊蒐集動作。資訊蒐集的來源,包括傳統與線上的人際網絡、各種媒體報導,以及消費者自身的消費經驗。

⑶評估各種方案

　　各種資訊逐步將考慮的方案收斂至消費者的「考慮集合」(consideration set) 中。所謂考慮集合，意指消費者在消費決策過程的此一階段，會認真考慮比較並從中進行選擇的有限品牌／產品所構成的集合。消費者此時針對考慮集合中的品牌或產品，進行比較評估。

⑷制定購買決策

　　評估過後，消費者選取標的品牌或產品，並且對於購買通路、款項支付模式、購買時間等因素一併做成決策。

⑸進行購買

　　根據前述的購買決策，消費者進行購買。

⑹購後評估

　　消費者進行購買後，開始使用該產品。使用經驗會型塑消費者對於該品牌／產品的新態度，更新消費者的品牌認知，並且可能讓消費者（因高度滿意或不滿意）有與行銷者進行溝通的動機與行為。

　　消費者市場中，並不是所有的購買情境都如此有條不紊地經歷六個步驟。我們到便利商店買個便當，發現有一款新的零食正在促銷，好奇想試試看，就一併買了。這種慣有的經驗，屬於非計劃性的衝動購買 (impulse buying)。這類型的購買，其過程便難以明確地界定出前後相關連的獨立步驟。

行銷三兩事： 顧客幫忙作客服

　　Cookshack 是一家位於美國奧克拉荷馬州的燒烤設備公司。公司創辦人從鄰居改裝冰箱為烤箱的例子得到觸發，發明出以木片為燃料，可以控制溫度，且藉由低溫燻烤環境維持肉質、鎖住肉汁的烹調用燻烤箱。這家公司非常注重服務，任何新購顧客都享有 30 天的退貨保證，並鼓勵無論商用或家用的客戶，一有問題就尋求公司協助。除了一般性質的客服專線外，Cookshack 網站上的討論區經由熱心顧客的參與，慢慢成為 Cookshack 一個全天候、全年無休的客服重鎮。這些熱心參與的顧客多半是烤肉的愛好者，使用 Cookshack 的產品很有心得，且樂於與人分享第一手的使用經驗與訣竅。

P&G（臺灣現稱「寶僑」）除了原有數以千計的強大開發團隊外，近年來積極地透過一個包括全球退休的老 P&G 人、科學家、創業者等角色所組成的社群，在 "connect and develop" 的精神進行階段性外包式的產品開發工作。P&G 也透過共有九萬名各業專家參與的 Innocentive 線上社群，經由高額獎金的交換，在產品開發過程中遇到瓶頸時尋求解決的技術。P&G 旗下的品客 (Pringles) 洋芋片，便透過這樣的網絡開發過程，在義大利尋得一種技術，可以把可食油墨印到既脆又薄的洋芋片上。P&G 的規劃是到了 2010 年，它有一半的新產品的開發創意可以來自外部。

這兩個故事，都是近期行銷業者相當感興趣的「群眾外包」(crowdsourcing) 事例。所謂「群眾外包」，是組織吸引一群具備某類私知識但不隸屬於組織的「微達人」，或許為了物質報償、或許為了參與感、或許為了一分虛榮、或許為了單純想助人等林林總總的動機聚在某處網路平臺上，藉由私知識的交流與應用，於特定範疇裡完成組織所欲達到的一定目標。除了前述二例中客戶服務與產品開發這些行銷相關動作已證明

圖 6-10　　P&G 利用群眾外包的概念，尋求產品開發的創意，旗下的品客洋芋片即在這樣的網絡開發過程中得到了新產品開發的技術。

可以透過「群眾外包」達到良好效果外，「群眾外包」適用的情境，還包括創意開發、客群分析、病毒行銷、廣告設計、第三方意見評價、內容創造分享等等。

對於行銷者而言，若想運用「群眾外包」模式進行某些環節的行銷活動，需注意迄今成功的案例共通性：

1. 平臺擁有者（包括像 IBM 和 P&G 這類大型企業，以及如 ChaCha 和 Zebo 這類新創事業）提供足夠的物質或非物質誘因，因而得以吸引到一定規模的「微達人」群聚於網路平臺。

2. 平臺承擔某部分企業功能的外包（如客戶服務、產品開發、協同融資等等）為發展目標，並以此為界限，不盲目擴充經營範疇。「微達人群聚」平臺有其適用侷限，並非企業萬靈藥。

3. 平臺擁有者設定清楚的遊戲規則與層級決策機制，藉此容許群聚的「微達

人」們進行「有機發展式」而非施工規劃式的協同構作。

參考資料：Libert, Barry and Jon Spector (2007), *We Are Smarter Than Me: How to Unleash the Power of Crowds in Your Business*, Wharton School Publishing 之中文譯本《我們比我聰明》(2008)，培生集團。

分組討論

1. 本章章首的「行銷三兩事」中，透過以歌曲當作背景的成功電視廣告，說明有效的行銷溝通訊息與目標消費者生活經驗間的密切關係。想想看，針對在地市場，還有什麼歌曲，合適拿來當作什麼廣告的背景，而有可能引起廣大的共鳴？

2. 你的家庭生活，在哪些方面影響到你的消費習慣？

3. 最近你有哪些因為同儕的刺激而引發的消費活動？如果你是這些消費相關的行銷者，要如何刺激消費者的同儕替你行銷？

4. 回想一下你自己的購物經驗，哪些屬於「高涉入」的情境？哪些屬於「低涉入」的情境？為什麼會有這樣的差異？

5. 回想一下你自己的購物經驗，符合本章所提及的購買決策六個步驟嗎？有哪些因素會在不同的步驟上影響甚至改變你的決策？

7

競爭市場中的行銷策略

本章重點
- ▲ 瞭解市場結構所決定的競爭作用力
- ▲ 掌握目標行銷的關鍵環節
- ▲ 認識差異化經營的重要性
- ▲ 認識「行銷戰爭」的相關攻擊與防禦策略

💲 行銷三兩事：紫牛

現代消費者在紊亂龐雜的資訊之海中，接觸各種媒體時已經習慣性地忽略傳統行銷者經營品牌所主要倚賴的廣告。另一方面，各種市場中相互競爭的商品同質性也越來越高，讓消費者常常無所適從。在這樣的環境中，行銷人塞斯高汀 (Seth Godin) 提出了「紫牛」(purple cow) 的概念。

紫牛，就是雜在牛群中會讓人眼睛一亮，而看到它的人還會因它的奇特而樂於告訴旁人關於這紫牛的種種。Godin 在他的書中提到市場上種種吸睛紫牛的事例，例如重新定義咖啡店的星巴克、只提供指數基金的先鋒集團 (Vanguard Group)、提供美國境內免費快速配送的 Amazon.com、讓多部電梯透過

圖 7-1　星巴克重新塑造了咖啡店的定義，成功打造品牌，還推出隨行杯和隨行卡等行銷策略，在眾多咖啡店中脫穎而出。

電腦運算降低搭乘者等待時間的辛德勒電梯公司 (Schindler Elevator Corporation)、賣便宜古典 CD 的 Naxos、設計吸引人的 Aeron 人體工學辦公椅、創造良好使用者經驗的 Logitech、金黃果皮的 Zespri 黃金奇異果、讓甜甜圈迷為之瘋狂的 Krispy Kreme 甜甜圈等等。根據他的分析，這些產品或服務的原因，不外乎行銷者勇於拆解現有行銷模式中的行銷組合，試著把其中的某些元素（也許是包裝，也許是價格，也許是通路等等）推向極端──很貴、很便宜、很簡單、很輕、很不容易壞……而這些局部性的極端元素，在某一群消費者間造成話題，然後靠著口耳相傳而有病毒似的傳播速度。

事實上，「紫牛」這樣的概念老早見諸各種行銷管理的教科書裡，它的配方很簡單，就是「差異化」(differentiation)＋「口碑」(word of mouth, WOM)。但是 Godin 用一種極端的意象讓這些陳舊的行銷觀念鮮活地跳脫傳統敘事窠臼，吸引眾人注意與談論。他的書，也是頭道道地地的紫牛。

參考資料：Godin, Seth (2003), *Purple Cow: Transform Your Business by Being Remarkable*, Portfolio Hardcover 其中譯本《紫牛──讓產品自己說故事》，商智出版。

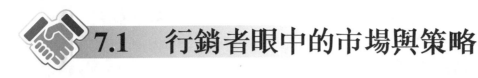

7.1 行銷者眼中的市場與策略

　　個體經濟學的教科書告訴我們，「市場」由供給與需求所決定，而市場中供給者的數目決定了市場競爭的型態。市場競爭的光譜上兩極，其中一個極端是僅有一個供給者的「壟斷性」(monopoly) 市場——這類型市場中的單一供給者常由公部門的政策所決定，例如國內各區域的自來水事業；光譜上的另一個極端，則是產品同質、競爭者眾多且其中沒有任何廠商可以單獨影響市場價格的「完全競爭」(complete competition) 市場，例如國內以大量小農為供給者的本土新米市場。這兩極以外，市場競爭光譜中從寡佔 (oligopoly，例如國內的油品市場) 到各種不完全競爭 (incomplete competition，例如餐飲市場) 的各種樣態下，同市場中的廠商彼此競爭、相互造成影響；從行銷的角度看待，這些廠商根據各自的條件與能力，針對同一基本市場需求，以互異的方式將價值創造、溝通並傳遞予顧客，而彼此間相互競爭。也因為市場中存在著具備價值差異性的競爭，因此這些廠商，也就是本書中所謂的行銷者，必須針對價值創造、溝通與傳遞予顧客的方式與型態有所策略，此即行銷策略。

　　根據《牛津英文字典》(OED)，所謂策略 (strategy)，一方面可以指涉在企業管理、決策理論或賽局理論中，建基於理性與對手行動預期的規劃；另一方面，在軍事上則是統帥對於戰爭中較大規模軍隊調度所進行的安排與指揮。

　　廣義地說，這裡我們所關切的行銷策略指引行銷者「如何」(how) 讓有限行銷資源發揮最大效果。而這樣的指引，主要則由以下的 5 個 "W" 所定義：

whom：針對什麼樣的顧客進行價值的創造、溝通與傳遞？

what：針對顧客創造、溝通與傳遞什麼樣的價值？

why：為什麼創造、溝通與傳遞這些價值，而非其他的價值？

where：在什麼樣的市場環境中，透過什麼樣的布置以創造、溝通與傳遞價

值？

when：何時可以在市場中適切地進行價值的創造、溝通與傳遞？

　　如果我們參考策略名家亨利明茲伯格 (Henry Mintzberg) 的說法，那麼對行銷者而言由以上五個 W 所定義的行銷策略，則可能以以下五種不同的型態展現： ❶

1. 行銷策略作為一種既成的模式 (pattern)。

2. 行銷策略作為一種指向未來的計劃 (plan)。

3. 行銷策略作為一種看待市場的角度／視野 (perspective)。

4. 行銷策略作為一種市場中的定位活動 (position)。

5. 行銷策略作為一種市場競爭中施展的手段 (ploy)。

 7.2　Michael Porter 的五力分析

　　當行銷者針對欲經營的市場進行分析與策略規劃時，通常會先試圖掌握該市場的以下各關鍵條件：

1. **競爭者數目**：數目愈多，則通常競爭愈激烈。

2. **差異化程度**：差異化程度愈小，則通常競爭愈激烈。

3. **產業進入障礙**：產業進入障礙愈低，則通常競爭愈激烈。

4. **產業退出障礙**：產業退出障礙愈低，則通常競爭愈激烈。

5. **產業成本結構**：產業固定成本愈低，則通常競爭愈激烈。

6. **產業垂直整合程度**：產業垂直整合程度愈低，則通常競爭愈激烈。

7. **產業水平整合程度**：產業水平整合程度愈低，則通常競爭愈激烈。

8. **產業全球化程度**：產業全球化程度愈高，則通常競爭愈激烈。

　　這些條件描述了一個市場的結構，也是另一位策略名家 Michael Porter 分析一個市場／產業時的關鍵切入點。Michael Porter 於 1979 年他的第一篇 *Harvard Business Review* 文章中，從產業結構的分析出發，說明一個企

---

❶ Mintzberg, Henry, Bruce Ahlstrand, and Joseph Lample (2003), *Strategy Safari: A Guide Tour Through the Wilds of Strategic Management*, Simon & Schuster Inc. 中譯本《策略巡禮：管理大師明茲伯格的策略管理全書》，商周出版。

業組織在產業❷中所會面臨的競爭力，包括現有市場中的同業競爭、顧客的議價能力、供應商的議價能力、市場新進入者的威脅與替代性產品或服務的威脅等五大類，後來便被稱為「五大競爭作用力」或簡稱「五力」。根據他將近 30 年後的新解，這五力對於行銷者所會產生的影響，如表 7–1 所整理。

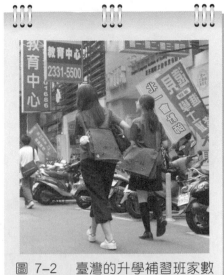

圖 7–2　臺灣的升學補習班家數眾多，競爭激烈，每到開學旺季都要花許多心力招生。

➔ 表 7–1：市場結構中的五種競爭作用力

五力	關鍵性影響因素	影響模式	影響產業例
市場中的同業競爭	* 產業集中度 * 產業成本結構 * 退出障礙 * 競爭者間差異化程度 * 品牌權益	當競爭家數多且產業成長趨緩時，競爭壓力最大	臺灣的升學補教業
		當各家產品或服務同質性高且顧客轉換成本低時，易引發價格戰	航空業
		當產業特性需要時時擴大產能方能維持高效率時，易引發價格戰	聚氯乙烯產業
		產品無法長期保存時，易	農產品、個人電腦

---

❷ 按照 Michael Porter 的詮釋，產業主要由(1)產品或服務範疇；(2)營業的地理範疇來界定疆域。此外，如果兩種產品面臨神似的五種競爭作用力狀況，則適合將其視為同屬一個產業。至於產業分析的標準程序，則為：(1)界定產業疆界；(2)將該產業的相關廠商加以歸納為五種作用力的來源之一；(3)評估每種作用力的強弱，以及各作用力在該產業中的主要驅動因子；(4)描繪整體產業結構；(5)分析每一競爭作用力當下正面臨與未來可能發生的變化；(6)分析以上條件對於自家企業與其他競爭者的可能影響。詳 Porter, Michael (2008), "The Five Competitive Forces that Shape Strategy," *Harvard Business Review*, January, pp. 78–93.

		引發價格戰	
顧客的議價能力	*購買者集中的程度 *購買者的價格敏感度 *既有廠商向下垂直整合的可能性 *購買者的資訊蒐集能力 *購買者的品牌識別與品牌忠誠狀況	當顧客購買項目佔顧客成本結構比相對高時，顧客的價格敏感度偏高	房貸產品
		當顧客的產品或服務提供品質，受供應商供應產品品質影響而有重大影響時，顧客的價格敏感度偏低	高性能戰機等精密武器
		當顧客所處產業家數有限、產業提供標準化產品、顧客轉換成本低時，單一顧客的議價能力較高	大宗化學品產業
		當顧客有向後整合能力時，顧客的議價能力較高	飲料包裝材料業
供應商的議價能力	*供應商集中的程度 *替代性投入的有無與難易 *既有廠商向上垂直整合的可能性 *轉換成本	當更換供應商帶來巨大轉換成本時，供應商的議價能力較高	一般辦公室使用的作業軟體
		當供應商提供差異化產品或服務時，供應商的議價能力較高	醫療機構的專利藥品需求
		當供應商有向前整合的能力與企圖時，供應商的議價能力較高	對於 EMS（電子專業代工製造）廠商（如鴻海）的客戶而言，EMS 廠商有此能力與企圖時
		當供應商提供的產品或服務沒有替代品時，供應商的議價能力較高	航空公司面對駕駛員工會的狀況
市場新進入者的威脅	*規模經濟 *投資門檻 *稀有性資源取得難易 *預期的既有廠商防禦阻力 *智慧財產權問題 *政府政策與法規	產業內現有公司若掌握供給面的規模經濟時，新進入者對其所造成的威脅較小	如 Intel 一類的晶片廠商
		產業內現有公司若掌握需求面的規模經濟時，新進入者對其所造成的威脅較小	美國參與網路上拍賣的個人，都已加入 eBay，使 eBay 具備需求面的規模經濟
		顧客轉換成本高時，新進入者對既有廠商造成的威脅較小	ERP 軟體

		進入的資金需求大時，新進入者對既有廠商所造成的威脅較小	航空業
		政府政策限制新進入者時，新進入者對既有廠商所造成的威脅較小	航空業
替代性產品或服務的威脅	*轉換成本 *替代品的品質 *替代品的價格 *替代品取得的容易程度	替代性產品或服務提供獨特的顧客利益時，其對既有廠商的威脅較大	VOIP 技術應用（如 Skype）對於電信業者的影響
		顧客購買替代性產品轉換成本低時，替代性產品對既有廠商的威脅較大	隨選視訊服務對於傳統 DVD 出租業者的威脅

參考資料：Porter, Michael (2008), "The Five Competitive Forces that Shape Strategy," *Harvard Business Review*, January, 78–93.

根據 Porter 的說明，上述的五項競爭作用力除了質性的探討外還多可量化衡量。他建議，市場參與者欲針對此五項競爭作用力進行分析時，不應僅採景氣循環中單一年度的特殊狀況，而應該針對該產業特性，以一個完整的景氣循環作為分析時段。

圖 7-3　　eBay 網路拍賣吸收許多使用者加入，創造規模經濟，能吸引更多使用者利用此平臺，使得其他競爭者難以進入此市場。

7.3　目標行銷

為了讓有限的行銷資源發揮最大的效果，長久以來行銷者都企圖透過對於市場進行區隔切割、從中選擇可欲的市場區隔、對各擇定的市場區隔進行定位動作等三部曲來經營市場。這樣的作法，即是「目標行銷」(target marketing) 的體現。前面談到行銷者在競爭市場中可以透過一系列工具進行策略分析，然而當行銷者實際規劃行銷策略時，這些分析的結果通常即

收斂到通稱 STP (segmentation, target selection, positioning) 的目標行銷上。

7.3.1　市場區隔

市場區隔是目標行銷的基礎。行銷者面對市場中異質性的顧客與潛在顧客，根據某些有管理上意義的區隔變數，在未來將進行區隔選擇的前提下，對於市場進行概念上的切割。切割的原則，是讓同一區隔內的顧客或潛在顧客有很高的同質性，且讓不同區隔間的異質性最大化。市場區隔的嘗試就像是拿著一把刀要切一個大蛋糕，切多少塊？怎麼切？都取決於當時的情境需要，沒有標準答案。因此，針對同一市場，不同行銷者通常會作成不同的市場區隔判斷，而這些判斷則會直接影響接下來的區隔選擇與市場定位，間接影響未來行銷組合的規劃。

地理上的區隔

地理上的區隔視行銷者的需要有不同的尺度，大至如全球分為五大洲或數百個國家，小至如我國的縣市甚或鄉鎮區的層級。行銷者可能直接採用某一尺度的行政區域劃分作為區隔（如國家、州廳、縣市、鄉鎮等），也可能以自然地理（如地形、氣候）或者人文地理（如族群聚居地、人口密度）上攸關行銷動作的變數來進行地理上的區隔。

人口統計變數上的區隔

許多人口統計變數，例如消費者的年齡、性別、所得、教育背景、職業、家庭生命週期狀況、社會階級、宗教等等，因為界定上相對容易，所以一如地理上的區隔，都常被行銷者採用作為重要的市場區隔變數。對許多行銷者而言，實務上最常使用的區隔變數，通常由某些地理變數搭配另一些人口統計變數組合而成。例如一款化妝品的通路選擇與定價

圖 7-4　P&G 的 OLAY 系列化妝品，特別針對亞洲女性開發多樣美白、護膚系列產品，通過高新科技建立了護膚專家的品牌形象。

決策，常常考慮的是都會區女性的年齡層與所得層。

心理面的區隔

面臨一些行銷組合決策，尤其是其中行銷溝通策略的拿捏時，除了前述較外顯的變數外，行銷者常常會同時考慮不那麼顯而易見但溝通上至關重要的心理面區隔變數。包括消費者的生活型態、人格特質、特殊態度、興趣與意見等，都是這方面的重要變數。

💲 行銷三兩事：蘋果想搶微軟的餅

　　2009 年的美國個人電腦的作業系統市場裡，獨大的微軟有高達 92.5% 的佔有率，蘋果則只佔了 6.6%。這巨大的差異，主要來自微軟系統與 HP、Dell、宏碁等硬體大廠一向維持共存共榮的關係，而蘋果則幾十年來堅持軟硬體合一的封閉式系統提供。據統計，到 2009 年下半年，一臺裝設微軟作業系統的個人電腦平均售價為 537 美元，而一臺蘋果電腦則平均要價 1,434 美元。

　　在微軟的作業系統發展史上，Vista 通常被外界視為是一大敗筆，裝機率相當低（不到 20%）。2009 年 10 月微軟要推出新版作業軟體 Windows 7 以取代 Vista 之際，多數個人用戶的電腦上裝的其實是比 Vista 更早一代，已經有將近十年歷史的 XP 系統。因此，相關業界普遍樂觀預期 Windows 7 上市後會引發一波硬體換機潮。蘋果積極想要搭上這波因對手推出 Windows 7 所引發的換機潮，早幾個月推出了「雪豹」(Snow Leopard) 作業系統。蘋果的盤算是，既然消費者有了換機的動機，那麼微軟便不是他們唯一的選擇——對某些過去被微軟綁著的消費者而言，這時說不定會改而投向聲譽較佳的蘋果系統。

　　當然，蘋果也知道，絕大多數的微軟系統使用者為了方便與廉價仍會選擇微軟；但是蘋果也相信碰到這種數年一次的換機潮，總會有一群消費者琵琶別抱，讓蘋果的市佔率再提高一點點。

參考資料：Burrows, Peter (2009), "Can Apple Spoil Microsoft's Day?" *BusinessWeek*, October 26.

行為面的區隔

　　當行銷的標的是市場上至少一部分顧客已熟悉的產品或服務時，透過行銷者內部的歷史資料記錄或者市場調查的動作，顧客或潛在顧客的行為

面向也可能是有意義的市場區隔變數。這一方面的變數，包括顧客或潛在顧客的產品識別程度、產品使用時機、產品使用率、產品忠誠度等等。若是對焦於單一產品，則行銷者可能針對顧客有沒有聽過該產品、聽過者有沒有使用過該產品、使用過者有沒有重複購買該產品、重複購買者的購買率等行為層面逐層進行分析，以此進行區隔。

7.3.2　目標市場選擇

一旦行銷者完成了市場區隔的分析，下一個動作則是從所劃分出的各區隔中擇取某一個或某幾個區隔，以它們為行銷目標，從而規劃進一步的策略。

有效的市場區隔，應當兼顧以下五個判準：　❸

⑴可衡量性 (measurability)

各市場區隔的大小、購買力、購買意向等關鍵面向應該要可以具體衡量。

⑵可觀性 (substantiality)

各市場區隔都不應太小，而應有一定的規模，使目標行銷的作為在成本效益上可以得到正面的結果。

⑶可接觸性 (accessibility)

各市場區隔都應該可以讓行銷者有辦法進行某種程度的接觸，否則就喪失其意義。

⑷差異性 (differentiability)

不同的市場區隔應該對於同一行銷組合有不同的預期反應。如果預期區隔 A 與區隔 B 面對同一組行銷組合的反應會相同，則這兩個區隔應該合併為一。

⑸可行動性 (actionability)

行銷者應當可以針對不同市場區隔，擬出不同的行動方案以接觸各該

---

❸　詳 Kotler, Philip, Kevin Lane Keller, Swee Hoon Ang, Siew Meng Leong, and Chin Tiong Tan (2009), *Marketing Management: An Asian Perspective*, 5th ed. Prentice Hall.

區隔。

　　若能確定區隔分析的結果滿足以上各標準，行銷者便考量自身的資源以及競爭的狀況，選擇所欲經營的目標市場。這時，可能的策略如圖 7–5，包括集中火力於單一區隔策略、選擇性專業化策略、產品專業化策略、市場專業化策略、全市場覆蓋策略等。

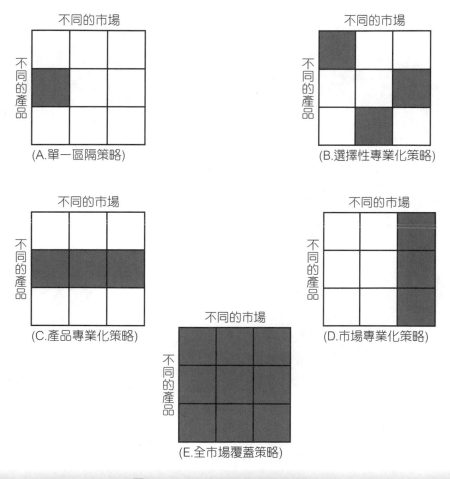

圖 7–5　五種目標市場選擇策略

資料來源：Kotler, Philip (2003), *Marketing Management*, 11 thed., Prontice Hall, p. 299.

7.3.3　市場定位

　　完成市場區隔與選定欲經營的區隔後，市場定位 (positioning) 是行銷者在選定的市場區隔內，企圖讓顧客與潛在顧客對於其產品或服務建立起鮮明、獨特印象的種種作為。藉由市場定位動作，行銷者希望顧客與潛在顧

客可以在競爭市場中明顯地區辨行銷者所行銷的產品或服務，長期而言因此提高交易的可能性。定位動作的目標是讓顧客與潛在顧客記得行銷者產品／服務的獨特價值訴求 (value proposition)，實務上也常常把它稱為獨特銷售主張 (unique selling proposition)。Volvo 汽車的安全訴求、統一 AB 優酪乳的健康訴求、HSBC 匯豐銀行「環球金融，地方智慧」的服務訴求，都是鮮明的市場定位實例。

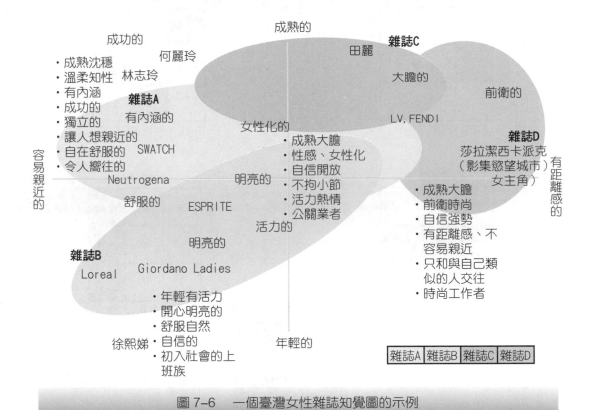

圖 7-6　一個臺灣女性雜誌知覺圖的示例

資料來源：黃俊堯、黃士瑜 (2006)，《行銷研究──觀念與應用》，三民書局，第 212 頁。

　　實務上最常於定位動作中使用的分析工具是知覺圖 (perceptual map)。如圖 7-6，一份知覺圖通常界定市場上關於該產品品類兩個最看重面向，畫成二度空間上正交的兩軸。兩軸確立後，圖上標示出市場中競爭品牌的相對位置。行銷者藉此可以瞭解行銷標的物在市場上所處的位置，由此判斷現有的定位是否可欲。如果行銷者不滿意目前的市場定位，則可嘗試重定位 (re-positioning) 的動作。

　　知覺圖的實際製作，透過經理人對市場狀況的主觀認知是一種方法；

但是透過行銷研究，蒐集顧客或潛在顧客的評斷，再透過如因素分析 (factor analysis) 等多變量統計方法進行繪製，是較為客觀且更具參考價值的作法。此外，有經驗的行銷研究者，尚可藉由質性研究方法 (如焦點團體座談) 所取得的資料，彙整描畫出一份知覺圖。

進行定位規劃時，行銷者應注意到所規劃的獨特價值訴求或獨特銷售訴求，必須兼顧品類競爭中的「相同點」(points of parity) 與「區別點」(points of difference) 這兩方面。所謂的相同點，是該定位可以凸顯行銷標的物屬於某一可欲的競爭品類；所謂的區別點，則是該定位可以凸顯行銷標的物相較於競爭產品

圖 7-7　美國知名影集慾望城市女主角莎拉潔西卡派克呈現的前衛、大膽、成熟的形象，是許多都會女性的仿效對象。

的好處。例如華碩的 Eee PC，定位上一方面訴求它就是一款筆記型電腦，具備一般筆電多數的功能 (相同點)，另一方面則訴求低價與小巧 (區別點)。有意義的相同點與區別點，需要讓行銷者方便溝通、可以實際做得到，也必須讓顧客或潛在顧客具體相信且覺得這些訴求點與產品／服務選擇有直接的關連。

如此可樂：可口可樂早期的定位

　　1886 年 5 月，第一部可口可樂的廣告於亞特蘭大地方報紙上出現。這個時期的廣告時而訴求感官性的美味、提神，時而不脫時代特性地宣稱可口可樂可以治療頭痛、消化不良和諸多精神病症。產品問世後的 10 年間，經營者行銷溝通的重點事實上因為彼時的古柯葉風潮，所以順理成章地以飲料內含古柯葉的健康療效為主。到了 1895 年，著眼於可口可樂的客群逐漸擴散至婦女與兒童，因此當年的經營團隊決定在爾後的廣告中將「藥」的聯想褪去，以明確的「美味、提神」軟性飲料定位向大眾訴求。

如此可樂：競爭品牌的定位

　　在戰後一段很長的時間中,作為軟性飲料市場裡可口可樂最重要的對手,百事可樂將目標客群設定為年輕的嬰兒潮世代消費者（到了 1960 年代美國的嬰兒潮世代人口約 7,500 萬人）。在廣告訴求上,百事可樂將重點放在喝百事可樂的年輕人而非百事可樂產品上,企圖說服消費者百事可樂屬於年輕世代,是年輕世代就該暢飲百事可樂。相對地,可口可樂在這段長期間沿襲戰前的策略傳統,將所有人都視為它的潛在消費者,所以在廣告溝通上並不設定特別的目標溝通客群,也不若百事可樂般企圖建立特定客群的認同感,而仍舊將焦點擺在可口可樂清新暢快的產品使用利益上。1960 年代可口可樂的廣告主軸因此環繞在 "Things Go Better With Coke" 這樣的訴求上,讓消費者感到其產品帶來的美好感覺。

7.4 競爭優勢與差異化經營

　　不管是 80 年代 Michael Porter 的主張或者近年所謂「藍海策略」的說法,都強調廠商在競爭市場中能有效地進行差異化經營,是創造競爭優勢的主要途徑。以上所提到的種種目標行銷規劃動作,主要的目的便是協助行銷者進行差異化經營,藉以創造市場中的競爭優勢。就大方向來說,行銷者可以思考的差異化面向,包括以下數項:

1. 產品差異化

　　這方面包括獨殊的產品規格、更好的產品品質、與眾不同的產品設計、獨特的產品包裝等等。

2. 價格差異化

　　在定價上,因為成本優勢或策略考量而走低價路線,或者奢侈品走的高價路線,都是價格差異化的可能。此外,與價格相關的付款模式、租賃／購買的選擇等等,也都是進行價格差異化可以考慮的方向。

3. 通路差異化

特殊通路的選擇、通路密度的與眾不同（特別稀少以凸顯稀有價值或密度特別高以進行全面覆蓋），都是通路差異化的重點。

4.服務差異化

非常細緻的服務、自助式的服務、特殊的服務承諾、獨特的服務人員選擇，都是服務差異化的重點。

5.形象差異化

以上這種種差異化的企圖，常常還需要特殊的品牌識別標誌、服務人員的裝束、好記的價值訴求說法等形象差異化動作的配合，使得品牌的區別點可以鮮明地突出。

🌐 行銷三兩事：紫牛之外的基本功

相對於「紫牛」這類攫人耳目的鮮明差異化訴求，倫敦商學院的派翠克巴維斯 (Patrick Barwise) 教授與洛桑管理學院的蕭恩米漢 (Sean Meehan) 教授，則主張行銷者長期成功的本質，還是在於把顧客導向的基本功練好——練得比對手強，就可以在市場上立於不敗之地。

根據這兩位學者的詮釋，任何一個市場裡的顧客，多數所要的是該市場中眾多競爭產品所能提供的品類共通利益。行銷者如果能在多數目標客群的需求滿足上做得比競爭者好，便可以經營起強大的客群。按照這樣的邏輯，豐田汽車提供給大眾實用、價位合理、品質良好、周到的服務成為車壇第一；特易購 (Tesco) 超市在價格、陳設、品類、氣氛、人員服務等方面滿足了主流消費者的購物需求，因而成長快速；高露潔全效牙膏的好口味、清新口氣、美白牙齒、口腔保健等特點綜合起來讓它獨佔美國牙膏市場鰲頭；瑞安航空 (Ryanair) 則靠著滿足廣大不介意服務但很在意價

圖 7–8　高露潔全效牙膏呈現出專業的形象，強調預防蛀牙、美白牙齒等多項口腔保健的功效。

格的客群需求，而能雄峙歐洲民航市場。這些長期經營成功的企業，靠的都
不是花俏醒目的單一差異點，而是面對目標客群的需求，比競爭者做得更好
一點。

　　根據 Barwise 與 Meehan 的説法，「面對目標客群的需求，比競爭者做得
更好一點」是品牌經營追求長期成功的不二法門。

主要參考資料：Barwise, Patrick and Sean Meehan (2004), *Simply Better: Winning and Keeping Customers by Delivering What Matters Most*, Harvard Business School Press.

7.5　行銷戰爭

　　許多與市場定位有關的概念，都是阿爾里斯 (Al Ries) 與傑克特勞特
(Jack Trout) 這兩位資深行銷顧問倡導的結果。針對定位，這兩位顧問依據
他們大量的業界經驗，自 1980 年代起即主張行銷者目標行銷型態的市場競
爭就是一種「行銷戰爭」(marketing warfare)。他們參考軍事家克勞賽維茲
(Carl von Clauswitz) 的「戰爭論」，主張各種競爭情境就如同戰場上的作戰，
行銷者則有如戰場上的指揮官，應當審時度勢，擬定適合戰場狀況的戰略。

　　仿照克勞賽維茲針對軍事部署上「盡可能把最大量的部隊部署於關鍵
行動點」的「戰力集中原則」，Ries 和 Trout 具體地分析行銷戰場上「防禦」
方與「攻擊」方的作戰原則。就防禦作戰而言，他們認為：

1. 只有市場龍頭有進行防禦戰的本錢。
2. 不斷地汰舊換新以維持競爭優勢，是防禦的最佳策略。
3. 對於挑戰者的攻擊，必須及時加以有效嚇阻。

　　針對攻擊戰，Ries 和 Trout 認為主要應由市場上的挑戰者所起，而對之
提出以下三個相對原則：

1. 密切注意市場龍頭的實力與布局。
2. 針對市場龍頭戰力上的弱點加以攻擊。
3. 發動攻勢時火力應集中於小規模的目標，在該局部取得戰力上的優勢而
   加以突破。

　　此外，這兩位行銷顧問也分析行銷市場上「側翼」(flank) 與「游擊」(guerilla) 戰鬥的原則。兩者的重點都在於尋找競爭者的戰力空隙、出其不意、趁勝追擊；後者另外還需注意培養神出鬼沒的機動彈性。在這些原則下，表 7–2 與表 7–3 分別整理出行銷者在不同市場位置上所可能面對的各種防禦與攻擊型態的競爭。

➲ 表 7–2　行銷者可能面對的各種防禦戰型態

防禦型態	說明	事例
陣地防禦 (position defense)	佔據市場制高點的有利位置，而後不斷充實實力。	重型土木施工機具商 Caterpillar，透過優異的產品性能、綿密的經銷體系、良好的服務與完整的產品線，在 Komatsu, Hitachi 等挑戰者的攻擊之下，仍於市場上站穩腳步。
側翼防禦 (flank defense)	透過新的價值創造動作，防禦較為脆弱的側翼。	英國航空 (British Airways, BA) 面對民航市場上廉價航空公司的競爭，於 1990 年代末期創立子公司 "GO"，同樣以低價模式經營，企圖以此保護 BA 的側翼。
預先防禦 (preemptive defense)	市場領導者在挑戰者還未發動攻勢之前，透過各種策略作為嚇阻競爭者的攻勢動機。	臺灣無線電視業者透過參股投資活動，切入新興的手機電視服務市場。
反制防禦 (counteroffensive defense)	市場領導者受到挑戰者攻擊之後的回擊。	嬌生公司的止痛藥 Tylenol 在美國市場獨佔鰲頭。1975 年必治妥藥廠推出 Datril 止痛藥，訴求效果與 Tylenol 相同，但比 Tylenol 便宜很多。嬌生迅即以降價模式加以成功反制，並透過此一降價的媒體報導，讓 Tylenol 的銷售量大增。
行動防禦 (mobile defense)	市場領導者透過多角化經營與市場拓展，於早期動態建立各種防禦陣地。	臺灣的超商零售業龍頭統一超商，慣常在看好的地點優先設點，甚至在同一區域佈下多點。
撤退防禦 (contraction defense)	透過某些市場的撤出動作，保全行銷者既有的資源與實力。	2005 年在臺灣有數個賣場據點的特易購 (Tesco)，因無法有效擴張，決定撤出臺灣市場。

參考資料：Ries, Al and Jack Trout (1986), *Marketing Warfare*, McGraw-Hill, 其中譯本《行銷戰爭》，遠流出版公司；Kotler, Philip, Kevin Lane Keller, Swee Hoon Ang, Siew Meng Leong, and Chin Tiong Tan (2006), *Marketing Management: An Asian Perspective*, 4th ed., Pearson Education South Asia.

如此可樂：哪種可樂比較好喝？

　　1975 年，百事可樂在德州達拉斯的市場佔有率僅 4%。這一年，百事可樂選擇在這個其自身處於弱勢的市場開展一場影響深遠的可樂大戰。百事可樂在達拉斯地區的電視臺購買廣告時段，播出主題為 "Take the Pepsi Challenge" 的電視廣告。廣告中，死忠的可口可樂愛用者連續試飲不同品牌的可樂飲料（但試飲之際這群消費者不知道何者為可口可樂，何者為百事可樂——此即行銷研究中常用的「盲目測試」(blind taste-test)，而後驚訝地發現，在這樣的盲目測試中，百事可樂喝起來竟然較可口可樂更可口。可口可樂此時一方面向大眾說明百事可樂廣告中受測者只喝一兩口的作法無法辨出可口可樂的真滋味，另一方面在亞特蘭大自己進行類似的測試——可口可樂很驚訝地發現他們自己的盲目測試裡，58% 的受測者偏好百事可樂。

　　兩個可樂品牌在電視廣告上持續交火，到了 1977 年，百事可樂的美國市場廣告預算首度超越可口可樂，而其成果則是翌年夏天百事可樂在全美超級市場的可樂銷售量超越可口可樂。這時，可口可樂堅守的陣地是自動販賣機與速食餐飲等即飲市場。1978 年全年可口可樂在美國軟性飲料市場的總佔有率為 26.3%，百事可樂則以 17.6% 的市場佔有率緊追於後。市場分析人員統計，此時每一個百分點的市場佔有率需要數百萬美元的行銷預算加以創造。

圖 7-9　　百事可樂和可口可樂是可樂市場兩大競爭者，就連口味也讓消費者難以明確分辨。

➔ 表 7–3　行銷者可能面對的各種攻擊戰型態

攻擊型態	說明	事例
正面攻擊 (frontal attack)	市場挑戰者由於對自身資源優勢的自信，對於市場領導者的主要市場進行正面的挑戰。	Samsung 在本世紀初於全球手機市場所發動的攻擊活動，正面挑戰作為市場領導者的 Nokia 與 Motorola。 聯邦快遞早年透過自有貨機與車隊的物流體系，藉由美國本土隔夜送達的保證，攻擊市場上的競爭對手。
側翼攻擊 (flank attack)	市場挑戰者對於偵測到的敵人弱點進行單點突破式的攻擊。	● 中國飲料品牌娃哈哈於 1998 年推出「非常可樂」，號稱為「中國人自己的可樂」；透過對於可口可樂與百事可樂等跨國品牌尚鞭長莫及的中國中西部、農村、二、三級城市的經營，當年即取得中國碳酸飲料市場 12% 的市場佔有率。 ● 美樂啤酒推出「淡啤酒」，經營先前不存在的市場。
包圍攻擊 (encirclement attack)	市場挑戰者藉由對於市場進行多點、迅速的佔領，達到蠶食鯨吞的效果。	面對電腦科技市場領導者 Microsoft，Sun Mircosystems 於 1990 年代藉由 Internet 的商業化，透過強力、接近免費的說服方式，讓廣大的軟體開發業者接受其新推出的 Java 語言。
迂迴攻擊 (bypass attack)	市場挑戰者藉由進入新的產品範疇或地理範疇，或者藉由跳脫現有遊戲規則的新價值提供，贏取所欲的市場位置。	● 百事可樂於 1998 年買下純果樂 (Tropicana)，進入果汁飲料市場；而 Tropicana 在美國的市占率是可口可樂集團旗下美粒果 (Minute Maid) 的兩倍。 ● Google 在搜尋引擎服務上藉由新運算法提供更有效的搜尋服務，於本世紀初擊敗市場上原有的搜尋服務，成為該市場龍頭。
游擊攻擊 (guerrilla warfare)	市場挑戰者藉由系列小型、連續、難以預期的出擊動作，破壞市場領導廠商的防禦布置，以期奪取市場中有利的陣地。	● 「21 世紀不動產經紀公司」的加盟招募，屬於「結盟游擊戰」。 ● 「瀚斯寶麗」公司突破性設計的高價電視產品，屬於「高價游擊戰」。

參考資料：Ries, Al and Jack Trout (1986), *Marketing Warfare*, McGraw-Hill 其中譯本《行銷戰爭》，遠流出版公司；Kotler, Philip, Kevin Lane Keller, Swee Hoon Ang, Siew Meng Leong, and Chin Tiong Tan (2006), *Marketing Management: An Asian Perspective*, 4th ed., Pearson Education South Asia.

💲 行銷三兩事：破壞性創新與創新者的兩難

　　鎖定市場上的現有競爭，一個面面俱到、顧客導向的行銷者往往忽略了其他領域的破壞性創新所可能帶來的負面影響，這就是哈佛大學學者克萊頓克里斯坦森 (Clayton Christensen) 所謂的「創新者的兩難」。根據 Christensen 的說法，既有的企業常常習慣在既成的價值網絡中透過延續性的創新、仔細照顧顧客要求、謹慎佈局於既有戰場。此時，如果有一種與企業習慣依附的價值網絡中主流技術相當不同的新技術（往往如天外飛來一筆般由一個產業的外人）引入該產業，一開始由於這類新技術的相對不成熟，既有企業往往嗤之以鼻而加以忽略，一貫強調對於既有主要顧客各種需求的滿足。不知不覺中，新技術的應用漸漸成熟，既有企業才驚覺新技術吸引到越來越多的新顧客，這時這些既有企業還常企圖以法律、價格、合約、阻卻式替代技術等方式力挽狂瀾，阻擋新技術撲天蓋地的攻勢；等到確定大勢已去而想要將新技術納入旗下的作業時，產業的遊戲規則和版圖都已被改寫，過去的繁華有如南柯一夢。近年來音樂產業面對像 MP3 這類可透過資料分享大量複製的新音樂格式，就是明顯的例子。

參考資料：Christensen, Clayton M. (1997), *The Innovator's Dilemma*, Harvard Business School Press. 中文譯本 2000 年由商周出版發行，譯名：《創新的兩難》。

分組討論

1. 本章章首的「行銷三兩事」介紹了「紫牛」的概念。你常接觸的品牌／產品中，有哪些屬於這類「紫牛」？

2. 延續前一題，請以你對該題的回答中所指出的品牌／產品為例，進行五力分析。

3. 延續前一題，請以你對該題的回答中所指出的品牌／產品為例，分析它在目標市場選擇與品牌／產品定位上的具體作法。

4. 想一想，生活周遭有哪些「行銷戰爭」正在進行？請舉一例，說明「戰場」參與者的動態。

5. 本章透過「行銷三兩事」，分別提到「紫牛」和「基本功」這兩個概念。這兩個概念是否互斥？行銷者有沒有可能統合這兩個概念背後各自的主張？

8

新產品開發

本章重點

- ▲ 瞭解產品生命週期概念與相關的管理措施
- ▲ 認識新產品開發的基本步驟
- ▲ 認識創意發想的可能管道
- ▲ 瞭解上市階段各種測試方法的作用
- ▲ 瞭解顧客端採用創新產品的條件

💲 行銷三兩事：DAKARA 的誕生

在臺灣不少消費者喝過的 DAKARA 飲料，是三得利 (Suntory) 公司於 1996 年開始開發，而直至 2000 年才在日本市場上市，但一上市即取得突破性銷售量的「機能性」飲料產品。競爭激烈的日本飲料市場，向有所謂的「千分之三法則」，即每年市場上出現的千種左右包裝飲料產品，到隔年仍會在市場上出現的，大約僅剩三種。而這「千分之三」的門檻，業界常以單一產品 1,500 萬箱（每箱 24 罐）的年銷售量為標準。傳統上，DAKARA 所在的日本運動飲料市場，主要由年銷量 6,000 萬箱的寶礦力 (POKARI) 和年銷量 5,000 萬箱的 AQUARIUS 這兩大品牌所寡佔，後進者幾乎找不到縫隙可以切入這個市場。但是 DAKARA 進入市場首年即成功銷售約 1,500 萬箱，突破了「千分之三法則」的門檻，而兩年後的年銷售量已成長到 3,400 萬箱。

1996 年 Suntory 的食品事業部開始研發以運動飲料為方向的新飲品，當時的部長即明確地要求研發團隊暫時放棄命名、設計、產品內容的一切創意發想，而先從對市場中活生生的消費者開始觀察起。在當時，開發團隊所接觸的問卷調查結果指出超過四分之三的運動飲料消費產生於運動過程中或結束後；但是透過觀察與日記調查，他們發現多數的運動飲料其實是在喝醉後或工作間隙短暫休息時被飲用，而且不少日本消費者其實把運動飲料當作是一種「鼓舞情緒」的加油飲料看待。隨後，開發團隊進一步研究 POKARI 和 AQUARIUS 這兩款成功的商品，發現對消費者而言，這兩款飲料共同的「白濁」感令消費者聯想到牛奶、肉湯，而 POKARI 更令日本消費者聯想到「護士」、「學校保健室」等等；一言以蔽之，在日本成功的運動飲料，他們發現，是一種「母性」的飲料。

在這樣的發現下，Suntory 的開發團隊決定新飲料一方面與 POKARI 和 AQUARIUS 維持共通的「母性」特質，但另一方面則從原先取代 POKARI 和 AQUARIUS 的「更好的運動飲料」定位想像轉為「值得信賴的身體均衡伴侶」這樣的概念，從而有了 DAKARA。

根據日本一橋大學教授野中郁次郎的詮釋，Suntory 開發團隊一開始以問卷調查的方式切入運動飲料市場，是一種「旁觀者」欲透過「外顯知識」(explicit knowledge) 進行產品開發的企圖，而這類企圖看似客觀科學，卻常與現實場域（即市場上的消費實境）產生隔閡。這時唯有透過打破主客體的

疆界，以參與的方式融入市場的實相，才有可能動態地領略無法量化的「內隱知識」(tacit knowledge)。此外，DAKARA 的開發成功，尚可歸因於開發團隊對於比喻與聯想的活用，以及承繼自日本茶道傳統的「守、破、離」動態概念──其中「守」指的是對於標竿的模仿，「破」指的是跳脫模仿對象所制定的模式，而「離」則是在過去基礎上創新而自成一格的境界。

參考資料：野中郁次郎、勝見明 (2006)，《創新的本質：日本名企最新知識管理案例》，中國知識產權出版社翻譯。

8.1　產品生命週期

　　就一個有規模的企業而言，有效地掌握所製造銷售的各產品其產品生命週期 (product life cycle, PLC) 是產品管理成功的基礎。產品生命週期的概念，將單一產品看成一個別的生命體，並假設單一產品的市場生命有限。

　　一般而言，此一概念將個別產品的生命區分為「生」、「興」、「旺」、「衰」等階段。更詳細地說，產品生命週期將一個產品界定出產品剛剛問世，市場尚未開始廣泛接受該新產品的「導入期」、市場開始接受該新產品而銷售量快速起飛的「成長期」、市場成長速度趨緩但產品已被大眾認知且接受的「成熟期」，以及因替代品出

圖 8-1　根據產品生命週期，廠商必須不斷推出日新月異的新產品以滿足消費者的需求。如遊戲機一代的生命週期約 4～6 年。

現或市場偏好改變等因素而使產品銷售量開始走下坡的「衰退期」等四個時期。以 Playstation 3 或 Xbox 360 一類的遊戲機為例，一般業界的經驗是各廠的每一代遊戲機產品生命週期約 4～6 年；也就是說，遊戲機的近期發展史上，廠商每間隔 4～6 年便必須推出新機種以替代市場慢慢衰退的舊機種，而 Playstation 3 與 Xbox 360 在業界的分類下，都屬於第七代的遊戲機。

類似的生命週期型態也出現在家庭房車市場上，5 年左右便會汰舊換新一次。對於一個管理者而言，藉助產品生命週期的概念進行產品管理的主要意義是產品在不同的生命週期階段會有不同的研發、人力支援配置、行銷組合需求，外在競爭環境也會因類似產品的生命週期階段而異，這些內外因素因此也造成產品在不同階段的不同財務貢獻和策略地位。

分析產品生命週期時，一般會以如圖 8–2 所示的型態描繪時間、銷售量與前述四個週期之間的關聯。然而必須注意的是，圖 8–2 所示的生命週期型態只是種種可能的生命週期型態之一。有的時候，產品甫上市便因通路的廣布與產品設計的大眾化，自始即有顯著的銷售量。2003 年春《蘋果日報》在臺上市，第一天即有數十萬份的銷售量，即為一例。另外有些時候，因為產品不受市場認同，上市之後銷售量始終無法打開，廠商只好直接於導入期便將該產品撤出市場；這類早夭的產品便無緣經歷前述的四個產品生命階段。此外，再如臺灣曾經有過的葡式蛋塔風潮 (fad)，不少順勢推出的蛋塔產品大起而後迅即大落，可以說導入期與成長期合一，而後跳過成熟期直接快速進入大幅衰退期。從這些例子可見，圖 8–2 僅是某一產品其生命週期的可能性之一。

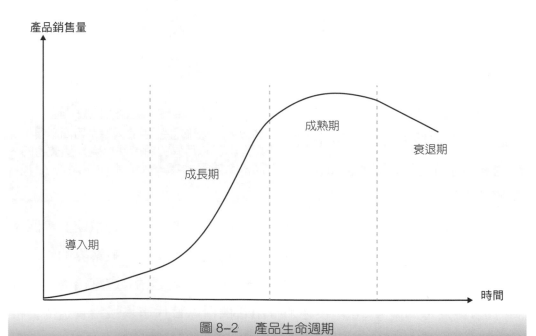

圖 8–2　產品生命週期

參考資料：Philip Kotler (2003), *Marketing Management*, 11th edition, Prentice Hall.

各週期階段的特性與行銷組合策略就產品管理而言，產品生命週期概念最重要的價值在於提供了一個至少言之成理的跨時分析與管理工具。每一個典型的產品生命週期階段都有其理論上的特性，也有對應的行銷組合策略。

8.1.1　導入期

如果套用軍事術語，則導入期的主要任務，是替產品在市場中建立起一個穩固的灘頭堡。在這個階段，市場對於新產品的認知還相當模糊，常常還會存在相當程度的抗拒心理；就商品流通而言，這個階段的通路也因導入時間尚短，而相對地在管道與規模兩方面都較受限制。甚至就產品本身而言，在這個階段有時還必須進行適度的修正以符應市場需求和期待。因此，導入期的新產品並不以立即獲利為目的，其管理的首要目標在於市場建立。對於一般超市、賣場裡販售的民生消費性包裝產品 (consumer package goods, CPG) 如牙膏、泡麵、衛生

圖 8-3　一般賣場裡的民生消費性包裝新產品，一方面要盡力強化消費者對產品的知覺，另一方面要透過折扣或其他免費措施吸引消費者嘗試使用。

紙、包裝飲料等而言，許多學術界的行銷研究成果已證明，這類新產品在市場建立方面最困難跨過的門檻是讓消費者第一次嘗試使用新產品——一旦消費者有過正面的試用經驗，便有比較大的可能性進行後續的重複購買。因此這類產品的廠商往往會在導入期一方面透過大量的行銷溝通訊息強化潛在消費群對於新產品的知覺 (awareness)，另一方面則採取大規模的折扣或免費措施，雙管齊下吸引潛在顧客對於新產品加以試用。

8.1.2　成長期

產品若沒有在導入階段即被淘汰，初步通過市場考驗後的下一個挑戰

是擴大市場佔有率。在產品的成長期內，銷售量可望隨銷售點增加與市場對產品認知的提高而有較快速的增加，單位成本因此可望逐漸下降，獲利因此日漸可期。在這個階段，產品管理的首要目標為在競爭日趨激烈的市場中佔有最大可能的市場份額。為了趨近這樣的目標，產品管理者必須開始以多樣化的產品延伸手法經營與開發不同的市場區隔，而在行銷溝通上清楚地強調產品(功能上或象徵意義上)的使用利益，區隔該產品與競爭產品。

8.1.3　成熟期

當產品已經廣為市場所熟悉，相對多數的潛在顧客都曾經至少試用過該產品，而產品的銷售成長速度趨緩乃至於停滯時，這個產品便進入了成熟期。對於多數廠商而言，當一個產品邁入成熟期，則意味著該產品單位成本因為生產與流通方面的規模經濟而降至低點，在穩定的銷售量下，該產品此時可以為廠商創造穩固的利潤。通常在這個階段，產品管理的首要目標是維繫既有的市場佔有率，並在此一前提下最大化產品所能創造的利潤。

從顧客的消費行為角度分析，產品在此一時期的主要經營方向已不再是吸引新顧客的試用，而是在於鼓勵既有顧客重複購買的行為。因此，在產品方面便必須思考多元化的產品設計搭配、市場修正或者產品改良，在價格方面提供有市場競爭優勢的定價，在通路方面設法將流通管道密度最大化以方便顧客的購買，而在行銷溝通方面則將訴求由告知 (informing) 轉為說服與提醒 (reminding)。

8.1.4　衰退期

衰退期的商品對廠商而言往往有如「雞肋」──一方面市場對於該商品的需求雖開始衰退但仍未完全消失，另一方面廠商已不願意投注顯著的行銷資源去經營這類的夕陽產品。在行銷資源投入大幅縮小的現實條件下，衰退期的產品除非有辦法透過行銷創意起死回生（開創新的產品用途、找到新的產品市場、設定一完全迥異於前的產品定位等等），否則一般而言產品管理者就只能在選擇性的通路進行縮小規模經營或全面市場撤出間作出抉擇。

表 8–1 根據以上的討論，將產品生命週期四個主要的階段特性及相對
應的行銷策略加以整理。

➔ 表 8–1　產品生命週期四階段特性及對應行銷策略

	導入期	成長期	成熟期	衰退期
特性				
銷售量	低銷售量	快速成長的銷售量	高峰而趨於穩定的銷售量	衰退的銷售量
成本	高單位成本	中單位成本	低單位成本	低單位成本
利潤	通常為負利潤	利潤產生且逐漸提高	高利潤	利潤逐漸降低
顧客型態	創新型的顧客	早期使用者	大眾市場	落後使用者
競爭者型態	競爭者數目尚少	競爭者增加	競爭者數目漸趨穩定且開始遞減	競爭者數目減少
行銷目標	創造市場上對於新產品的認知並引發試用	最大化市場佔有率	在保衛現有市場佔有率的前提下最大化利潤	降低行銷費用成本，開發產品的剩餘價值
策略				
產品策略	單一基本型產品的提供	產品延伸，深化服務與保證	將產品進行多元化經營	撤出弱勢產品
價格策略	成本加成	市場滲透：採用低價策略快速增加市場佔有率	制定有競爭優勢的市場價格	削價競爭
通路策略	創造通路商對於產品的認知與信賴，選擇性布署銷售通路	密集化布署通路	通路密度最大化	從無利可圖的通路撤退，選擇性保留銷售通路
廣告策略	運用各種針對終端顧客及通路商的訴求，建立產品認知	運用各種訴求說服潛在顧客，使其對產品產生興趣	繼續說服，並提醒舊顧客進行重複購買	降低廣告密度，廣告目標在於維繫忠誠顧客的持續消費
銷售促進策略	運用大幅度的折扣等銷售促進方式吸引潛在顧客的試用	以折扣等銷售促進方式刺激顧客需求量	以折扣等銷售促進方式刺激他牌顧客的品牌轉換	折扣等銷售促進方式降低至最低程度

參考資料：Philip Kotler (2003), *Marketing Management*, 11th edition, Prentice Hall.

🖊 8.1.5　產品生命週期概念的侷限性

　　產品生命週期雖然是一個相關教科書都會完整介紹，結構相當完整的產品管理參考架構，但實務產品生命週期概念上有其相當大的侷限性。此一侷限性最主要的來源，在於管理者甚難評斷某一產品究竟屬於四個生命週期階段的哪一階段。如圖 8-2 所示，生命週期階段主要由銷售量（縱軸）所決定；產品管理者在實務上有時無法就過去與現有的產品銷售量去判定該產品是否已邁入成熟期，或者看似衰退的銷售量究竟屬於不可逆轉的長期趨勢或者只是短期行銷組合配置失當的結果。嚴格地說，產品生命週期概念比較適合對於已經確定走完四個階段的產品進行回溯，但往往無法對於產品未來的市場潛能分析作出有意義的貢獻。此外，如前所述，教科書上倒 U 字型的產品生命週期圖像在許多市場上比較接近特例而非常態。這些侷限性，是使用產品生命週期進行產品管理的經理人應有的認知。

💲 行銷三兩事：OREO

　　Kraft 食品公司所產的 OREO 夾心巧克力餅乾已經有將近百年的歷史（自 1912 年開始產銷迄今）。兩片黑色的圓形巧克力餅中間夾著一層白色的奶油，這麼簡單的點心已是幾個世代美國人共同的童年記憶。1996 年 Kraft 將 OREO 引入中國市場，取名為「奧利奧夾心巧克力餅乾」。經過一段開疆拓土

圖 8-4　　OREO 夾心餅乾針對中國人民的喜好，改良產品的口味、包裝，成功的成為中國市場銷售量最高的餅乾類產品。

的成長歲月，2001 年到 2005 年間奧利奧在中國市場遇到了瓶頸，業績始終無法再突破。

　　2005 年被 Kraft 派赴中國主管奧利奧的肖恩沃倫 (Shawn Warren) 面對這個困局，開始了一連串的研究、調查與新產品開發動作。首先，透過行銷研究，

Kraft 確認了兩個先前始終忽略的事實。其一是美國人熟悉喜愛的 OREO 口味被中國人普遍地認為太過甜膩。其二是中國的奧利奧餅乾以 14 個為零售包裝單位，售價為人民幣 5 元——這在中國市場相對售價過於高昂，難以讓大眾接受。針對這兩項重大發現，Kraft 為中國市場研發出 20 款將糖分減量的改良款 OREO 餅乾原型，並重新設計僅售人民幣 2 元的較小包裝。2006 年，根據進一步的市場態勢掌握，Kraft 瞭解到中國人對於威化 (wafer) 餅乾的興趣比對普通餅乾要高許多，便大膽突破傳統，針對中國市場開發出長方形四層威化的「奧利奧巧克力威化」。為了讓此款餅乾可以行銷大江南北，Kraft 投注相當多資源研發確保此一新產品在嚴寒的北方與燠熱的南方都能保持相同的品質。

　　這樣的在地化創新研發動作馬上得到市場的正面回報。2006 年奧利奧巧克力威化甫推出，即成為中國市場銷售量最高的餅乾類產品。

參考資料：Jargon, Julie (2008), "Kraft Reinvents Iconic Oreo to Win in China：Refashioning Cookie Exemplifies an Effort for Local Decisions," *Wall Street Journal*, May 1.

8.2　新產品開發的過程 [1]

　　之前討論產品生命週期時，我們曾討論到上市期就是新產品甫進到市場的階段；我們也曾提到，有不少新產品事實上在上市期階段即因市場的接受度低而告夭折。這裡所謂的新產品，可以是難以歸屬於任一現有品類的全新產品（例如 SEGWAY 單人步旅器），可以是品類中某種新發明（例如 SONY 公司運用 Blue Ray

圖 8-5　SEGWAY 是一種電力驅動、具有自我平衡能力的個人用運輸載具，很難用傳統的分類方式定義它的種類。

---

[1]　本節主要參考自 Merle Crawford and Anthony Di Benedetto (2006), *New Products Management*, 8th edition, McGraw Hill.

技術所設計出新一代 DVD 替代格式 Blue Ray），可以是某企業首次推出但市場上已有類似的競爭品（例如中華電信首次進到網際網路語音傳輸的服務市場，該市場已有 Skype 一類的業者提供類似的服務），也可以是前章中所說明的品牌線延伸（例如統一企業再推出一新速食麵品牌），甚或只是既有產品的調整或改變（例如來一客泡麵增加一款新口味）。由此可見，所謂新產品的範疇非常廣泛。新產品開發與管理有其固定的階段與程序，一般而言，新產品在進入市場前大致上會經歷機會確認與篩檢 (opportunity identification and selection)、概念創發 (concept generation)、概念評估 (concept evaluation)、產品發展 (development)、上市 (launch) 等幾個階段。這些階段通常由一個漏斗概念模型加以描述，即首先廣泛探索新產品機會、產生大量新產品概念，而後透過客觀的方式系統化評估、篩檢產品概念，以篩檢結果的概念進行產品的發展，之後產品終於成形，透過商品化的程序上市。

如此可樂：冒泡的飲料

　　羅馬人相信發泡礦泉水可以是一種健康飲料。1767 年發泡碳酸水即被設定為一種活力飲料，甚至是一種自然藥品。1880 年代的美國民眾，因此習慣在蘇打吧 (soda fountain) 中購買飲用各種調味蘇打水，一方面解渴，一方面休憩，另一方面也因為在裝潢富麗的蘇打吧消費是一種時尚。可口可樂問世後一開始僅以蘇打吧為通路，藉由提供蘇打吧調製可樂的濃縮糖漿以營利。直到 1899 年，當時的經營者 Asa Candler 被兩名商業律師說服，同意他們以每加侖 1 美元的價格向可口可樂購入糖漿原料，以裝瓶商 (bottler) 模式自負盈虧，在自有或授權的工廠中將可樂原料兌水裝瓶以販售。從此開始，可口可樂加速打入美國大眾市場，並逐漸成為一種象徵美國文化的飲料。

8.2.1　機會確認與篩檢

在機會確認階段，企業本身首先根據自身的核心能耐與市場環境，尋找技術或市場上的機會。這主要可以透過常態的行銷計劃活動、企業策略規劃程序或特殊市場機會分析動作來界定，其主要目的在於挖掘未被開發的資源、掌握技術動態、釐清市場機會，並在各種可能的發展方向中針對內外部條件與限制而作出選擇。企業常藉由系統化的顧客分析、競爭分析與技術分析，在此一階段試圖界定新產品開發的目標，從而制訂敘述創新環境背景、結合核心技術與市場優勢的創新焦點、詳述量化開發目標與目的、指引新產品開發方向的產品創新章程 (product innovation charter, PIC)。這樣的一份新產品創新章程可以說是企業開發新產品的前進地圖；它協助企業趨近策略目標。在產品創新章程的指引下，企業可以針對各種新產品專案的策略適合度 (strategic fit)、專案型態、專案時程、專案風險、技術成熟度與熟悉度、產品開發難度、市場範圍與市場開發難度等面向進行評估，決定研發資源的配置。

如此可樂：芬達的誕生

二次世界大戰的歐洲戰火，於 1939 年秋天因為納粹德國入侵波蘭，導致英、法對德宣戰而點燃。這樣的發展讓當時德國境內營運已達相當規模（年出貨 450 萬箱）的德國可口可樂公司陷入困窘的局面。掌管德國可口可樂公司的馬克斯凱斯 (Max Keith) 一方面經營納粹體制下的官僚系統關係，避免公司被收歸國有；另一方面預期到作為可口可樂產品靈魂的糖漿供應即將中斷，他要求旗下的工程師研發替代飲料。運用乳清、蘋果纖維等其他食品工業的副產品，德國可口可樂公司的工程師研發出水果風味的氣泡飲料。由於產品開發的過程出自異想（fantasy，德文為 Fantasie），這款飲料遂被取名為 Fanta。Max Keith 在德國以及德軍佔領區將 Fanta 的商標加以註冊，到了 1943 年，這款飲料年出貨量已達近 3 百萬箱。戰後的 1950 年代，可口可樂公司將 Fanta 引入美國與其他國家的飲料市場。在臺灣，它就叫做「芬達」。

8.2.2 概念創發

所謂的產品概念，包含市場需求、技術、產品型態等三大面向。新產品概念的創發，可能起自其中任何一面向的創新，再與其他面向相互結合。表 8-2 分別說明此三面向新舊組合下的七種新產品開發概念型態。

→ 表 8-2　新概念來源

市場需求	技術	產品型態	概念創發型態說明
新	新	新	用新的技術開發新的產品，並運用該產品開發一個先前並不存在的市場。譬如若太空站與太空旅行技術趨於純熟，則可能設計出不需特殊事前訓練的外太空旅行載具與旅館，開發出外太空套裝旅行市場。
新	新	舊	在既有的產品型態下，藉由新技術的導入開發新產品以創造新的市場需求。例如藉助進步的食品工業與化學工業技術，開發出不需外來熱源即可自包裝直接加熱原料成炒飯的即食商品，開發出於戶外方便進用東方傳統熱食的市場。
新	舊	新	在既有的技術水準上，透過新商品型態的設計開發新市場。例如手機廠商可透過產品設計，開發專門供老年人（大按鍵、大螢幕、語音辨識不需按鍵輸入）或兒童（只能接聽或撥打父母所設定號碼）使用的手機，開發這兩個尚未飽和的手機使用區隔市場。
新	舊	舊	將運用舊技術的既有商品藉由行銷創意開發出新的市場。例如創意推廣醋的使用，使其運用範圍跳脫廚房的侷限。
舊	新	新	針對既有市場，以新技術開發新產品。例如針對傳統影音娛樂市場，家電廠商以新一代的 Blue Ray 技術開發新型 DVD 錄放影機。
舊	新	舊	運用新技術改善舊有產品。例如將奈米技術引進洗衣機或冷氣機等家電中。
舊	舊	新	運用設計創意，在既有技術層次上開發新型態的產品。例如藉助設計師的巧妙設計，將桌上型電腦的外觀從方正冰冷的傳統箱型造型轉變成時尚藝品。

就構想來源而言，產品創意可能來自組織內外。外部創意來源包括來自通路商或顧客對既有產品的反應、供應商或價值鏈上游提供的新技術、對於競爭對手產品的參考與改良、與學術機構的產學合作、專業顧問公司的諮詢意見、廣告商對於市場動態的分析、透過交易機制取得技術專利權、自各種媒體報導間得到新發想等等。至於內部的產品創意來源，通常則來自於結合行銷、研發、工程等部門的開發團隊，對於現有產品無法完整解決的問題加以研究處理以及對於產品屬性加以分析、重組、替代、轉換等兩大途徑而來。

圖 8-6　隨著科技進步，上外太空再也不是遙不可及的夢想，廠商可望開發外太空套裝旅行等相關市場。

問題的辨識常來自顧客端，例如顧客過去的客訴抱怨，以及重度使用該產品且具備豐富產品使用情境經驗的領先使用者（lead users，如美容師即是美妝產品的領先使用者）的想法。此外，開發團隊也可能透過使用情境觀察、角色扮演、跳越式的情境想像與分析等方式，辨識現有產品的不足。至於問題的解決，一般開發團隊常用以刺激思考的方式是團體腦力激盪。腦力激盪是 1930 年代開始的群體創意刺激技術，正式的操作需要有經驗的主持人加以主持，強調開放式鼓勵各種針對問題的發想提出、避免批評與過早跳入結論、訴求藉由團體動能而在有限時間內得出大量的初步發想，並認為創意的質來自創意的量。運用現在的網路共享技術，網路環境上則有許多新一代的腦力激盪作法。例如目前有些開發團隊使用 Google 的 Document 線上文書處理服務，以共享的文件檔為討論聚焦處，供團隊成員進行線上的腦力激盪。這個時候，參與者不一定要在同一個現場，而可以用遠距的方式施做。

另一方面，產品概念的創發也可能來自對於既有商品屬性的改變。此一取徑通常先將既有的產品屬性加以系統化的拆解，譬如針對手電筒，可

以把手電筒拆解出重量、防鏽能力、耐震能力、長寬高、手把形狀、外殼材質、燈泡類型、燈泡顆數、燈泡功率、燈泡材質、鏡片材質、鏡片焦點、開關設計、開關位置、電池數量、電池大小、電池串並聯方式等等元素。概念開發人員將產品做精細的拆解之後，有許多的方式可以去刺激創意的發想。譬如一種叫做 SCAMPER 的技巧，訴求透過屬性的替換 (substitute, S)、屬性的組合 (combine, C)、屬性的改造以適應特殊情境 (adapt, A)、特殊屬性的擴大 (magnify, M)、其他用法的模擬 (put to other uses, P)、某些屬性的精簡或去除 (eliminate, E)、各種屬性的重新安排 (rearrange, R) 等方向的想像，試著對既有屬性加以改變而逼出新的產品概念。

行銷三兩事：她他水

2003 年春天 SARS 肆虐時期，法國達能控股公司的樂百氏攜在中國推出名為「脈動」的機能性飲料，廣受市場歡迎，因此中國境內的飲料大廠，紛紛起而開發機能性飲品。在這股風潮中，北京匯源公司與一個廣告策劃人結合，推出兩款區隔男女市場的機能性飲料。針對男性的產品中，成分添加了牛磺酸和肌醇，訴求增進肌力，取名為「他＋」；至於針對女性的產品，則添加蘆薈和水溶性膳食纖維，訴求苗條、纖細，取名為「她－」。這兩款機能飲料鎖定 15 至 35 歲的年輕消費者，市場上被共稱為「她他水」，藉由密集的電視廣告與經銷通路，很快地便以「中國第一款男女飲料」這樣的鮮明訴求攫取市場上廣大的注意，甫推出即接獲大量的訂單。但是不久之後，她他水卻由於經銷制度設計缺失與產品話題圍繞性別但缺乏讓消費者嘗新後再購的說服力等因素，而不復初時的風光。

參考資料：〈「他加她」的冰山之旅，「情感」能走多遠〉，《中國商業評論》，2005 年 10 月 24 日。

8.2.3 概念評估

一旦大量的新產品概念透過各種方式產生，下一個階段的任務便是對這些概念加以評估並進行篩檢，以找出最有開發價值的產品概念。在概念評估階段，有時開發團隊會絞盡腦汁制訂一份包含各種產品開發判準

(criteria) 的評分表，由相關的專家針對各種概念進行評估與比較，以一分各概念的高下。另外一些時候，開發團隊在無洩漏機密考量的情況下，會邀請目標消費者協助評估各種產品概念。

對於一個以顧客導向為經營原則的廠商而言，新產品的開發是顧客經營上開發新顧客、維繫舊有顧客的手段之一，因此產品開發的每一個階段都應該將目標顧客群的需求與偏好列為最優先的考慮。為了落實顧客導向，在概念評估與測試的階段常邀請一群潛在顧客，針對主要的產品特性概念選項組合透過聯合分析 (conjoint analysis) 的行銷研究方式釐清各主要產品特性上消費者最偏好的選項組合。例如開發一款新的調味醬時，若開發團隊界定出如表 8–3 中的三種主要產品特性以及每種產品特性下的三種可能選項，則可搭配出 3×3×3=27 種產品概念。這個時候，透過目標消費者樣本對這些概念的評分或排序所執行的聯合分析，便可以由統計觀點客觀地釐清三種產品特性的相對重要性以及各個特性中最受歡迎的選項。例如透過對 300 名家庭主婦進行的聯合分析，開發團隊可以得到諸如顏色可以解釋 25% 的消費者概念選擇，而辣度與鹹度分別能解釋 35% 與 40% 的消費者選擇。此外，聯合分析的結果，尚能給出諸如深紅、小辣、低鹽的產品概念最受目標顧客群歡迎的結果。❷

⏩ 表 8–3　產品特性與可能選項

	顏色	辣度	鹹度
選項一	深紅色	不辣	低鹽
選項二	正紅色	小辣	普通鹹度
選項三	褐色	大辣	較鹹

此外，在此階段為具體瞭解市場對特別產品創意的接受程度，也常以文字、圖像、模型或虛擬實境的方式，接觸具有代表性的目標顧客樣本，進行概念測試 (concept test)。概念測試的精神，是讓受測者瞭解該產品創意商品化後具體的商品樣態、使用利益和行銷組合搭配，然後請受測者回答

---

❷　本例參考自 Merle Crawford and Anthony Di Benedetto (2006), *New Products Management*, 8th edition, McGraw-Hill.

包括購買意願、產品屬性評估、行銷組合意見等問題，據以瞭解此一產品概念的市場接受度和概念可以改善的方向。經驗有限的行銷者進行概念測試時常常無法確定如何將測試結果與市場潛力的評估具體連結，這時候，某些跨國行銷研究公司的服務便派得上用場。

如果開發團隊在概念創發的過程中有許多較為發散的產品創意，在這個階段必須建立一個篩選系統以進行選擇，那麼這個系統在設計上若將接受創意的門檻訂得太高，便有相對大的風險誤殺好創意；相對地，若系統在設計上將接受創意的門檻訂得低，則被接受的產品創意不具足夠市場潛力的風險便會提高。這樣的狀況，很類似統計學裡進行統計檢定時的型一錯誤（錯誤地拒絕了虛無假設）與型二錯誤（錯誤地不去拒絕應拒絕的虛無假設）。開發團隊此時就必須選取一個平衡點，平衡「錯殺」和「錯容」創意的風險。

8.2.4 產品發展

概念確定後緊接著的便是產品發展的階段。這個階段主要的任務包括市場端的未來行銷配置規劃以及技術端的細部的產品設計以及產品原型的製造。在市場端的考量上，此時在具體的產品概念下，已可開始對於未來產品上市的行銷組合配置進行規劃。而在技術端設計階段主要的考量則包括了開發時間長短、製造難易程度、是否與市場上既有類似產品形成足夠的差異、是否符應目標客群需求、是否符合品牌形象、是否符合環境保護原則等面向。在這個階段，新產品各元件所共同組合成的產品架構 (product architecture) 會被確定，而系列產品共同發展所依據的產品平臺 (product platform) 設計也會成形。

行銷三兩事：迷你微波爐

亨氏 (Heinz) 食品公司長期以來推出系列單人份的微波西式餐品，只要經過幾十秒的微波，消費者就可以享用熱食以充飢。這種餐品在市場上銷售的必要條件，是消費者可以方便地找到微波爐。對於 Heinz 主要市場美國的消費者而言，因為家中多半有微波爐，所以在家吃這種微波餐食很方便。但是

在工作場所，常常中午不想出辦公室而還想吃點熱食，卻苦無沒有方便的微波爐可以加熱類似的微波食品。從這類旗下受市場歡迎的單人份微波產品中，Heinz 的員工有了一個有趣的發想——有沒有可能設計一款簡單的迷你微波爐，讓人們可以在自己的辦公桌上使用？經過一連串研發過程，2009 年 Heinz 完成了一種可由電腦 USB 裝置供電的迷你微波爐，功率恰好可以烹調 Heinz 的單人份微波餐品。

圖 8-7　雖然家用微波爐已十分普及，但 Heinz 食品公司瞄準辦公室員工，研發可由電腦 USB 裝置供電的迷你微波爐，訴求為恰可烹調單人份微波食品。

參考資料：Mathghamhna, Sitanta Ni (2009), "Innovation Provides Niche Opportunity for Microwaves," *Euromonitor International*, August 4, http://www.portal. euromonitor.com/passport/Magazine.aspx

8.2.5　上市 ❸

　　一旦產品發展完成進入量產上市這個階段，行銷人員便肩負起一連串的行銷決策任務。這其中包括了通路策略的制訂、行銷溝通訴求的定調、定價方案的決定、相關服務與保證承諾的給予。而這些策略的確定，前提則是對於目標市場、產品效能、產品品質、產品競爭優劣勢、產品形象的充分掌握。因此，行銷人員一方面必須在新產品開發過程中與研發、技術、生產部門保持良好互動以確定產品狀況，另一方面則必須透過各種行銷研究方法與目標顧客群接觸，確定所設定的新產品上市各環節的行銷策略可以為市場所接受，以提高產品在上市階段存活與成長的機會。

　　經過開發階段各種與消費者的互動與測試，當產品進入開發完成已可

---

❸　本節主要參考自 Merle Crawford and Anthony Di Benedetto (2006), *New Products Management*, 8th edition, McGraw-Hill.

量產的上市階段時，為確定產品各種細節以及所規劃的行銷組合方案的合適性，較具規模的開發案通常還會透過各種市場測試 (market testing) 的方法，進行最後的調整與確認。針對消費者市場，常見的市場測試方法包括模擬測試市場 (simulated test market, STM)、直接行銷 (direct marketing)、迷你市場測試 (mini market testing)、測試行銷 (test marketing) 等。

一般而言，在如美國或歐洲這一類幅員廣大的市場裡，因為經營市場必須投入鉅額的行銷資源，因此最適化行銷組合與資源配置以提升行銷效率成為新產品上市時相當重要的管理重點。在規模大的市場裡，透過市場測試而帶來若干百分點的行銷效率提升，便代表相當顯著的利潤增加，因此市場測試的重要性較高。相對地，如果新產品僅針對如臺灣這樣規模的內銷市場，則市場測試的效益往往與測試所耗成本相差無幾。因此，本地市場開發內銷型態新產品時會進行市場測試的品類較有限。但對於單價高、消費者購買時涉入較深的新產品，如車廠推出一款新的或是改型後的房車時，廠商仍會透過適當的方式進行市場測試。

(1)模擬測試行銷

就一般超市、大賣場所販售的民生消費性包裝產品而言，當廠商欲針對正要上市的新產品進行市場測試時，常常會採取模擬測試行銷 (simulated test marketing) 的方法進行。簡單地說，這種測試方法實體模擬出一個購買情境（如建構一個有數排貨架，陳列包括測試目標在內的一群真實商品，環境類似小型便利商店的測試店面），然後邀請一定數量的受測者參與測試。測試的內容視商品類型與測試目標而定，受測者可能被要求在受控制的環境下接受一系列廣告訊息、陳述受測目標商品該品類的購買行為、實際進入模擬商店購物、之後再透過問卷或焦點團體的方式回答一系列與受測商品有關的問題。部分受測者可能主動或被動地有機會試用該新產品；若干禮拜後這些受測者會再由電話等方式被探詢其重複購買意願。有經驗的施測者透過這樣的程序，可以分析出影響消費者選購該新產品的因素，並且量化地預測上市後消費者試用與重複購買該新產品的狀況。

(2)直接行銷

直接行銷 (direct marketing) 的方法有許多，譬如傳統的郵購、現代的網路購物以及電視購物等，都是可以讓行銷者在短時間內掌握市場對新產品反應的測試管道。舉例而言，當一家腳踏車廠商欲推出一款電動自行車時，為了測試市場的接受狀況，可以先行在購物網站、拍賣網站或電視購物頻道上進行試銷。根據這段期間內所得到的市場反應，該廠商可以針對全面上市時的定價、廣告訴求等決策進行最後的調整。

圖 8-8　　電視購物是直接行銷的一種，可以讓行銷者在短時間內掌握市場對新產品的反應。

⑶迷你市場測試

所謂的迷你市場測試 (mini marketing)，指的是在有限的地理區內選擇有限的通路對於新產品進行一般性的販售。廠商可以在這些有限但正常化的販售情境中，透過傳統方式或者會員購物條碼資料 (scanner data) 掌握市場的反應。行銷科學 (marketing science) 領域已發展出許多量化的行銷模型可以協助廠商分析迷你市場測試所蒐集到的大量市場反應 (market response) 資料。

⑷測試行銷

測試行銷 (test marketing) 粗略而言可以說是迷你市場測試的擴大。通常在幅員廣大的市場裡，廠商選擇若干有代表性的城市、鄉鎮進行正常化的新產品銷售。某些產品類型的廠商會透過測試行銷的方法逐步擴大銷售區域的地理涵蓋。當廠商於新產品上市階段訴諸以上所討論的各種市場測試方法時，其目的通常包括：

　＊確認新產品各屬性的市場接受狀況，並依據市場反饋進行微調。

　＊確認規劃中的行銷組合策略合適性，並依據市場反饋進行調整。

　＊在大規模的市場中確認上市的地理區域與時程搭配。

＊預估銷售量以調適產能。

 ## 8.3　新產品採用情境的顧客分析

　　根據 Rogers 的創新擴散理論，顧客是否願意採用一種過去沒見過的新穎品類，主要受到以下五個因素所影響：

1.相對使用利益 (relative advantage)：

　　新產品帶來哪些攸關使用者的好處，可讓他們在成本效益評估時作成正面的評估？

2.經驗相容性 (compatibility)：

　　新產品的使用模式是否與顧客過去對於此類產品的使用經驗或使用想像相仿，讓使用者可以根據過去的經驗輕鬆上手？

3.產品複雜性 (complexity)：

　　新產品在使用上會不會太過複雜？

4.產品利益的可觀察性 (observability)：

　　顧客使用新產品的經驗是否容易讓其他人觀察到，而促成新產品利益的溝通？

5.產品試用的難易程度 (triability)：

　　顧客是否可以很容易地取得試用新產品的機會，以便利進行評估？

　　而針對日常生活中常見，一般便利商店或大賣場中出售的消費者包裝產品 (consumer package goods, CPG)，行銷者在此一領域推出新產品時，另外應審慎規劃、觀察的層次還包括：

1.產品的知名度 (awareness, A)：

　　有多少目標市場的消費者知道這款新產品的存在？

2.產品興趣 (interest, I)：

　　知道此產品的目標市場消費者中，有多少人對它產生興趣？

3.產品可及性 (accessibility, A)：

　　有興趣的人當中，有多少人可以很容易地從熟悉的通路裡購買此一產品？

4.產品初試 (trial, T)：

滿足以上條件者，有多少人會對於該新產品進行試用或首次採購？

5. 重複購買 (repeat, R)：

曾試用或進行首次採購的消費者，其中有多少會進行重複購買？其一段時間內的重複購買率又為何？

以上 "AIATR" 這五個層級，是產品經理人進行新產品上市規劃與管理時相當方便的管理與評估指標。上市前應對於這些層級擬定具體的目標，上市後則針對實際狀況與原訂目標間的差距，對於行銷組合加以調整。

如此可樂：慘敗的 New Coke

深受百事可樂的 "Take the Pepsi Challenge" 廣告以及兩品牌間逐漸拉近的市佔率所影響，可口可樂在 1985 年推出新配方的可口可樂，並打算停止已有近百年歷史的傳統配方可口可樂製造。在紐約林肯中心所舉辦的新產品發表會上，管理階層信誓旦旦地表示要以這款在 19 萬名受測者參與的大規模盲目測試中獲得壓倒性歡迎的新配方可口可樂，率領可口可樂這個光輝的品牌邁向第二個榮耀的世紀。的確，19 萬名受測者中多數偏好這個新配方勝過傳統的可口可樂——但是這是盲目測試，施測者也沒有告知受測者可口可樂打算以新配方全面取代傳統配方。

當新配方可口可樂一上市，傳統口味可口可樂即將停產的新聞一在市面上流傳的時候，無數的可口可樂忠誠消費者感覺到童年的回憶、成長的心理連結、美好的時光和象徵美國文化的榮耀——這種種可口可樂花了 1 世紀的時間，透過無數行銷作為所堆積出的消費者與可口可樂間根深蒂固的心理連帶——完全被新配方可口可樂所背叛、切斷。可口可樂公司每天接到 8,000 通抱怨電話，數週內收到超過 4 萬封充滿傷感與憤怒情緒的抱怨信函，而同一期間全美國平面與電子媒體則持續地報導可口可樂消費者對於傳統配方即將消失的不滿。不到 3 個月，可口可樂決定一方面繼續扶植新配方可樂 (New Coke)，另一方面則持續製造、銷售傳統配方的可口可樂（此時稱為 Coca-Cola Classic）。此一決定馬上受到廣大可口可樂顧客的歡迎，而起死回生的傳統配方，透過近 3 個月的各種媒體報導，其作為一美國傳統的象徵性地位則更加穩固。

一名高階主管事後回顧這三個月的波濤時表示，有些人會批評可口可樂犯了天大的錯誤，另有些人會世故地認為整件事都是可口可樂用來深化品牌傳統價值的精心企劃，但是可口可樂的人一方面沒那麼笨，另一方面也沒那麼聰明。

 分組討論

1. 本章章首「行銷三兩事」的案例，說明了 DAKARA 運動飲料產品開發的過程。這個過程中的哪些關鍵事項，造成了這款產品在日本的暢銷？
2. 便利商店貨架上所販賣的主要商品品類，各自屬於產品生命週期的哪一個階段？
3. 你近期購買了什麼樣的「新產品」? 仔細想一想，觸動你購買的因素是什麼？
4. 試著以 8.2.2 節中所敘述的「商品屬性改變」的方式，發想一個新的雨傘產品概念。
5. 為什麼新產品的失敗率會很高？為什麼連可口可樂這樣的大型企業，推出新產品時也會有出師不利的狀況發生?

筆記欄

9

產品管理

本章重點
- ◢ 認識品牌經理的工作
- ◢ 掌握品牌管理的主要元素
- ◢ 認識品牌權益概念
- ◢ 瞭解品牌經營的關鍵策略
- ◢ 瞭解品牌經營與代工經營模式的差異

行銷三兩事：品牌的價值

每一年秋季，*Business Week* 都會刊出其與 Interbrand 顧問公司合作，所製作的 "100 Best Global Brands" 排名。這份排名的基礎，是 Interbrand 透過一套其發展出的系統方法，估計全球大品牌未來多年的預期利潤流量折現值中，可以歸因於品牌無形資產作用的部分——亦即估算這些品牌的品牌權益。

圖 9-1　累積品牌權益，是品牌管理的首要目標。

在 2010 年的這份排名中，可口可樂以超過 700 億美元的品牌權益居於全球品牌首位。前一百大品牌中，分析其母國，則美國佔其中 50 個，德國佔 10 個，法國佔 8 個，日本佔 6 個，英國、瑞士各佔 5 個，荷蘭、義大利各佔 3 個，加拿大、南韓、西班牙、瑞典各占 2 個，而芬蘭、墨西哥各有 1 個品牌入選。華人圈的品牌迄今則尚無一進入全球百大之林。下表列出這個排名下 2010 年全球前 20 大品牌。

排名	品牌	品牌資產價值（百萬美元）	品牌母國
1	Coca-cola	70,452	美國
2	IBM	64,727	美國
3	Microsoft	60,895	美國
4	Google	43,557	美國
5	GE	42,808	美國
6	McDonald's	33,578	美國
7	Intel	32,015	美國
8	NOKIA	29,495	芬蘭
9	Disney	28,731	美國
10	HP	26,867	美國

11	TOYOTA	26,192	日本
12	Mercedes-Benz	25,179	德國
13	Gillette	23,298	美國
14	Cisco	23,219	美國
15	BMW	22,322	德國
16	Louis Vuitton	21,860	法國
17	Apple	21,143	美國
18	Marlboro	19,961	美國
19	SAMSUNG	19,491	南韓
20	HONDA	18,506	日本

參考資料：http://www.interbrand.com/en/knowledge/best–global–brands/best–global–brands–2008/best–global–brands–2010.aspx

9.1　一名品牌經理的工作[1]

　　如果你是個學生，在未來的生涯規劃上對於行銷工作有強烈興趣，那麼你應該常常注意報紙徵才廣告或者人力網站上琳瑯滿目的「品牌經理」(brand manager) 或者「產品經理」(product manager) 職缺。進入職場努力工作幾年後，你可能就在某個企業裡這樣的位置上。再仔細看一下這些職缺的徵才條件，你會瞭解一個品牌經理或者產品經理，除了對於某種產品類型必須有一定程度的認識（這方面通常可以透過職場的經驗累積）外，最主要的條件是具備分析、溝通協調、團隊合作與領導這幾種能力。後面幾種能力，跟你的人格特質有關，比較無法從系統性的知識涉獵中培養；但是所謂的「分析」能力，窄義而言，就是本章所談產品管理的相關分析，而廣義而言，則是這本書各章節中所敘述的行銷各種相關分析。

　　一個產品經理或者品牌經理的主要工作，就是產品管理。這裡所謂的

---

[1]　本節主要參考自 Donald R. Lehmann and Russell S. Winer (2002), *Product Management*, 3rd edition, McGrawHill Irwin.

「產品」，可能包括實體商品、服務、理念、人物等任何需要行銷活動協助其市場交易的標的物。產品雖然只是一般定義下行銷組合 (marketing mix) 四要素（產品、價格、通路、行銷溝通）中的一元，但它是其他行銷要素聚焦所在的核心。就一個時時注意顧客動態、競爭環境變化與內部功能協調的市場導向廠商而言，其長期獲利的來源來自對於旗下系列產品的妥適管理。

如果從產品管理的角度看待行銷活動，則各種行銷活動的目的便在於協助產品管理。從這樣的角度出發，以下首先從分析的角度概略地介紹產品管理的主要重點，這些其實也就是產品經理常執行的分析工作：

1.行銷計劃 (marketing planning)

根據萊曼 (Lehmann) 及威納 (Winer) (2002) 的定義，行銷計劃是一份提供給事業中心 (business center) 作為一段期間內行銷活動與相關資源配置指引的文件。一份行銷計劃通常包含計劃摘要、情勢分析（涵蓋品類與競爭／對手定義、品類分析、競爭對手分析、顧客分析）、行銷目標、產品／品牌策略、支援性行銷活動（價格、通路、銷售促進、廣告等）規劃、財務分析、管控計劃與預備計劃等項目。本書第三章 (3.6) 中已具體說明一份行銷計劃的基本架構。

2.品類吸引力分析 (category attractiveness analysis)

簡單地說，品類指的是市場上類似商品所成的集合，例如速食麵是一種食品品類、義大利餐廳是一種餐飲服務品類。產品管理的前提之一，是要能從巨觀的角度分析產品所在品類的態勢。品類吸引力分析的重點包括：

圖 9-2　餐飲業要分析所處的餐飲服務市場各個要素，例如季節性、主打客群、用餐氣氛等，塑造自身的吸引力。

(1)涵蓋品類市場規模、品類市場成長率、品類的生命週期階段、品類的銷售週期性、季節性、獲利性等整合因素；

(2)涵蓋市場新進入者的威脅、買者與供應商的議價能力、品類現有競爭者、替

代品的威脅等競爭因素;

(3)技術、政治、經濟、法律、環保、社會等環境因素。

3.競爭對手分析 (competitor analysis)

產品的競爭對手（定義、數量、威脅性）可由產品管理者依據管理經驗主觀界定，也可透過對於顧客所進行的行銷研究客觀釐清。一般而言，分析競爭對手的目標在於確定對手的行銷策略與行銷組合，以擬定適切的競爭策略。細部而言，競爭對手分析尚包含:

(1)涵蓋對手技術資源、人力資源、研發資源、技術策略、管理程序的總合管理能力分析;

(2)涵蓋對手產能、製程、供應商關係的製造能力分析;

(3)涵蓋對手銷售團隊、配銷通路、服務與行銷溝通的市場力分析;

(4)涵蓋對手長短期財務狀況、現金流量與預算規劃的財務分析;

(5)涵蓋對手主要領導者、決策型態、規劃作法、人員配置、組織狀況的經營力分析。

4.顧客分析 (customer analysis)

產品交易雖是企業獲利的來源,但長期的獲利保障則是一個規模日大、與企業關係日深的顧客群。一個市場導向的企業需時時掌握顧客以下諸方面的動態:

(1)包涵年齡、性別、職業、所得、教育水準、地理分布等人口統計面向;

(2)涵蓋顧客交易頻率、數量、新顧客加入、舊顧客流失、交易動態變化、交易產品結構改變等重點的顧客行為面向;

(3)包括態度忠誠、使用滿意度、使用偏好等重點的顧客態度面向。

本書第二章已說明這個面向的梗概。

5.產品策略 (product strategy)

產品策略是一樣產品在市場競爭時管理上的行動計劃，通常涵蓋以下等項目:

(1)產品經營的策略目標;

(2)產品策略（如市場建立、市場滲透、利基追尋等）的選擇;

(3)目標顧客的界定;

(4)主要競爭對手的確定；

(5)市場定位；

(6)支援性行銷活動的規劃。

6.行銷績效評估要素 (marketing metrics)

　　行銷管理程序包含行銷策略的規劃、執行與評估。就產品管理而言，行銷績效評估的重點包括：

(1)涵蓋銷售量、利潤、投資報酬率等財務方面指標；

(2)涵蓋品牌權益、產品價格優勢、顧客的產品熟悉程度等品牌方面指標；

(3)忠誠度、試用率、再購率、顧客抱怨等顧客群方面指標。

　　除了以上概略介紹的要點外，產品管理的實務內容還牽涉到新產品開發 (new product development)、價格決策 (pricing decisions)、廣告決策 (advertising decisions)、銷售促進決策 (promotions)、通路管理 (channel management)、服務行銷 (service marketing) 等重點。由於本書其他章節對於這些重要議題將進行詳細的討論，此處不再贅述。

　　由此可見，一個好的品牌經理或者產品經理，通常需要將行銷管理範疇內的十八般武藝樣樣都精通。

如此可樂：可口可樂的品牌形象管理

　　品牌形象的統一需要許多細緻乃至瑣碎的管理。1938 年，可口可樂發出一份包括 35 項注意要點的備忘錄給它的廣告商，這些要點包括：

* 絕對不將可口可樂商標中的 Coca-Cola 字樣分成兩行書寫。
* 商標字樣必須清晰可辨。
* 在彩色廣告中如果只出現一個女孩，這個女孩的髮色以銅褐色較金色為佳。
* 廣告中呈現出的女子形象應為健康大方而非世故。
* 絕對不以第三人稱的「它」（"it"）稱呼可口可樂。
* 絕對不將可口可樂擬人化。例如，絕對不說「可口可樂邀您共進午餐」。
* 絕對不出現幼童飲可口可樂的畫面或暗示。

這些 1930 年代的規範，到今天仍被可口可樂嚴格地遵守、執行。也因為這般講求品牌的「紀律」，可口可樂才有辦法跨世代地進行具備一致性、連續性的品牌溝通。

9.2　產品組合決策

就一個行銷多樣產品的企業而言，總括地說產品管理也就是產品組合 (product mix) 的管理。此外，產品層級 (product hierarchy)、產品分類 (product classification)、產品線與品牌決策則是與產品組合有密切關聯的概念。以下分別說明這些相關聯的面向。

9.2.1　產品層級與產品分類[2]

市場上的產品，可以依照縱剖面的產品層級或橫切面的產品分類加以區別、歸類。從分類學的角度縱向看待市場上的產品，則每一種產品都與其他產品有或親或疏的關係。產品從最抽象、涵蓋最廣的分類層級到最細緻劃分的層級，由上到下可分為以下六大產品層級 (product hierarchy)：[3]

(1)需求族 (need family)：所有可滿足人性中特定潛在需求（如食、衣、住、行、育、樂、安全等）的產品集合稱為需求族（如交通工具即為一需求族）。

(2)產品族 (product family)：可以滿足前述某種特定需求且其功能一致的產品所成的集合（如交通工具中的車輛即構成一產品族）。

(3)產品類 (product class)：某一產品族內功能與結構更趨一致的產品所成的集合（如車輛中的家用四輪車輛即構成一產品類）。

---

[2] 本節主要參考 Philip Kotler (2003), *Marketing Management*, 11th edition, Prentice Hall, pp. 409–412.

[3] 詳 Kotler, Philip, Kevin Lane Keller, Swee Hoon Ang, Siew Meng Leong, and Chin Tiong Tan (2009), *Marketing Management: An Asian Perspective*, 5th ed., Prentice Hall.

(4)產品線 (product line)：產品類中顧客型態、通路、產品設計、服務、定價等方面類似的一群產品的集合（如家用四輪車輛中的房車即為一產品線）。

圖 9-3　電視等家電類的產品，屬於購買一次後即可使用很長一段時間的消費產品，消費者在購買前會花較多心力評估。

(5)產品型 (product type)：產品線或品牌中更細的分類層次，同一產品型的顧客型態、通路、產品設計、服務、定價等元素更接近（如房車中的小型房車即為一產品型）。

(6)產品項 (item)：產品型中有獨特顧客型態、通路、產品設計、服務、定價等元素的產品單元（如豐田在臺灣產銷的 Vios 車種即是一產品項）。

　　如果從水平的角度看待產品的分類，則可依照產品的耐久性與有形性或是依照產品屬於消費品或工業品進行分類。從耐久性與有形性看待產品，則產品可分為以下三大類型：

圖 9-4　衛生紙在一段時間內需要常常購買，是消費者購買時較少費心考慮的便利品。

(1)消費者在一段較長時間裡必須重複購買，前述 CPG 產品都屬於此一種類的「非耐久財」(nondurable goods)。

(2)購買一次之後可以使用一段長時間，如汽車、家電屬之的「耐久財」(durable goods)。

(3)相對無形的「服務」(services)。

　　這三大類型中，剔除服務一項後的所有有形產品，則另可依照使用者區分為「消費產品」(consumer products) 與「工業產品」(industrial products) 兩大類。消費產品一般分為 CPG 這類消費者購買時較少費心考慮的便利品、購買時涉入較深的選購品（如家具、家電）、通常附帶強烈象徵意義的特殊

品（如賓士汽車、香奈兒的手提包），以及消費者通常不會主動購買的非搜尋性產品 (unsought goods) 等四類。工業產品則可分為作為生產過程中原始投入的原物料與零件、有利生產作業而耐久性強的資本財（如機器設備），以及有利於生產作業但耐久性弱的物料（如潤滑油）等三大類。

9.2.2　產品組合

以上對於產品的垂直或水平分類，並不考慮產品所屬的廠商。當我們針對特定廠商所提供的多樣產品進行分析時，我們的分析標的便是所謂的產品組合。產品組合係指由特定廠商提供給市場的所有產品線所形成的集合。

一般分析產品組合時，常常會討論到產品組合的寬度（該廠商旗下有多少條產品線）、產品線的長度（該廠商某一產品線中有多少種產品）、產品線的深度（某一種特定產品有多少種不同的型態——如包裝、花色、調味等）。

圖 9-5　統一便利超商販售多樣冷藏食品，包括御飯糰、三明治、手捲、微波便當等等。

舉例而言，統一企業集團在包裝食品類方面經營包括速食麵、奶品、茶類飲料、麵包等等產品線，產品組合甚寬。以速食麵產品線論，則有來一客、滿漢大餐、阿 Q 桶麵、大補帖等產品，決定了其產品線的長度。而單就來一客速食麵而言，又有鮮蝦魚板、牛肉等等口味，此即該產品的深度。以這樣三度空間的架構分析特定廠商的諸多產品，我們便可以得到該廠商產品組合的清楚圖像。至於產品管理上，產品組合概念也很方便地提供管理者增加／修改／刪除產品線、增加／修改／刪除單一產品、增加／修改／刪除單一產品深度等三個層次的可能思考。

9.3 產品線與品牌決策[4]

9.3.1 產品線決策

如上所述，每一條產品線都由一群功能相當類似的產品集合而成。在產品線的管理上，管理者必須先分析每一個獨立產品的銷售成長率、市場佔有率以及此一個別產品對於整個產品線在營收和利潤上的貢獻。根據這些資訊，產品線的經理人可以透過歷史資料，藉由數量模型輔佐決策判斷，將行銷資源根據產品線的經營目標作適當的分配。當產品生命週期階段有所變動、市場競爭狀況有所變動、或者消費者的偏好更改之際，管理者便有必要斟酌現有產品線的內容是否需要對應地加以調整。一般而言，與產品線內容（長度）直接相關的幾種行銷策略，包括產品線延伸、產品線填充、產品線更新等以下幾種主要的作法。

產品線延伸

如果我們把某一市場中各產品的「檔次」看作是一個由上至下的光譜，那麼每一條產品線便佔據了這個光譜的某一段落。當管理者發現現有產品線的長度（涵蓋的檔次光譜範圍）因競爭因素有擴大需要時，便可以考慮往上延伸、往下延伸或雙向延伸等產品線延伸策略。往上延伸，例如豐田公司開發出高價位的凌志

圖 9-6　旅館也會依照不同客群的需求，推出高級豪華旅館或者平價實惠的旅館，滿足消費者需求。

(Lexus) 車系以彌補原有車種主要固守「實用」定位的不足。往下延伸，例如賓士汽車推出 Smart 車系以進攻迷你型小汽車的市場。雙向延伸，則如

[4] 本節主要參考自 Philip Kotler (2003), *Marketing Management*, 11th edition, Prentice Hall.

Marriott 旅館事業集團，在評估不同消費客群的需求之後，一方面將一部分旅館冠上 JW Marriott 之名而定位在上流高檔次的旅館，另一方面則符應另一部分市場裡的需求而推出 Fairfield 系列較平價的旅館。

產品線填充

依照上面對於「檔次光譜」的比喻，在既有的產品線長度內，若經理人發現為了市場攻擊或防禦的需求而有必要補強產品線內容時，考慮的便是產品線填充策略。例如某飲料商旗下的包裝茶類飲品原有 1 公升的寶特瓶裝與 375c.c. 罐裝等兩種容量型態，但發現市場上近年來逐漸偏好 600c.c. 隨身瓶裝的茶飲，且競爭對手已紛紛推出此一包裝規格的茶飲，則為了市場防禦之需，這個飲料商便應考慮產品線填充策略，適時推出同類型包裝的產品。

產品線更新

在某些變動劇烈的市場，產品生命週期相對有限，此時廠商便必須隨時注意市場狀況，配合新產品的開發，進行有效的產品線更新。以個人電腦的作業系統為例，微軟 (Microsoft) 由早期的 DOS 系統開始，作業系統產品線進到視窗環境後陸續透過 Windows, Windows 95, Windows

圖 9-7 由於科技產品市場競爭激烈，時常汰舊換新，為了因應消費者需求，微軟每隔一段時間即會推出新的作業系統。

98, Windows NT, Windows XP, Windows Vista, Windows 7 等波新產品，每隔幾年便進行整個產品線的更新。

9.4　品牌管理❺

　　根據美國行銷協會的定義，品牌指涉一名稱、符號、標記、設計或上述各項的組合，用以方便消費者辨別市場賣方所提供的產品和服務；賣方因此可以藉助品牌將自身的產品或服務與競爭對手所提供者加以區隔。

　　作為符碼化識別系統的品牌，理論上傳達幾個層面的價值。這些價值，包括產品或服務屬性，LV 品牌的手提包意味著奢侈與某些人定義的品味；產品或服務的使用利益，VOLVO 車系強調其安全利益；使用價值，日月潭涵碧樓一夜上萬元的住宿彰顯有閒、有權方面服務體驗的價值；文化，韓系手機的使用者多半認同甚至嚮往南韓的文化；使用者個性表徵，戴勞力士手錶和戴卡西歐手錶象徵使用者不同的個性與象徵認同；以及使用者的人口統計特質，從廣告訴求可推知阿 Q 桶麵此一品牌的速食麵所設定的目標族群為學生。

　　對於顧客而言，品牌的存在降低了各種選擇情境中資訊蒐集與篩選的成本，也減少了購買情境中財務與心理上的風險。對於行銷者而言，品牌的經營則是一種長期透過行銷組合搭配，讓市場對於行銷標的物產生鮮明印象乃至偏好的差異化經營企圖。一個在競爭環境中讓顧客熟悉且喜愛的品牌，由於顧客對其「與眾不同」的認知，反過來也可以協助行銷者制訂較高的商品價格、

圖 9-8　品牌的選擇也傳達了多項概念，例如使用者年齡、文化認同、個人價值觀等展現。例如 SAMSUNG 的消費者多認同韓國文化。

---

❺　本節參考資料為 Aaker, David A. and Erich Joachimsthaler (2000), *Brand Leadership: The Next Level of the Brand Revolution*, Free Press 其中譯本《品牌領導》，天下文化出版。

取得較高的通路配合優勢、提升種種行銷溝通努力的優勢。品牌就像是吸引顧客的磁鐵，而顧客則是所有企業獲利的來源。因此，品牌是一個企業相當重要的無形資產。行銷上，便將這種無形資產對於企業的長期預期貢獻，稱為品牌權益 (brand equity)。

　　例如 TOYOTA 與 GM 這兩大車廠於 1980 年代結盟，於加州生產同一設計但掛上各自品牌的車種，在市場上同時以 Toyota Corolla 與 Geo Prizm 這兩個名字分別面世。當時，同一款車，掛上 TOYOTA 牌子的售價就硬是比 GM 的 Geo 新品牌售價來得高。這就是 TOYOTA 品牌權益所發揮的效果。又如每年秋天，中國陽澄湖的大閘蟹總是吸引中港臺許多饕客的期待與垂涎；大閘蟹是一種河蟹，學名為「中華絨螯蟹」，從朝鮮半島到福建沿海都找得到，但以江蘇陽澄湖所產最有名。「陽澄湖」這地名因此便成為大閘蟹的「領導品牌」，而當地蟹商近年也嘗試各種防偽方法以維護其品牌權益。

🌐 行銷三兩事： 明星花露水

　　1907 年，紀元猶然是光緒年間，一個上海西藥房的經理周邦俊混合了茉莉、玫瑰香料，加上高濃度酒精，調製彼時的高檔香水裝瓶，瓶身的商標則是一個穿露背洋裝的跳舞女孩，成為迄今歷史超過一世紀的明星花露水。

　　上海時期的明星花露水非常重視行銷溝通，透過報紙廣告、大型戶外看板、月份牌（月曆）贈送乃至電影皇后票選等溝通活動，讓許多消費者留下深刻的印象。除了這些類似現代所謂「整合行銷溝通」的標準動作外，創辦人周邦俊更時時展露充滿創意的行銷溝通天分。譬如有一年耶誕節，品牌總部附近購物人潮摩肩擦踵，他便派人到公司頂樓，對著底下的街道連灑三天明星花

圖 9-9　民國初年上海藥商周邦俊研發調製的明星花露水推出後受到極大的歡迎。2003 年 SARS 在臺灣爆發後，又意外成為熱門的產品。

露水，讓路人在混濁的空氣中聞得清香。這樣的創意手法，從現代的角度詮釋，帶給潛在顧客不經意的驚喜，是口碑行銷的好話題，也是槓桿效應很大的公共關係施展。中日戰爭結束的幾年間，明星花露水甚且短暫地在上海股市公開上市。

1949 年後，周家和部分老員工讓明星花露水在臺復業。在這個階段，明星花露水先以過往高檔香水的身分，帶著隨國府來臺的數百萬軍民的舊日認同，在臺灣流行了起來。有趣的是，它也同時進入軍方的福利總處通路，而成為軍人用來去除汗臭異味，以及軍眷家庭清潔的法寶。2003 年 SARS 疫情期間，明星花露水因為其配方中的高濃度酒精成分據信可以抗煞消毒，透過民間的口耳相傳，一時又造成搶購的熱潮。隨著經濟成長與各種舶來香水的引進，明星花露水的「香水」身分慢慢被它「清香劑」的身分所取代，但是它仍穩健經營著，而且是臺灣好幾代人民嗅覺上的共同記憶。

參考資料：張依依 (2004)，《世紀老招牌》，商周出版。

9.4.1　品牌權益

根據品牌管理界的重要研究學者 David Aaker 的定義，任何與品牌名稱或符號有關的品牌資產（或負債），其對於行銷者的產品或服務提供帶來增益（或減損）效果者，都屬於品牌權益。抽象地說，品牌的管理就是品牌權益的管理。Aaker 認為針對顧客與潛在顧客，一個品牌的品牌知名度、品牌認知品質、品牌聯想與品牌忠誠度，是一個品牌其品牌權益的主要作用。這些作用的實際影響與價值，如圖 9–10 所示。

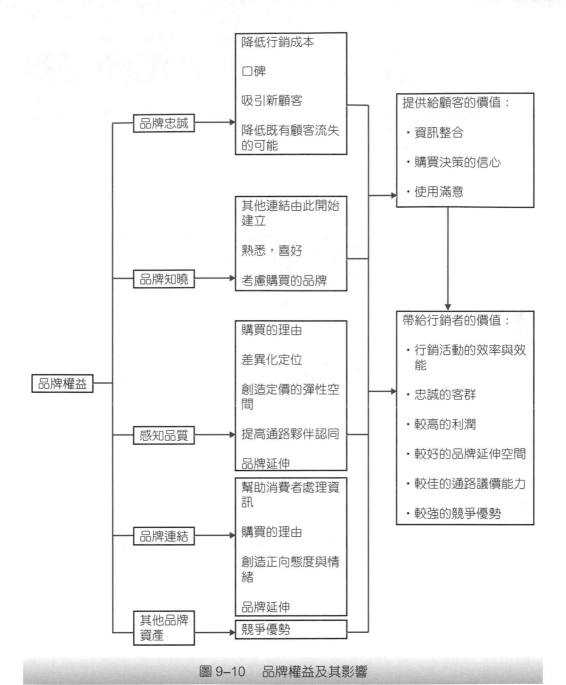

圖 9-10　品牌權益及其影響

參考資料：Donald R. Lehmann and Russell S. Winer (2002), *Product Management*, 3rd edition, McGrawHill Irwin, p. 243 取自 Aaker, David A. (1996), *Building Strong Brands*, The Free Press 之圖。

　　行銷者品牌權益管理的目標，通常就鎖定在這些要素的維持與提高，從而提升品牌的市場競爭力。另一方面，品牌權益則有可能因如表 9-1 所示的幾種因素，而於短時間內產生較大幅度的波動。

⊕ 表 9-1 造成品牌權益大幅度變化的主要因素

因素	事例
成功的新產品導入	Windows 3.1 在 1992 年上市，作為 Microsoft 第一款主流市場的圖像型作業系統，廣受市場歡迎，因此大幅提升了 Microsoft 的品牌權益
產品的瑕疵	中國石家莊的三鹿集團，乳品銷售量曾連續十餘年蟬聯中國市場榜首，原為富比士 (Forbes) 所評的「中國頂尖企業百強」之一。但 2008 年發生了其產銷奶粉含有三聚氰胺導致多起幼兒生長異常的事件，隨後公司破產
最高領導階層的異動	史蒂夫賈伯斯 (Steve Jobs) 於 1998 年重返其所創辦的 Apple，之後透過獨特風格的領導再創 Apple 的第二春
競爭者的活動	對於 HP 而言，印表機事業傳統上一直是其主要獲利來源之一。但是 1990 年代 Canon 在印表機各市場上的急起直追，導致 HP 品牌權益的降低
法律行動或作為	1990 年代 Microsoft 由於 Windows 系列作業軟體與 Office 系列辦公室軟體的成功，而據有市場上絕大的佔有率。但是也因如此，它在各地都面臨反托辣斯訴訟，因此壓擠到其品牌權益

參考資料：Aaker, David A. and Erich Joachimsthaler (2000), *Brand Leadership: The Next Level of the Brand Revolution*, Free Press 其中譯本《品牌領導》，天下文化出版。

行銷三兩事：Air Force 1

Nike 在 1982 年推出沒有什麼炫麗高科技的 Air Force 1 球鞋，幾十年來它成為一個長銷的經典款，至今仍吸引著許多年紀比這款球鞋小很多的消費者購買，作為蒐藏品蒐集。這款鞋一開始的時候由當時 NBA 球星查爾斯巴克利 (Charles Barkley) 代言，起先吸引一批黑人消費者。爾後，這款造型簡單、線條俐落的球鞋慢慢地透過自身的產品設計替自己說話，也透過包括饒舌歌手歌詞一類的非傳統行銷管道慢慢替自己取得球鞋中「經典」的地位。今天 Nike 對於這款鞋的廣告極少，卻巧妙地透過復刻收藏版的適時引入、嚴格控制零售通路鋪貨量與售價等方式，持續塑造產品的稀有感、維持產品的身價。

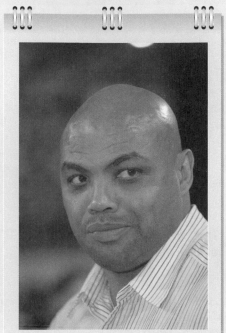

圖 9-11　　Nike 在 1982 年推出的 Air Force 1 球鞋，找了當時 NBA 球星 Charles Barkley 代言，藉由行銷手法成功打造產品魅力，至今仍維持高身價。

參考資料：Holmes, Stanley (2005), "All the Rage Since Reagan: Nike's Air Force 1, Introduced in the 80s, Still Grabs Attention—and Huge Margins," *Business Week*, July 25.

9.4.2　領導品牌

對於行銷者而言，品牌權益的提升是一項非常重要的競爭優勢。讓自己的品牌成為市場上鮮明、容易識別、眾人認同因而具備「領導地位」的品牌，因此成為許多行銷者的努力目標。這裡所謂的「領導品牌」，並不以該品牌的市佔率是否最高為定義，而著重該品牌所傳遞的信賴感與品質感。表 9-2 整理出市場上若干領導品牌的不同型態。當行銷者投注資源經營品牌之始，即應對於所經營的品牌欲以何種面貌、型態讓顧客理解此一重要問題進行長期規劃。

表 9-2　領導品牌的型態

型態	說明	事例
實力型品牌 (power brand)	具有基本品類利益，不斷在這些利益上勝過競爭品牌者	吉列刮鬍刀號稱與使用者的肌膚最貼近；VOLVO 汽車的安全形象
探索型品牌 (explorer brand)	觸動顧客渴望，因此產生共鳴的品牌	"Just Do It" 的 Nike；強調關懷社會、環境資源的 Body Shop
代表型品牌 (icon brand)	具有國家形象代表或深厚歷史意義的品牌，引起顧客認同	可口可樂長久以來作為「美國精神」的一種代表；萬寶路 (Marlboro) 長久以來西部牛仔豪邁粗獷的象徵
身分型品牌 (identity brand)	透過使用者的形象，吸引顧客的認同	Levis 牛仔褲穿著者的「都會流行」象徵；BMW 車主的「成功、有品味」象徵
挑戰型品牌 (in-your-face brand)	在既有遊戲規則內以某項優勢直接挑戰市場領導者，藉由此種挑戰吸引顧客認同	美國 MCI 電話公司訴求其服務相較於龍頭老大 AT&T 更經濟實惠；百事可樂長期鎖定年輕客群，標榜該品牌是「新生代的選擇」
另立典範型品牌 (different-paradigm brand)	創造新的遊戲規則，藉此創造新價值，吸引顧客認同	Amazon.com 的網路購物服務與實體店鋪銷售邏輯大相逕庭；西南航空 (Southwest airlines) 以廉價、有趣、價值感、個性而打破傳統民航事業經營模式

參考資料：Aaker, David A. and Erich Joachimsthaler (2000), *Brand Leadership: The Next Level of the Brand Revolution*, Free Press 其中譯本《品牌領導》，天下文化出版。

9.4.3　品牌命名

　　一旦廠商決定要經營自有品牌，則必須認知到品牌在顧客認同、通路接受、操作經驗累積等方面都必須透過長期經營而得。此外，就像一枚銅板的兩面，品牌的背後是品牌所聚攏吸引到的客戶群；客戶群必須藉由有效的行銷組合與市場策略不斷地加以擴大、維護。在這樣的認知下，接下來的決策重點是品牌名稱的決策。

　　一般而言，在品牌命名方面通常會強調該品牌名稱以當地語言稱呼時

符合彰顯產品利益、隱喻產品品質、好唸容易上口、方便記憶、避開不雅或忌諱諧音等通則。此外，品牌命名時尚需考慮到未來行銷溝通時的訴求方便性。例如一個叫做「急速冷凍茶」的包裝茶飲品牌的行銷溝通訴求方向已經因為品牌名稱而確定，而一個叫做「茶裏王」的包裝茶飲品牌在行銷溝通訴求方面的發展空間便相對較大。此外，品牌命名有時會策略性地以

圖 9-12　　BMW 傳達了成功、有品味的品牌形象，受到高階消費客群所喜愛。

雙品牌的方式呈現。例如 2005 年中國的聯想企業買下 IBM 的個人電腦部門，臺灣的明碁則併下西門子的手機事業部門，且兩家併購者（在初期）都強調將保留被購入品牌；因此，市場上看到掛著聯想─IBM 品牌的個人電腦以及掛著明碁─西門子品牌的手機。在這樣的命名策略上，聯想與明碁都企圖透過雙品牌的槓桿，藉助 IBM 與西門子過去長期累積的品牌權益，而在國際市場上逐漸打響自身品牌的名號。

💲 行銷三兩事：華語的品牌名稱

　　品牌名稱是一個專有名詞，而在華語中，為數最多而唸起來最不費事的名詞，是雙音節（兩個中文字）的詞彙。尤其在把「非典型肺炎」(SARS) 叫作「非典」、手機的彩色螢幕叫做「彩屏」的中國，更慣常將不管原文有多長的品牌名稱縮成兩個字。所以，摩托羅拉 (Motorola) 的廣告今天在中國稱自己為「摩托」，索尼易利信 (Sony Ericsson) 被叫做「索愛」。

　　當然，例外也是有的。譬如可口可樂、三得利、康師傅。但一般而言如果要在中國市場耕耘一個品牌，便應先琢磨這個品牌是不是好唸；而如果品牌名稱超過兩個字，又可能怎樣將它縮成兩個字以方便潛在顧客誦記。

參考資料：莫邦富 (2004)，《行銷創勢紀──稱霸中國市場的企業策略》，香港經要文化出版。

9.4.4　品牌策略

命名確定後，管理者在品牌實際操作上則因市場狀況變動而必須適時作出相關的品牌策略決策。主要的品牌策略決策，包括品牌線延伸 (line extension)、品牌延伸 (brand extension)、多品牌 (multibrand) 策略、聯合品牌 (co-branding) 策略以及品牌重新定位 (re-positioning)。

品牌線延伸

在現有品牌的產品類型範圍內推出新尺寸、新包裝、新花色、新口味、新成分等，都叫做品牌線延伸。例如可口可樂推出香草口味的可樂、麥當勞推出米漢堡、Airwave 口香糖推出圓罐型新包裝、星巴克每一季推出新咖啡等，都屬於建基於既有產品上的品牌線延伸。品牌線延伸往往有其市場攻擊或防禦的策略意義，但採取此一策略時必須謹慎地進行區隔動作，以免新產品對於舊有產品造成侵噬 (cannibalize) 的反效果。

品牌延伸

當企業考慮透過既有的品牌而推出不同功能類型的產品時，即是品牌延伸策略。品牌延伸的前提是品牌已累積了相當足夠的市場知名度與接受度，且延伸標的與原有的產品類型在消費者認知上有共通的關聯性。在這樣的關聯性存在前提下，消費者方可以順利地將品牌所代表的利益、象徵、價值等面向投射到延伸標的產品上，此時品牌延伸方有意義。例如本田這個牌子由機車延伸到汽車，其關聯性所在是品牌所代表的引擎技術；牛頭牌從沙茶醬延伸到其他調味醬料的經營，其關聯性是品牌所代表的調味技術。這些都是合適的品牌延伸例子。但若有一製造食品的廠商欲將其品牌延伸至化妝品或殺蟲劑，則因關聯性的不存在以及產品類型間的差異性，不但品牌的槓桿效果很難發揮到延伸標的產品上，而且延伸標的產品的功能型態透過相同品牌投射回原有產品上，甚至可能對原有產品（食品）造成負面的影響。

行銷三兩事： BIC

1945 年，原是一家墨水製造廠工程師的法國人馬塞爾比克 (Marcel Bich) 買下巴黎近郊的一座廠房，與人合夥製作鋼筆零件和鉛筆，並且開始密切注意原子筆的製造技術。1950 年，Marcel Bich 的工廠開始產製原子筆，並且以 BIC 的品牌進行行銷。在廉價而高品質的功能性訴求下，1960 年代 BIC 原子筆逐步打入美國與日本市場，進而拓銷全球。1973 年，BIC 進行第一次的品牌延伸，開啟了非常成功的廉價打火機產品線。1975 年，再一次成功的品牌延伸，讓 BIC 在輕便型刮鬍刀的市場佔有一席之地。

圖 9-13　香水的訴求是浪漫、夢幻，與 BIC 可靠、功能良好、物超所值的品牌連結格格不入。

1980 年代初期，BIC 大膽地運用其廣為市場接受的可靠、高品質、功能良好、物超所值的品牌連結，跨足水上運動用品市場，產銷衝浪板、風帆、小艇等產品。但是 1980 年代末期，BIC 在另一次的品牌延伸企圖上卻慘遭滑鐵盧。這一次，BIC 推出一系列的男用與女用香水，包裝在仿 BIC 打火機外型的小卡夾中，訴求可以如打火機般放在牛仔褲口袋內隨身攜帶，隨時使用。縱使 BIC 花費了不少行銷資源，BIC 品牌的香水產品始終沒法受到市場青睞。原因是香水產品的消費者，並不在乎 BIC 的「可靠」「高品質」「物超所值」訴求，而將抹在身上的香水和原子筆、打火機這類商品加以聯想，完全無法打動香水的購買者。根據這樣的後見之明，香水是種「夢幻」取向的產品，一向給人務實印象的 BIC 品牌，在這點上完全無法讓人建立正面的品牌聯想。

多品牌策略

當品牌廠商深耕市場，針對個別市場區隔提供同種類型產品但訴求不同利益、價值或象徵時，則可採取多品牌策略。此時每一個品牌專門針對

某種樣態的客群進行行銷溝通，若行銷資源足夠，則較容易收目標行銷之效。例如前述統一食品旗下速食麵有來一客品牌專攻較輕食的泡麵市場、滿漢大餐訴求較豐富的麵食享受等，即屬於多品牌策略經營模式。

聯合品牌策略

當原屬於不同品類的兩種品牌或同品類中競爭相關性較低的兩種品牌，透過設計，讓兩造聯合推出的特殊產品同時掛上兩品牌的識別標記，這樣的動作即是聯合品牌 (co-branding) 的策略。例如 Apple 和 Nike 聯合推出結合 iPod 的 Nike 運動穿著、Apple 和百事可樂聯合推出掛有百事可樂商標的 iTunes 專屬服務、長榮航空與花旗銀行合作推出的長榮航空聯名信用卡，都是異業合作的聯合品牌案例。至於同業合作的聯合品牌，如倫敦商學院 (London Business School) 與在紐約的哥倫比亞大學商學院，因為地理位置的差異而結盟，推出聯合品牌的 MBA 課程，在 2009 年成為金融時報 (*Financial Times*) 評比全球 MBA 課程的第一名，即為一例。綜言之，有意義的聯合品牌策略，其前提包括結盟的品牌彼此應當「門當戶對」——即在各自的競爭領域中佔有類似的位置，同時在產品屬性上彼此互補。除了讓原有各自的目標客群成為結盟對象的客群使得兩造客群都可擴大而雙贏外，因為結合所產生的額外利益尚可能吸引某些原不在兩個客群裡的潛在顧客。因此，聯合品牌有可能取得一加一大於二的綜效。

品牌重新定位

每個品牌都有其市場定位，但因為種種環境因素的改變，舊有的市場定位未必是最合適品牌現下操作的定位,此時便必須思考品牌的重新定位。例如臺灣啤酒，在面對外來品牌的強烈競爭時，藉由歌手伍佰包裝本土與年輕的雙重訴求——「臺灣尚青」，即是品牌重新定位的一例。又如華航在多次空安事件後更換企業識別系統與行銷溝通訴求，亟欲拋棄市場上既有的保守、老大、不安全的品牌聯想，也是品牌重新定位的另一例。

如此可樂：百事可樂的品牌重定位

如果你是百事可樂的消費者，從 2009 年開始你可能已發現，飲料瓶上的

Pepsi logo 不大一樣了。logo 的變換，僅是百事可樂彼時執行品牌重定位諸多活動中的一環。

2006 年，百事可樂集團董事會破天荒地指派印度裔女性英德拉努伊 (Indra K. Nooyi) 擔任集團總裁。她上任後體察到雖然經過過去數十年對於年輕世代的強力溝通，集團旗下的各種產品逐漸失去具有一致主軸的品牌個性。於是，她開始品牌重定位的努力。這一波的品牌重定位，從品牌意義的重新界定、品牌識別的重新設計，一直到旗下超過千種產品包裝的汰舊換新，企圖讓 Pepsi 重新與消費者建立起清新而深刻的連結。在品牌意義上，百事集團企圖型塑不隨波逐流、不人云亦云的「真實感」，以同時連結舊有的嬰兒潮世代消費者以及新的消費世代。在產品外觀設計上，則希望能進一步有如 Apple iPod 般的精緻設計感。

2009 年初，美國消費者對於此波動作下一夜間改變的 Tropicana 品牌果汁（屬於百事集團的一個品牌）外包裝大表反感，認為新的設計讓原先該品牌包裝醒目、易辨識、歷史悠久的獨特性全失。成百上千的部落客在自己的部落格中並列新舊包裝的照片，數落新包裝的不是。不多久，百事集團決定將 Tropicana 果汁的包裝復原。至於百事集團旗下其他產品的新包裝，則評價褒貶不一。

類似這種既動皮肉也觸及筋骨的品牌重定位動作，有各種風險。新包裝不討喜只是其中的諸多可能之一。至於百事可樂這整波重定位活動的成敗，則需要市場的焠鍊和時間的驗證了。

9.5　品牌與代工

對於行銷者而言，尤其就臺灣電子產業過去的代工接單經營習慣而言，第一個品牌決策事實上是「要不要推出自有品牌」。相較於以業務人員為行銷主軸、以爭取訂單為行銷目標、以製程效率為首要要求的代工經營模式，推出自有品牌時因為品牌基本上代表了一種廠商對市場的長期承諾，所以在經營的各個層次上都面臨許多嚴苛的挑戰。譬如品牌經營強調行銷溝通，

許多純製造業背景的廠商必須有辦法組成文化上與製造業習慣相當不同的全新行銷團隊才能有效經營品牌。因為各種因素限制，初營品牌的廠商常常無法完全放棄代工業務，此時品牌產品在通路與行銷上直接與代工產品的品牌主競爭市場，往往便導致利益上的衝突。此外，品牌經營涵蓋許多內隱知識，絕不是僅靠大量的行銷資源投入即可一蹴而幾的。表 9-3 說明了代工模式與品牌經營的基本差異。

⟳ 表 9-3　代工模式與品牌經營的基本差異

	代工模式	品牌經營
顧客	品牌廠商	終端顧客
競爭對手	代工廠商	品牌廠商
行銷目標	根據產能盡量接單	取得市場對產品的長期認同
行銷團隊	主要負責確保訂單的業務人員	瞭解終端顧客市場以及行銷組合操作的行銷人員
經營要求	生產效率的提升	品牌權益的累積
關鍵知識與決勝因素	製程	顧客與市場

 分組討論

1. 本章章首的「行銷三兩事」，透過 *Business Week* 的報導，說明品牌權益的估算模式與 2009 年的全球「最大」品牌。在你心目中，依照類似的估算，臺灣的第一大品牌是哪個？

2. 上網搜尋，瞭解每年舉辦的「臺灣十大品牌」活動與名單。

3. 你最喜愛的飲料品牌是哪個？請分析它的品牌線。

4. 根據 9.1 節的敘述，你認為一個品牌經理需要具備什麼樣的背景與條件？

5. 找出一家由代工業轉而經營品牌的廠商，詳細瞭解並分析其轉換過程中所遭遇的主要困難。

10

價格管理

本章重點

▲ 瞭解定價的重要性

▲ 瞭解經驗曲線效果

▲ 瞭解一般行銷者的定價程序

▲ 認識產品聯賣

▲ 瞭解價格戰的前因、後果

行銷三兩事： 動物本能與商品價格

　　零售業者有時會發現一個有趣的現象：同樣的一種商品，譬如同一款紅酒，標價高時比標價低時竟還賣得好。加州理工學院的研究者最近透過腦部即時掃描的儀器進行實驗發現，同樣一款酒，當受測者被告知它的價錢比較高的時候，受測者會「真心」地覺得它比較好喝。

　　這群研究者對受測者進行不同標價的紅酒飲用測試，同時藉由儀器觀察與人類愉悅情緒息息相關的前額腦區底部 (orbitofrontal cortex) 變化。他們發現，當人們被告知所飲用的一瓶紅酒售價 10 美元時，他們飲酒時的愉悅程度（即前額腦區底部的活動程度）僅及當他們被告知售價是 90 美元時的一半。腦部的活動作不了假，這個實驗證明人們「真心」地覺得高價酒比較好喝，雖然比較的對象只是標價較低的同一款酒。

　　這群研究者針對這個現象提出了兩種解釋。其一，是人類演化過程中，在物競天擇的嚴酷考驗下，需要將集體智慧內化，才能在面對挑戰時及時作出選擇，搏取在複雜環境中的生存。這種求生存的動物本能，也就造成「價錢高的東西是品質比較好的東西」或者「一分錢一分貨」這類千年來商業社會中發展積漸的集體智慧被人們內化成本能反應。其二，人們進行消費，有時是出自炫耀性或象徵性的動機。在人類社會中，這種炫耀與象徵，常常彰顯有閒階級的地位，甚至在婚配行為上提高自身擇偶的機會。千年萬年下來的人類演化，因此便將消費高價、象徵、地位、

圖 10-1　動物本能使得高價產品帶給人們更高的愉悅程度。

高後代繁殖成功率等條件視為高度相關而內化成行為判斷的本能。

　　不論上述哪一個解釋，某些「玩家」為什麼願意以天價購置看起來 3 歲小孩也隨手畫得出的「現代繪畫藝術」作品，似乎也就都說得通了。這些玩家因為演化過程中的動物本能，付了高價之後，將能真心地享受眼前的作品。

如果同樣一個人用賤價就取得同一幅畫，可能這幅畫所帶來的愉悅程度就會差很多了。

參考資料："Hitting the Spot," *The Economist*, January 19, 2008.

10.1　需求、價格與利潤

在行銷組合的各種工具間，價格相對而言往往是最能讓行銷者隨著市場變化，針對特定目標，如增加銷售量、防衛既有市場份額、出清存貨等操作調整，而可在短期內收立竿見影之效的工具。在競爭劇烈且市場動態難以預期的環境中，不適切的價格設定卻也可能讓行銷者喪失各種機會。對行銷者而言，價格因此宛如一把利刃：施用得宜，它可以披荊斬棘；稍加不慎，則可能傷人傷己。價格管理因此是行銷者無從忽視的重要議題。

只要學過經濟學，應該都熟悉由供給曲線與需求曲線共同決定市場價格與數量的市場基本供需法則。對單一的行銷者而言，一般最關切的是行銷標的的需求曲線、這條曲線上各點的價格彈性，以及各個價格水準下的利潤率。

就多數的產品或服務而言，其需求曲線通常呈現負斜率；即定價愈高，市場上對其需求即愈少，反之若定價降低，則需求量將沿需求曲線而提高。需求曲線界定後，所謂價格彈性，指的是當價格變動一個百分點時，銷售量隨之而變動的百分點數。如果一個汽車款式將目前的售價調降 10% 會產生 5% 的銷售量提升結果，則這款汽車目前售價的價格彈性（一般取其絕對值）是 0.5。如果調降 10% 會產生 20% 的銷售量提升結果，則這款汽車目前售價的價格彈性則為 2。

至於利潤率，則是單位定價減去單位分攤固定成本與單位變動成本所得到的單位利潤，其相對於單位定價的比例。亦即：

$$利潤率 = \frac{單位定價 - 單位分攤固定成本 - 單位變動成本}{單位定價}$$

在這樣的比例關係下，只要需求曲線確定，理論上行銷者便可以透過分析找到一個「最適」的定價使得利潤率最大。

10.2　經驗曲線與價格

當一個產業由新興而漸漸發展成熟時，由於產業內各種相關經驗的累積與支援性服務的完備，所以廠商生產一單位的成本常常會與時俱減。如果在二度空間上作圖，橫軸為時間，縱軸為產業平均單位生產成本，則這兩者的關係常成一條負斜率的曲線，這即是所謂的「經驗曲線」(experience curve) 或「學習曲線」(learning curve)。這方面最有名的事例，是 Intel 創辦人之一 Gordon Moore 於 1965 年所提出，現在人稱 "Moore's Law" 的積體電路產業經驗曲線。依照 Moore 將近半世紀前的評估，相同面積積體電路上可以容納的電晶體數目，大約每隔 18 個月便可增加一倍——其效能因此也可倍增。過去近半世紀的半導體產業發展驗證了 Moore's Law；也因此，同樣功能的積體電路產品，在它通常為時不長的生命週期中，價格會如溜滑梯般下降。表 10–1 列出某些製造業與服務業在一段時間內的經驗曲線效果。

● 表 10–1　經驗曲線效果

產業	期間	價格曲線斜率	價格下跌幅度
微處理器	1980～2005	60%	40%
液晶顯示器	1997～2003	60%	40%
行動電話服務	1994～2000	76%	24%
奶油	1970～2005	68%	32%
DVD 錄放影機	1997～2005	78%	22%
航空公司客運服務	1988～2003	75%	25%
個人電腦	1988～2004	77%	23%
奶瓶	1990～2004	81%	19%
塑膠	1987～2004	81%	19%
彩色電視機	1955～2005	83%	15%

參考資料：Gottfredson, Mark, Steve Schaubert, and Hernan Saenz (2008), "The New Leader's Guide to Diagnosing the Business," *Harvard Business Review*, March, 62–73.

面對經驗曲線效果以及其所代表的產業長期價格下降趨勢，行銷者應當切實掌握所在產業的經驗曲線狀況，並在策略規劃中，將此一關鍵的長期價格下降因素納入定價乃至行銷組合策略的考量。

10.3 競爭環境中的價格

上面我們討論單一行銷者面對自己所提供特定產品（如某品牌的牙膏或某品牌某型號的手機）或服務（如長途客運或理容院）的一條固定需求曲線，因此可以計算線上各點的價格彈性。但在現實世界中，這些特定產品或服務的需求曲線時時會隨著市場上替代品的狀況（如另一個品牌的牙膏售價調降、某一長途客運業者的路線更動、原來的理容院附近開了一家新的百元理髮店等）而改變。在競爭環境中，由於個別產品或服務的需求曲線難以固定，所以行銷者面對的是審慎進行價格管理以超越競爭者的挑戰。在其著作 *The Price Advantage* 中，我們前此談到的管理顧問馬恩 (Marn) 等人認為，良好的價格管理將型塑行銷者絕佳的競爭優勢。但是從他們的顧問經驗中，他們卻發現行銷者往往低估了藉由價格管理創造競爭優勢的價值，其原因主要包括：❶

1. 行銷者常常認為價格是市場決定的外生變數，而忽略了價格的可管理性。

2. 行銷者往往缺乏相關的決策支援資料或決策分析能力。

3. 與新產品上市或新廣告播出等其他行銷組合工具施用時狀況不同的是，價格設定的錯誤通常難以被發現。

4. 高階主管常常忽視價格的重要性，而在定價時缺席。

在競爭市場裡的任何一樁交易中，面對各種選擇，顧客蒐集相關的價格與非價格資訊，最終擇取可讓其效用最大化的行銷者與之進行交易。每一種選擇所帶來的效用，決定於顧客認知價值與顧客認知成本間的差距——正向的差距愈大，則效用愈高。認知價值受品牌形象、口碑、商品保證、商品或服務來源國等外在因素以及產品使用經驗、品牌聯想等內在因

---

❶ 參考自 Marn, Michael V., Eric V. Roegner, Craig C. Zawada (2004), *The Price Advantage*., NJ: John Wiley & Son, p. 11.

素的影響；認知成本則決定於商品定價、運費、學習成本、裝設成本、等待時間等有形、無形因素。

例如宜家 (IKEA) 家具，對於某些自備交通工具且樂於自己動手安裝的消費者而言相當「價廉物美」。但對於無法自行運輸、缺乏 DIY 時間或興趣的消費者而言，則雖然可以接受其產品售價，卻因為認知上額外發生的運輸、組裝等成本甚巨，而會有相對高的認知成本。即便這兩群顧客有相同的所得水準，對於 IKEA 家具的品牌印象與信任都相當，但

圖 10–2　　IKEA 家具對於自備交通工具、喜歡動手 DIY 的消費者來說，十分物美價廉。但對於其他消費者而言，則有較高的認知成本。

是認知成本上的差異，就使得第二群顧客購買 IKEA 家具的可能性小於第一群顧客。這時，若 IKEA 家具有心開發第二群顧客的客源，則可能可以透過運輸與組裝服務的提供與適切的相關定價，降低部分第二群顧客的認知成本。

顧客對於特定產品或競爭產品群的認知成本與認知利益，可由圖 10–3 所呈現的價格與認知利益關連圖來說明。在這個圖中，價值均衡線 (value equivalence line, VEL) 代表消費者認為「物有所值」的價格／利益關係。在這條線左上的部分，代表「物無所值」，而在這條線右下方的區域，則代表消費者認為「物超所值」的狀況。

值得注意的是，從顧客認知的角度而言，至少在三層意義上，價格不僅僅代表顧客對於某產品或服務的認知成本，而還有更深一層的管理意涵：

1. 對於屬於經驗財或信譽財的商品或服務而言，價格水準常常被視為是品質的訊號。品質是品牌經營的重要根基，但顧客購買經驗財（如參加旅行社的旅遊團）或信譽財（如接受診所的感冒治療）常常無法事先評斷或無能力事後評估財貨提供者的品質，因此常需訴諸品牌或者定價作為重要參考資訊。因此，在顧客的認知裡，價格與品質、品牌間遂成為一

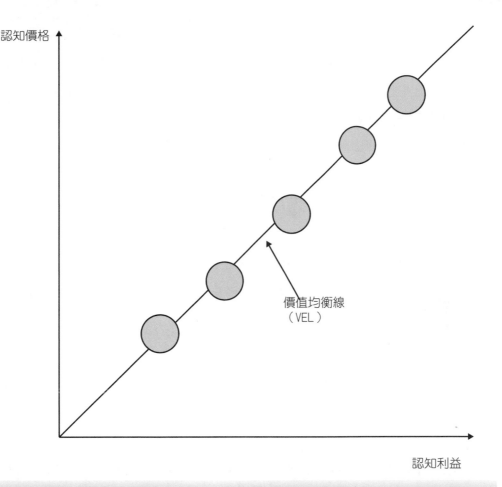

認知價格

價值均衡線
（VEL）

認知利益

圖 10–3　價格與認知利益間的關連

資料來源：Marn, Michael V., Eric V. Roegner, Craig C. Zawada (2004), *The Price Advantage*, NJ: John Wiley & Son, p. 45.

緊密連結的三角關係。

2. 由於價格是顧客面臨購買情境中不確定情況下的重要資訊，因此行銷者可以藉由對於顧客心中「參考價格」(reference price) 的管理，來建立價格優勢。這裡所謂的參考價格，簡單地說即顧客透過經驗或接收外來訊息，所認定的合理商品價格。當顧客缺乏評估某產品的實際經驗（如面對一新產品）時，行銷者可以嘗試去建立一個可欲的參考價格以累積競爭優勢。例如 BMW 推出 6 系列的敞篷跑車時，在其美國網站上便提供與 Porsche 911 跑車相比較的各種資訊，試圖將潛在顧客對 6 系列跑車的產品認知框架在與 Porsche 911 同級，以 Porsche 911 的售價為參考價格而凸顯 BMW 6 系列的物超所值。

3. 顧客實際支付的財務成本，時常與產品或服務的定價有異。當顧客因為忠誠被獎勵、參與特賣促銷活動、乃至透過特殊管道取得折扣而進行交易時，這些折扣情境下的需求價格彈性往往與非折扣情境的需求價格彈性不同。根據針對美國消費市場的研究，折扣情境下的需求價格彈性常常大於非折扣情境的需求價格彈性。

10.4　定價程序

　　行銷者價格訂定的合理程序包含確立定價目標、估計成本、掌握競爭與需求狀況、選擇定價方式與制定價格等五個序列步驟，以下分別說明。

1. 確立定價目標

　　對於不同的行銷者而言，針對特定產品或服務的定價常常具有不同的意義。即便是同一個行銷者，在不同的情境下還是有可能有不同的定價目標。一般說來，主要的定價目標有：

(1) 營收最大化

　　不少行銷者將營收的絕對量當作是經營成功與否的指標。對於這些行銷者而言，定價的首要目的即藉由合適的價、量組合，最大化價格與數量的乘積——亦即營收。

(2) 利潤最大化

　　利潤是一家公司的股東相當關心的事，因為它牽涉到投資的報酬率。以利潤最大化為定價目標，相較於營收最大化，一般而言將得到較高的最適定價水準與較低的銷售量。

(3) 銷售成長極大化

　　當行銷者推出新產品或進入新市場時，為了掌握時機攫取市場佔有率，定價的目標可能是達到最快速的銷售成長。這時候行銷者常會訴諸所謂滲透式定價 (penetration pricing) 的低價競爭方式，企圖在短時間內建立並鞏固其客群。

(4) 生存

　　當行銷者遇到景氣衰退、存貨積壓、現金短絀等狀況時，往往需要藉

由迅速售出商品以獲取維繫正常營運的現金流入。這個時候，行銷者通常企圖以較低的定價換取較大的銷售量與較優惠的收款條件。

⑸市場吸脂

當行銷者開發出具有市場利基、競爭者模仿不易且預測目標客群的價格彈性相對低的新產品時，常會以高價的方式企圖快速回收開發成本，是為市場吸脂 (market skimming) 的定價目標。例如 Sir Richard Branson 的維京集團於 2004 年成立以離地表 100 公里的繞地軌道太空旅行為訴求之 Virgin Galatic 公司，計劃於 2011 年組織未受正式太空人訓練的一般旅客太空旅行團。這項計劃預估將在太空中提供旅客 6 分鐘左右的無重力狀態體驗，為了這樣的體驗，前 100 名參加者每人需支付 20 萬元美金的團費。

⑹高價品質品牌路線

如前所述，對於消費者而言價格在某些情況下是品質的代表，也是奢侈品牌的象徵。因此奢侈品或標榜品質的品牌行銷者，便必須以高水準的定價彰顯其訴求的尊榮或品質。

⑺產品線策略配合

當品牌廠商具備完整的產品線時，產品線上的每一種產品都負有吸引特殊客群、防衛市場佔有率的任務。此時個別產品的定價，便需考慮與產品線上更高階或更低階產品的定價相配合，以協助鞏固產品線策略。

⑻成本回收

對於某些醫院、學校等非營利機構而言，收費標準常常設定在能支應營運成本上。

⑼法定盈餘

我國的國營事業，如中油、臺電、臺糖、中船等，除了政策考量外，每年都有達成法定盈餘的任務，因此在這些事業體的定價決策上，法定盈餘目標的達成便成為一項重要的目標。

圖 10-4　對於非營利機構，例如學校而言，定價的標準常設定在能夠回收成本的考量上，並非以獲利為第一考量。

2. 估計成本

　　行銷者面臨的成本分為固定成本與變動成本兩大類。固定成本涵蓋營運上必須支出且不受產量或銷售量變動而影響的成本項目，例如正式員工的人事成本、廠房機具的設置成本與保險費用等等。至於變動成本，則指與產量或銷售量成比例變動的成本項目，例如材料成本、水電費用、運費、臨時工資等。因為這兩種成本型態的差異，當計算每單位成本時，單位固定成本隨著產量或銷售量的增加而減少；相對地，單位變動成本通常被假設為在短期內不隨產量或銷售量的變動而有所改變。

　　每增加一單位的生產或銷售，行銷者所面對的成本增加是所謂的邊際成本 (marginal cost)。一般而言，由於單位固定成本隨著產量增加而降低，再加上生產或銷售上常能因為員工在各種營運知識上的增加與操作上的熟悉，在中長期產生成本降低的學習效果 (learning effect)，所以行銷者通常會面對單位總成本隨著產量或銷售量增加而逐步降低的規模經濟 (economy of scale) 現象。然而這種成本遞減的狀況仍受制於產能、人力、市場對產品接受度等因素，而有一限度；當產量或銷售量超過此一限度，即正常的產能極限已超過，則行銷者必須以遞增的邊際成本（例如臨時租用機具、支付高額加班費等）進行營運，此時即發生所謂規模不經濟 (diseconomy of scale) 的現象。因此長期而言，單位成本曲線與產量或銷售量間通常呈現一U 字型的關係──在某一產量或銷售量水準之前，邊際成本遞減；超過此一水準之後，邊際成本則遞增。在此情況下，此 U 型曲線上的邊際成本最低點，即此一行銷者生產或銷售的經濟規模 (scale of economy)。

3. 掌握競爭與需求狀況

　　行銷者的競爭對手，在市場上提供相似的產品或服務。競爭對手由於各自的背景差異，其定價目標與成本結構可能都有所差異。此時，行銷者必須透過本書第五章中所說明的行銷情報資訊系統的建置，對於個別競爭對手的定價目標與成本結構加以分析、掌握。在日常的營運中，行銷者尚須隨時透過網際網路、業務人員、客戶等方面，瞭解競爭對手及時的定價動態。為了掌握競爭對手的價格設定，在零售業甚至有所謂「查價員」的工作，協助行銷者完整瞭解競爭者的販售商品定價細節。

瞭解競爭者的定價動態也有助於行銷者預測顧客對於自家提供產品或服務的需求。一般而言，競爭者若調低價格，則行銷者自身的銷售量將因部分顧客轉而向競爭者購買而有所降低。經濟學上，行銷者因競爭者每變動 1% 價格所產生的銷售量變動百分比，稱為交叉彈性 (cross elasticity)。交叉彈性大，通常代表競爭產品間的差異性不大、顧客的態度忠誠相對低、顧客轉換賣家時的轉換成本小；此時若競爭者調低售價，對於行銷者自身將造成很大的壓力。從這裡，我們也可以理解，為什麼行銷者必須竭力進行產品差異化並管理顧客忠誠——它們是避免價格競爭的重要前提。

4.選擇定價方式

行銷者有眾多的定價方式可供選擇。至於何者最合適，主要取決於前述的定價目標以及競爭者的定價動態。常見的定價方式有：

⑴成本加成法

這種方式完全不考慮環境中的競爭因素，亦不考慮定價所造成的銷售變動，因此實務上除了壟斷性事業外甚少被單獨採用。通常它是行銷者定價過程中的參考，協助行銷者初步掌握價格與利潤間的關連。它的作法很簡單，例如某產品單位成本估為 100 元，而行銷者希望能賺取 20% 的成本加成，則應訂的售價為：

$$\frac{單位成本}{1-加成比例} = \frac{100}{1-0.2} = 125$$

⑵損益兩平法

損益兩平法可由圖 10-5 說明。在該圖中，固定成本是一條水平線（代表此部分成本不因生產或銷售數量變動而變動），而變動成本則為一條通過原點的正斜率直線，其斜率越大則代表單位變動成本越大。固定成本與變動成本加總後的總成本線，與變動成本線平行，而其截距即固定成本。此外，總收益線亦通過原點，其斜率代表該產品的定價。總收益線與總成本線的相交點 (B)，稱為損益兩平點。在此點之左，行銷者面臨銷售量不足以支應成本的虧損狀況；在此點之右，則行銷者的利潤為某一銷售數量下相對應的總收益與總成本間的距離。損益兩平的銷售量可由以下公式得出：

$$損益兩平銷售量 = \frac{固定成本}{價格 - 變動成本}$$

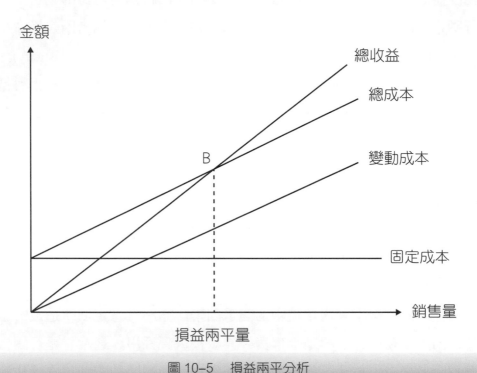

圖 10-5　損益兩平分析

損益兩平法是行銷者在訂定價格時進行敏感度分析 (sensitivity analysis) 的一種工具。行銷者一方面藉由損益兩平法找出不同價格水準下的損益兩平銷售量，另一方面藉由前述對於競爭對手定價動態與產品需求的掌握，評估各個價格水準下的需求量。兩者一併考慮，便可以從擴大利潤的角度尋找合適的定價水準。

(3)認知價值定價法

這是透過掌握顧客對於產品的認知價值，以其為基準而進行定價的作法。前面我們提到，認知價值受品牌形象、口碑、商品保證、商品或服務來源國等外在因素以及產品使用經驗、品牌聯想等內在因素的影響。例如同樣成分的一盒餅乾，其標示的製造國為日本、臺灣或中國，即會帶給不同地區消費者不同的認知價值。採行認知價值定價法的行銷者，通常藉助行銷研究瞭解潛在顧客對於產品的認知價值，參考競爭環境因素，試圖訂定可以使目標客群產生相對最大效用的價格水準。

⑷競爭低價法

　　對於掌握相對經濟規模優勢的行銷者而言，提供比競爭對手低價的商品，常常可以吸引到龐大的客群。零售業常可見此種定價法下「天天都便宜」、「買貴退 N 倍差價」的訴求。

⑸市場價格定價法

　　對於大宗商品市場裡或競爭市場中採市場追隨策略的行銷者

圖 10-6　家樂福喊出「天天都便宜」的口號，標榜能提供消費者最優惠的商品價格。

而言，其價格往往根據市場水準或市場中領導廠商的定價而制定，此即市場價格定價法。例如國內油品零售市場中，台塑石油的油品價格，便常常追隨中油的定價而制訂。

⑹投標定價法

　　在企業對企業 (B2B)、企業對政府 (B2G) 乃至網際網路興起後的消費者對消費者 (C2C) 市場中，常見以標案或拍賣的方式進行交易的狀況。❷各種標案或拍賣的方式雖不同，但出價者通常面臨競爭出價者的競爭。此時，出價者必須評估不同出價下自身的貨幣化利得，並預測各出價的得標機率；透過這兩者的乘積計算出各出價水準下的貨幣化利得期望值，擇取期望值最大的該出價水準投標。

圖 10-7　台塑石油在油品零售市場追隨中油公布的油價而定價，是為市場價格定價法。

5. 制定價格

　　經過前述各步驟後，行銷者應可得出若干可欲的定價水準，而後透過對於產品策略、公司政策、市場環境的再度檢視，選擇一最適的價格水準。此時不應忘記

---

❷　第十五章中對於投標相關事項將有進一步的說明。

的是，分期付款利率、運費、學習成本、裝設成本、等待時間等有形、無形因素都是定價以外影響顧客認知成本的元素。行銷者在制定價格時，也應對於這些元素進行通盤考量。

 ## 10.5　價格分析的工具

行銷者依照前述的定價程序制訂產品或服務的定價，但針對不同的顧客或客群，行銷者常常主動或被動地提供差異化的優惠。據此，本章稍早提到的 Marn 等人主張行銷者應該藉由實收價格解析 (pocket price waterfall) 與實收價格分配帶 (pocket price band) 兩者，進行更確實的價格分析。

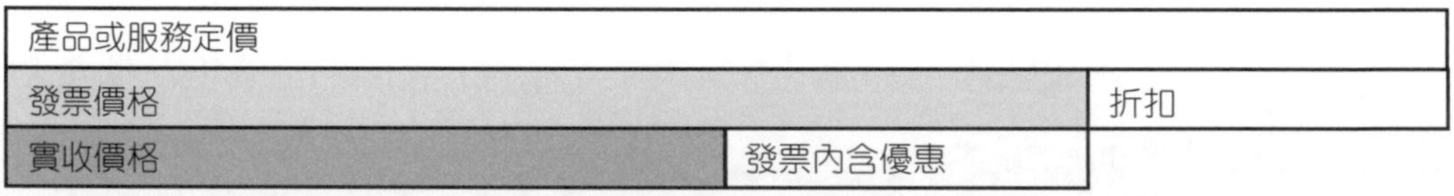

產品或服務定價		
發票價格		折扣
實收價格	發票內含優惠	

圖 10-8　價格分析示例

參考資料：Marn, Michael V., Eric V. Roegner, Craig C. Zawada (2004), *The Price Advantage*, NJ: John Wiley & Son.

Marn 等人根據經驗，認為當我們談及價格時，必須先對如圖 10-8 所示之三種價格有所釐清，並且確認扣除所有折扣與優惠後可以收取到的實收價格。在圖 10-8 的解析中，產品或服務定價與發票價格的差距，來自諸如數量折扣、競爭折扣、忠誠折扣等折扣項目；而發票價格，則尚須扣除包括聯合行銷成本、運費、上架費、現金付款折扣、抵換折讓等內含於發票金額中的成本支出項目，才是行銷者能收取到的實收價格。根據一項麥肯錫顧問公司的研究，發現一家食品業者的平均實收價格比平均發票價格少 24%（即發票內含優惠佔發票價格的 24%），而一家家具製造商的平均實收價格比平均發票價格少 47%，甚至有一家電子控制設備供應商的平均實收價格比平均發票價格少 72%。❸ 實務上，這些鉅額的發票內含優惠便成

---

❸　見 Marn, Michael V., Eric V. Roegner, Craig C. Zawada (2004), *The Price Advantage*, NJ: John Wiley & Son, p. 26.

為行銷者進行價格管理時的一大挑戰。面對這樣的挑戰，行銷者可以更進一步分析與各顧客進行交易的實收價格所呈現之實收價格分配帶。

所謂實收價格分配帶，即行銷者將特定產品或服務提供給不同顧客時的單位價格直方圖。根據 Marn 等人的經驗，在許多產業裡同一行銷者將同一產品提供給不同顧客的實收單價，最高價與最低價間的差異（即統計上的「全距」）常常是最低價的數成乃至數倍——也就是說，行銷者收自不同顧客的實收價格，常有極為顯著的差異。Marn 等人認為，實收價格分配帶上最高價與最低價間的差異越大，一方面代表顧客需求的異質性很高，市場上因此有許多差異化經營的機會；另一方面，顯著的價差也提醒行銷者，應當針對個別顧客或客群逐一審視其交易價格制訂的合理性。他們的經驗顯示，在不少個案中這樣的逐一審視可以找出許多可以改善的重新定價機會，從而增加行銷者的獲利。

10.6 差別取價

每個顧客對於行銷者所提供的特定產品或服務，通常會形成異質性的認知價值。如果行銷者可以有效掌握顧客相異的認知價值，對之加以差別化經營管理，便可能提升產品或服務提供的利潤率。例如國際航線航空公司的客運業務，同一班次區分頭等艙、商務艙、經濟艙等三種艙等，即是針對不同顧客的需求與認知價值，

圖 10-9　航空公司對顧客採取差別取價，區分頭等艙、商務艙、經濟艙等不同的艙等收費，以求利潤最大化。

對於提供的服務進行差異管理，而得以進行差別取價 (price discrimination) 的例子。而如長榮航空以及後來跟進的 Virgin Atlantics 航空公司，它們在傳統的經濟艙與商務艙間，另外再劃分出第四種稱為「豪華經濟艙」的艙等，則是更進一步進行差別取價以求利潤更大化的實例。

差別取價的操作，常見者有以下數種方式：

(1)產品線差別定價

行銷者在一條產品線上規劃不同「檔次」的產品，如 BMW 的 1、3、5、7 系列車款，即以不同的產品設計經營不同客群的產品線差別取價作法。

(2)地理區差別定價

即便是同一產品，但在不同地理區市場中顧客的認知價值時常就有所差異，所謂橘踰淮而為枳，行銷者因此便得以進行地理區的差別取價。例如不同航空公司經營臺北倫敦航線，A 公司在臺北販售的倫敦來回票價比 B 公司貴，但在倫敦販售的往返臺北來回票價則可能反過來 B 比 A 貴。其原因，便在於以臺北為根據地的旅客可能比較熟悉 A 航空公司，而以倫敦為根據地的旅客卻可能比較信賴 B 航空公司。

(3)交易數量差別定價

許多行業針對同一產品有所謂「大盤價」、「小盤價」、「零售價」的差異，此即以交易數量進行差別定價的例子。

(4)購買者特性差別定價

例如電影院的學生票、軍警票，即是以購買者的特性進行差別定價之例。

(5)忠誠度差別定價

行銷者往往希望能給予往來較為頻繁的顧客（一般所謂的「熟

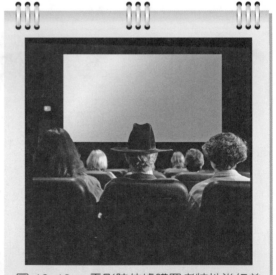

圖 10–10 電影院依據購買者特性進行差別定價，有學生票、成人票、軍警票等。

客」）較大的優惠，以維繫與這群重要顧客的關係。因此，藉由各種忠誠獎勵機制 (loyalty programs)，便有各種熟客價與常客優惠方案。此即以顧客的忠誠度進行差別取價。

(6)時間差別取價

這類型的差別取價尤其常見於服務業。如旅館、客運等服務業因為具有服務提供的不可儲存性，每開業一天或開航一班即有相當大的沉入成本

(sunk cost) 發生，因此常會藉由淡季、旺季或尖峰、離峰一類的差別定價，最大化短期營收。配合資訊科技以及需求預測技術的進步，除了傳統的固定式時間差別取價外，相關業者晚近有越來越大的空間，隨時調整其需求預測，隨時更動其服務定價。此類細緻的時間差別取價作法，通稱為「收益管理」(yield management)。

10.7 產品聯賣 (product bundling)

許多的產品或服務，都常見搭配銷售的聯賣作法。例如微軟的 Office 軟體，包含文書處理、試算表、簡報、資料庫管理、網頁製作等軟體，而聯賣售價則比這些軟體各自銷售的售價總和低許多，即是產品聯賣 (product hundling) 之例。又如國內的健身中心或游泳池，常見所謂「年票」、「季繳會員」等作法，亦是將健身場地服務聯賣的作法。

產品聯賣有以下幾種常見模式：

⑴互補品的聯賣

許多產品的使用，都需要兩個以上的互補元件相搭配，方能正常運作。例如

圖 10-11 手機業者推出「0 元手機」吸引消費者購買，但需要搭配門號綁約，業者藉著高通話費賺取利潤。

印表機需有碳粉匣或墨水匣、海外旅行團必須搭配航空客運、地面客運與飯店餐飲服務等。某些互補品聯賣型態包括了基本產品（如印表機、刮鬍刀身、遊戲機）與耗材或輔助品（如碳粉匣、刮鬍刀片、遊戲軟體）；此時行銷者往往以低廉甚至不敷成本的價格銷售基本產品，而冀望自購買者後續對耗材、輔助品的持續購買中獲取利潤。

⑵一價吃到飽 (all you can eat) 型態的聯賣

吃到飽的餐廳、繳交年費的健身中心都屬此種型態。行銷者經營此種型態的聯賣，主要的訴求是「物超所值」，而主要的考量則是藉由一價到底

的作法降低顧客的認知成本，提高認知價值。

(3)選購品的聯賣

例如人壽保險的銷售常常會牽引出許多附加險種的銷售、速食店套餐的銷售也可能讓原來只想點漢堡和可樂的顧客多花一點點錢而消費薯條、國內小客車銷售車價內包含音響、天窗、空調的慣例，都是選購品（這些例子中的附加險、薯條、汽車音響等）聯賣之例。

(4)提高購買量的聯賣

零售業者常有買 N 送 1 的促銷動作，主要訴諸大量購買同一產品所產生的實質折扣，企圖刺激購買量。

10.8 價格戰[4]

當市場上某一行銷者為了增加市場佔有率而將產品或服務的售價顯著地調低，而其他競爭者為了保護自有市場份額而隨之降價，雙方（或超過兩方時之各方）因此皆以降低價格為武器，彼此試圖割喉時，即一般所謂的價格戰。除非價格戰的引發者具有明顯的成本優勢，否則價格戰對於參與的行銷者而言甚少有好結果——價格戰的發起者短時間內因相對低價而爭取到較多顧客的優勢，隨著其他行銷者的參戰而瞬即消褪；顧客對於價格的敏感度因為價格戰也隨之提高，對於價格的預期時或有所扭曲；而某些價格戰發起者所預設的「消滅」競爭對手的目標，卻鮮少能夠達到。

既然業界少有行銷者因價格戰而豐收的經驗，那麼為何各行各業裡價格戰的現象如此普遍呢? 除了行銷者盲目的衝動外，Marn 等人認為價格戰常因誤解而起。例如行銷者 A 聽聞行銷者 B 將原來兩方相同定價的產品降價 20% 出售，為了維護既有的市場佔有率，A 便跟隨降價 20%。但是事實上，B 的定價調降是因為它將某些原含於定價中的成本改為定價外加，因此 B 降價後的實收價格並沒有改變。但 A 在沒有掌握真實狀況下的降價舉動，對於顧客而言因沒有定價外加成本的問題，更加實惠，所以吸引力更

---

❹ 本節主要參考自 Marn, Michael V., Eric V. Roegner, Craig C. Zawada (2004), *The Price Advantage*, NJ: John Wiley & Son, pp. 143–157.

大。B 發覺顧客反而往 A 處流失，於是只好再加碼砍價，隨後 A 可能再進一步降價以因應。於是，起於 A 對於市場訊息解讀的誤會，一場價格戰便隨之而起。

另外，價格戰也有可能來自其他的市場動態。例如 A 隱形眼鏡藥水行銷者開發出一種功效強一倍而成本無甚改變的清洗液。由於其產品的優勢效能，它將其定價在比原有產品貴 15% 的水準上。這樣的新產品上市狀況似乎與價格戰沒有什麼關連，但是如圖 10–12 所示，若其他業內的競爭者認定此一新產品讓 A 廠商在效用圖上的位置由 A 點變為 A′ 點，則這些競爭者在新的競爭壓力認知下，為了保持市場上的均勢，便常傾向調低自有產品的售價，而使得 B 至 B′ 點，C 至 C′ 點等等。如此，A 廠商沒有價格戰意圖的新產品上市動作，卻足以引發一場價格戰。

由這些例子不難看見，價格戰可以由市場參與者蓄意發動，但也有可能因某些市場動作無意間引爆。Marn 等人遂建議行銷者在認知到價格戰的本質與後果之際，應避免訂定某些容易促使競爭對手降價的策略、仔細解讀市場訊息背後的意義、不要過度反應、清楚明白地溝通自身的價格策略、堅守定價原則，藉由這些作法去避免傷人傷己的價格戰。

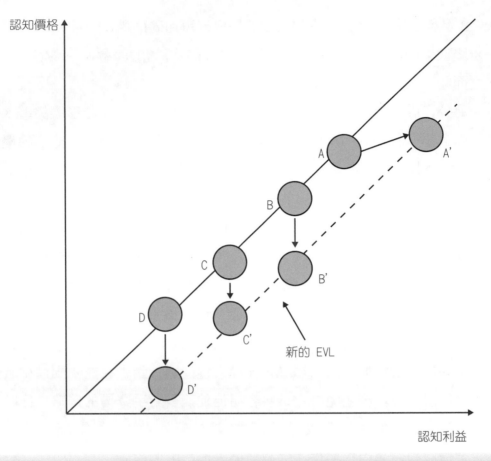

圖 10- 12　價格戰發生的一種可能

資料來源：Marn, Michael V., Eric V. Roegner, Craig C. Zawada (2004), *The Price Advantage*, NJ: John Wiley & Son, p. 151.

如此可樂：百事可樂的誕生

　　百事可樂出現於美國飲料市場上的時間和理由都與可口可樂相仿。1894年，一名叫做布萊德漢姆 (Caleb Bradham) 的化學家研發出一種含有胃蛋白酶 (pepsin)，號稱可以改善消化不良狀況的可樂飲料；五年之後，它正式被取名為百事可樂。這款商品經過幾次所有權易手之後，其中的胃蛋白酶成分於 1931 年被棄卻，並且在 1934 年推出容量為可口可樂一倍的 12 盎司，但售價與可口可樂同為 5 美分的新瓶裝。這樣的低價策略於經濟大蕭條後的美國，替百事可樂在藍領階級的市場迅速地開疆拓土。在 20 世紀上半葉，也因為百事可樂的低價路線在定位上與可口可樂大相逕庭，某些價格敏感度高的

美國消費者會以可口可樂的玻璃杯盛裝百事可樂以奉客。

 分組討論

1. 在本章章首的「行銷三兩事」中，我們從演化的角度看待奢侈品的定價。除了這個角度的詮釋外，關於奢侈品的高昂定價，你還想得到什麼樣其他的解釋嗎？

2. 關於市場上一般人所相信的「高價格＝高品質」印象，你贊成嗎？為什麼？

3. 為什麼差別取價可以提高行銷者的利潤？請舉一個例子說明。

4. 最近有碰過什麼價格戰的狀況嗎？請分析這場價格戰的起因、中間的變化，以及最後的結果。

5. 有人認為因為網際網路的搜尋容易性，所以競爭者在網際網路上販售相同產品的價差不會太大。根據你的經驗，你同意這樣的說法嗎？請舉例說明。

11

通路管理

本章重點

- ◢ 瞭解通路在行銷體系中扮演的重要角色
- ◢ 認識通路設計與管理的要項
- ◢ 認識通路衝突
- ◢ 認識通路策略
- ◢ 行銷者在通路中扮演的角色

行銷三兩事：屈臣氏

　　1887 年，後來成為中華民國國父的孫文先生在香港西醫書院就讀時，曾因學業成績優異而領過屈臣氏所頒發的獎學金。此時，這個由英國東印度公司部分成員在澳門首創，而於 1871 年正式以「屈臣氏」為名掛牌的通路品牌，在香港已設有三十餘家藥局，並且在中國幾個大城市建構起中西藥的配銷體系。

　　1987 年，隸屬於香港和記黃埔集團旗下的屈臣氏，戰後在臺北市衡陽路開設臺灣的第一家門市，主打高檔的個人護理產品。1995 年，統一超商設立康是美生活藥妝店，以生活藥品為主要訴求。面對日趨劇烈的競爭以及大幅展店所需的大眾路線需要，1999 年臺灣屈臣氏內部展開「新屈臣氏」計劃，其中行銷部分將品牌重新定位為精緻平

圖 11–1　歷史悠久的屈臣氏利用一系列行銷溝通，轉型為平價、貼近消費者的藥妝店。

價路線。在這樣的訴求主軸下，2002 年起屈臣氏推出大家都熟悉的「我敢發誓」一系列低價訴求廣告。不久，消費者檢舉其低價訴求並不確實，公平交易委員會也介入調查。經過一番波折，屈臣氏仍抓住低價的主訴求，而在 2003 年推出「保證買貴退兩倍」訴求，並主動將其內部的「查價小組」活動向外公開，以昭眾信。透過一系列的行銷溝通，屈臣氏在本地作為一個通路品牌，已經成功地由精緻高級路線轉化為分店四百家左右的平價路線。

　　在國際通路品牌不斷叩門的威脅下，屈臣氏巧妙地以策略聯盟的方式，自 2001 年起與英國通路品牌 Boots 結盟，讓後者得以在臺灣不少屈臣氏門市中以「店中店」的方式展業，化敵為友針對女性消費者經營美妝保養產品。但是到了 2008 年，Boots 一如同樣在臺灣水土不服的 Marks & Spencer，撤出臺灣市場，結束了這樣店中店的合作模式。

參考資料：張依依 (2004)，《世紀老招牌》，商周出版。

11.1　通路為王 ❶

　　2007 年 3、4 月間，永豐餘造紙的「五月花」衛生紙全面退出大潤發通路。背後的原因是永豐餘和大潤發在衛生紙售價的談判上未能達成共識。而此一事件並非特例，另一個在臺灣家用紙業市場佔有一席之地的正隆紙廠「春風」衛生紙，即因為類似的原因，從 2006 年 7 月起便自家樂福各店下架。

　　這些都是典型的製造（品牌）商與通路商衝突的例子。在臺灣，家樂福、大潤發與愛買等三大零售通路業者，每年營業額加總將近達新臺幣 1,500 億元。挾著龐大的通路實力，此類大型量販店可以向各類型的大小品牌收取上架、年佣、季佣、月扣、三節贊助費、新店開幕等費用。對於家用紙類品牌，各種此類費用所形成的

圖 11-2　　大型零售通路業者具有很強的議價能力，供應商常要有所妥協。

通路成本已達到衛生紙終端售價的兩成（謝柏宏、李至和，2007）。另一方面，量販店長久以來委託大型製造商代工生產多種品類（含衛生紙）的自有品牌 (private label) 商品，以低廉的價格在賣場中與製造商品牌直接競爭；在前述類型的通路衝突 (channel conflicts) 中，大型製造商便往往選擇終止代工關係。

---

❶　本節參考資料，包括：陳彥淳，〈定價拉鋸：通路商、供貨商大鬥法〉，《工商時報》，2007 年 8 月 16 日；陳文蔚，〈永豐餘得意衛生紙　明年登陸／五月花華東市佔 10%　北京廠規劃二期擴產〉，《蘋果日報》，2007 年 8 月 16 日；謝柏宏、李至和，〈永豐餘衛生紙停止供貨大潤發〉，《經濟日報》，2007 年 8 月 24 日。

從這裡，我們可以清楚地看出在品牌商與通路商的競合關係中，衝突是常態而非特例。商場有所謂「通路為王」的說法；從 3C 產品、消費金融商品到本例中的民生消費產品，各品類中繁複競爭的品牌往往必須透過通路商才有辦法讓消費者可以直接接觸到商品。大型通路商往往便因此而取得龐大的議價能力 (bargain

圖 11-3　像是義美、統一等製造商由於長期的品牌經營，在消費者心中佔有一席之地，對於通路商則有較強的議價能力。

power)。然而製造（品牌）商的長期品牌經營，逐漸在消費者的品類產品認知中累積優勢的地位，相對地卻也可以讓消費者在通路商處「指名」品類中的特定品牌，而產生出所謂終端牽引的拉力，促使通路商不得不將指名的品牌上架。2005 年義美食品要求調升量販店中的義美產品價格、2006 年統一同樣欲調漲量販店中的統一科學麵售價，起初都遭量販店拒絕而暫時將商品下架，但後來因為顧客紛紛指名希望能買到這些產品，量販業者後來也必須參照品牌商的價格條件，重新將這些商品進貨、上架（陳彥淳，2007）。

🌐 行銷三兩事：Wal-Mart 的醃黃瓜

　　Vlasic 是東歐移民法蘭克弗拉希奇 (Frank Vlasic) 於 1910 年代在美國底特律所創的食品廠。二次世界大戰期間，Vlasic 推出玻璃罐裝的西式醃漬小黃瓜泡菜產品，戰後則迅速擴展市場，成為全美國罐裝醃漬小黃瓜泡菜品類的第一品牌。

　　著眼於持續擴展銷售量，Vlasic 的經理人決定打入 Wal-Mart 此一全世界最大通路。進入 Wal-Mart 之後，Vlasic 產品的銷售量果然有了巨幅的成長——尤其當 Vlasic 接受 Wal-Mart 的要求（若拒絕則 Wal-Mart 將另覓罐裝泡菜的供應商），而在 Wal-Mart 推出售價 2.79 美元的一加侖巨型罐裝醃漬小黃瓜泡菜後，銷量顯著增加。一加侖裝的內容物足夠小家庭吃上大半年，在 Wal-Mart

卻賣不到美金 3 元；這符合 Wal-Mart 以低價品吸引顧客上門的策略，卻與 Vlasic 品牌經營的應有價格維持手法大相逕庭。極低的售價使得 Vlasic 每賣出一罐一加侖巨型罐裝醃漬小黃瓜泡菜只能獲利幾美分。Vlasic 巨型罐裝醃漬小黃瓜泡菜以一星期 24 萬罐的速度從 Wal-Mart 賣出，Vlasic 的罐裝醃漬小黃瓜產品線獲利狀況卻在推出此包裝產品後下降了四分之一，而大量消費者也逐漸有了「Vlasic ＝大包裝、賤價」這樣 Vlasic 不樂看見的認知。2001 年，在以上所述與其他諸多因素的交織之下，Vlasic 宣告破產。

當然，這樣的結果只是特例，全世界成千上萬的製造商仍絡繹不絕地造訪 Wal-Mart，尋求打入全世界最大通路、使營業額快速成長的機會。這樣的機會不僅默默無聞的廠商夢寐以求；許多中高價位的知名品牌，在劇烈競爭而有快速擴張市場壓力的情況下，也不得不考慮在 Wal-Mart 上架的可能性。全球知名的牛仔褲品牌 Levi Strauss，便於 2003 年進入 Wal-Mart 通路。對於許多消費者而言，強勢的通路商所帶來的價格破壞效果，無疑是降低購物負擔的好事。

參考資料：Fishman, Charles (2003), "The Wal-Mart You Don't Know," Fast Company, Issue 77, December 2003.

行銷通路 (channel) 由一組相互依存的廠商所組成，這些廠商透過彼此間有系統的商品、金錢、情報、人力流動以及與融資、風險承擔、協同促銷等的契約設計，協力完成價值創造、價值溝通、價值遞送的行銷目標。一般將通路價值鏈中價值原生創造（如商品製造）的成員稱為通路上游，而將價值鏈中完成後段價值附加、溝通與進行與終端顧客間交易的成員稱為通路下游。此外，由製造到最終顧客過程中經過的主要通路商數目，則稱為該通路的階數。對於個別通路成員而言，與通路中其他成員的關係，強烈地影響行銷效果與經營績效。通路關係常需時間累積；對於個別成員而言，任何一個通路關係的經營都是必須妥善管理的投資，而良好通路關係的維持則是通路內成員的重要資產。

舉例而言，一包速食麵從工廠彙總原料、依照製程產製包裝裝箱開始，可能先進入製造商的物流中心，也可能由批發商進貨承接。之後，通過一段時間與可能必需的若干層中間商，這包速食麵可能在某家便利超商的貨

架上陳列，可能擺放在某大學的員生消費福利社內，可能被裝填於特定場所的自動販賣機中，也有可能整箱（24 包）或整袋（5 包）地進入量販店賣場。透過這些可能的不同通路，行銷精神所在的價值創造、溝通與遞送用不同的方式進行，最終可能接觸到的購買顧客型態與顧客需求也都有所差別。因此，單一通路成員，如製造商、批發商、便利超商、自動販賣機廠商等，通路管理的目標是在自身所處通路位置的眾多可能性中，尋求執行該段通路任務以滿足顧客需求，從而創造自身利潤極大化機會。

一般而言，單一通路成員的通路管理可粗分為通路設計 (channel design) 與通路執行 (channel implementation) 等兩個面向。通路設計涵蓋需求管理與有效分群、通路結構與通路密度的界定、市場流的釐清等層次，通路執行則與通路成員間的議價能力以及通路衝突管理有關。❷ 以下各節將針對這些管理議題進行討論。

如此可樂：20 世紀前半葉的可樂通路

當瓶裝可樂在市場上越來越普遍後，蘇打吧業者開始倍覺威脅，向提供原料的可口可樂公司抱怨，並以早期裝瓶業者良莠不齊的商品品質為訴求試圖要可口可樂回到單軌蘇打吧通路的行銷模式。但可口可樂公司此時已意識到瓶裝所帶來的爆炸性市場潛能，因此以瓶裝提高產品能見度會使蘇打吧一併受惠的理由，安撫蘇打吧業者。

1920 年代美國公路系統擴建了 60 萬英里，戶外廣告因此隨之興起。公路所帶來的流動性，也推動了瓶裝飲料市場。1920 年代起當時的可口可樂總裁 Woodruff 定下策略目標，短期內便要讓可口可樂流通於全美國，而這其中全美的 150 萬家公路加油休息站便成了具有關鍵戰略地位的零售據點。1930 年代起，市場上便見到可口可樂自動販賣機，身兼通路、廣告、帳款等業務。對於可口可樂而言，1920 年代是快速擴張的黃金年代，1930 年代雖有經濟大蕭條但可樂產品的成長仍突飛猛進，1940 年代的二次世界大戰帶來意想不

❷ 參考 Coughlan, Anne T., Erin Anderson, Louis W. Stern, and Adel I. El-Ansary (2006), *Marketing Channels*, 7th ed., Pearson.

到的全球擴張契機，但承平的 1950 年代卻浮現出較前嚴苛的競爭壓力。隨著百事可樂的大規模行銷動作，可口可樂此時在全球市場上與百事可樂的差距幾年間已由 5 比 1 被拉近到 3 比 1；在美國家用零售市場上，百事可樂正迎頭趕上；而可口可樂過去數十年間所倚重的城市內城傳統雜貨店與蘇打吧的通路，則正快速被市郊興起的超級市場所取代。

11.2　需求與分群

　　前此我們多次討論到市場上顧客的異質性。異質性使得差異化管理成為成功行銷的必要條件，而顧客的有效分群則是差異化管理的體現。先前所討論的產品差異化與差別取價，都是分群經營的作法。而差異化經營落實到通路管理上，則指藉由對於顧客異質性需求的掌握，透過多種通路樣態以經營不同客群。例如雅芳在臺灣一方面透過藥妝店實體通路以開架方式針對較年輕、價格敏感度較高的客群販售使用簡單、不需人力解說的基本保養品，另一方面則透過直效行銷模式的雅芳小姐體系針對願意接受人員詳細解說示範的客群販售較高階的化妝保養品；又如 Wal-Mart，旗下有規模較小訴求近距離客群的 Wal-Mart Neighborhood Market、規模較大的 Wal-Mart Discount Stores、可滿足家庭各種購物、娛樂等需求的 Wal-Mart Supercenter，以及以大包裝產品為銷售主軸且需付費參加成為會員方可消費的 Sam's Club，以符應不同地理與消費特性區隔客群的需求。

　　對於經理人員而言，通路的區隔設計主要反映客群的不同需求。這裡所謂的不同需求，管理的重點包括：

1. 空間便利性

　　空間便利性通常由通路實體地點（如零售賣場）與顧客所在地點（如零售顧客的住宅）間的距離所判定。臺灣分布密集度冠全球的便利商店，其單店設店成功的關鍵即經營一群鄰近、重視空間便利性且達到一定規模數量的零售顧客群。

2. 時間便利性

時間便利性與顧客的等待時間以及營業時間的彈性有關。例如零售型態的電子商務，顧客下單後往往需要等候數日的出貨與郵寄時間；相對於實體通路的即挑即取，顧客透過網站購物有著需要等候商品的不便。針對這類不便，PChome 推出 24 小時內送貨至府承諾，而博客來書店將顧客訂購的商品送至顧客指定的便利超商，使顧客可以在方便的時間取得商品，都是在限制條件下緩解網路購物時間不便的具體作法。

3. 品類多樣性與同品類產品多樣性

對於某些時間有限的消費者而言，「一次購足」是很重要的購物考量，因此經營此類顧客必須強調品類的多樣性。另一類以逛街購物為樂趣乃至休閒的消費者，則希望針對單一品類內多種品牌、多種產品可供選擇比較，因此通路業者便必須以「品類專門店」的方式滿足顧客的需求。

4. 服務需求性

顧客即便是購買同一產品時，所期待的服務水準仍會有所不同。例如同樣是個人電腦，某些購買者因自身具備技術能力因此可以 DIY 組裝，另一些整機購買者則在乎初期裝配設定的服務，而還有另外一些購買者很在乎後續的諮詢維修服務。這些消費者針對同一實體產品而有的服務需

圖 11-4　倍適得 (BEST) 電器專門店匯集了各個產品的多項品牌，讓消費者可以多加比較、一次逛足。

求異質性，是通路業者在通路設計時設計顧客分群、分眾經營的重要考量。

5. 購買批量

顧客即便是購買同一民生消費性包裝產品時，常因家戶人口組成、消費使用習慣等因素，而有購買批量上的差異。因此同一種汽水產品，其單次購買批量需求可能自 375 c.c. 的鋁罐單罐裝（個人臨時解渴用）到每瓶 2,000 c.c. 的 6 瓶量販裝（中元普渡拜拜用）。設計多通路時，顧客購買批量的差異必須配合以上所提其他管理重點一併思考。

行銷三兩事：　傳統的無實體通路仍受歡迎

網際網路的時代，我們很自然地會以為紙本型態的郵購目錄將逐漸被淘汰。但實際上並非如此。2002 年，全美國的行銷者花費 166 億美元進行郵寄目錄的行銷活動。到了 2005 年，這個數字竟增加到 192 億美元。單單「維多利亞的祕密」(Victoria's Secrete) 這家內衣廠商，每一年就要寄出 4 億本郵購目錄——每個美國人，不分男女，0 歲到 100 歲都算在內，平均 1 年就要從這個行銷者處收到 1.33 本郵購目錄。

雖然消費者常常抱怨這些目錄擠爆郵箱而且沒有任何價值，但根據業者表示，多數人們的言行不一——罵歸罵，還是會把這些目錄拆封端詳瀏覽，然後發現對味的產品，便進行購買。其原因，是行銷者認知到這些精美的印刷品是絕佳的品牌建立利器，因此花費心思讓它們的設計有如雜誌般可讀。同時，印刷品的美感、觸感，以及可以靈活搭寄的贈品等等，這些郵購目錄在美學上以及現實上的優勢，都遠非網路購物所能及。美國的行銷者並且發現，郵購目錄和購物網站非但不互斥，如果運用得當，還能有相輔相成的互補效果。不少行銷者目前便把訴諸感性的行銷元素放在郵購目錄上，先激發消費者的注意和興趣。一旦消費者想知道進一步的產品訊息，則被鼓勵到相關網站裡去進一步瞭解。

參考資料：Lee, Louise (2006), "Catalogs, Catalogs, Everywhere," *BusinessWeek*, December 4.

11.3　通路結構與通路密度

從上游製造商的角度來說，所謂通路結構 (channel structure)，涵蓋了通路的數目、各通路的階層數（即由製造商到最終顧客間所需通過的通路成員數；如製造商透過網路直接銷售給消費者則為零階通路，通過零售商販售則為一階通路，以此類推）、各階層的協力成員數，而各階層（尤其是通路下游）的通路成員旗下協力點數（例如某連鎖便利超商對某商品進貨上架的店數）則關係到所謂的通路密度 (channel intensity)。通路內個別成員的

議價能力（也可理解為一般所謂的「實力」）以及各自所面臨的交易成本決定了短時間內通路結構與密度的均衡狀態。長期而言，通路結構與密度則會因為通路成員議價能力或交易成本的改變而動態調整。

民生消費產業的通路上游廠商，一般會希望能夠拓展通路數目、提高通路密度，藉此塑造生產與行銷活動上的規模經濟效果。這些上游廠商並且會希望下游廠商能盡力協助其行銷活動、降低競爭品牌在下游協力成員銷售點出現的機率。然而對應的下游通路成員，一般則相對地希望能引進多種競爭品牌以提供顧客多種選擇，並且不希望上游廠商的產品出現在太多競爭銷售點。這些矛盾構成了本章將說明的通路衝突，也使得通路成員間的彼此溝通變得相當關鍵。

至於訴求象徵性消費的奢侈品通路上游廠商，則因稀有性塑造的必要，往往對於通路品質有較高的要求，而不計較（甚至自我限制）通路數目與密度。某些廠商因此嚴選在價值創造與溝通上可以配合品牌象徵意義的通路進行選擇性鋪貨，例如某些高階服飾品牌只在形象相符的百貨公司裡銷售。更有甚者，某些奢侈品品牌

圖 11-5　　Prada 等奢侈品廠商十分保護品牌形象，選擇垂直整合型態的自營行銷通路。

廠商則因通路品質的要求甚高，而選擇垂直整合型態的自營行銷通路，例如 LV、Prada、Tod's 等品牌。

如此可樂：可口可樂進軍日本

第二次世界大戰後，駐紮於日本的美軍將可口可樂引入日本。一開始，由於日本政府的進口管制措施，可口可樂只在美軍消費的營站販售，所以一般日本人常常見到美國大兵人手一瓶可樂，意識到可口可樂象徵著美國與日本截然不同的消費文化，卻無法接觸、消費可口可樂。1961 年底，透過不斷

的遊說努力，可口可樂的進口管制終於解除。已充分瞭解日本彼時商業運作機制的可口可樂，將全日本分為 16 個裝瓶運銷區域，並選擇政商關係良好的三洋、富士、麒麟啤酒等集團作為建立裝瓶體系的合作伙伴。在戰後一代日本人以美國為尚的氣氛下，可口可樂成功地將不同於日本傳統配銷體系的物流系統引入日本，並且讓日本消費者初次體驗到自動販賣機的便利。透過 1964 年東京奧運的大規模贊助活動，可口可樂更進一步在日本站穩了腳步。到了 1973 年，可口可樂在日本所創造的利潤佔其全球利潤的 18%。

　　除了像初期的日本市場一類「順勢」操作外，可口可樂海外擴張的另一種模式是以優勢的行銷預算開疆拓土。1980 年代可口可樂準備大舉經營一向自負且有鄙視美國文化情緒的法國市場。在以生產紅酒馳名全球的波爾多地區，可口可樂利誘說服家樂福一類的大賣場合作，進行大規模的試喝與降價促銷活動，配合大規模的文宣，讓當地消費者逐漸接受作為一種非酒類飲品的可口可樂。逐步深耕的結果，到了 1989 年，可口可樂已經順利地在整個波爾多地區設置了 500 臺自動販賣機，憑藉優勢的行銷火力而成功地在這酒鄉立足。

11.4　市場流

　　在一條行銷通路中，上下游通路成員協力完成行銷任務，並且分擔通路成本。這些通路內的成員協力與分擔，其內容包括實體商品流通、所有權移轉、銷售促進的協力、通路成員間的協商、通路成員間的融資、通路成員間或通路下游對最終顧客所許諾的保證、訂貨流程與付款流程等。這些通路成員所進行的各種活動稱為市場流 (market flow)。表 11–1 說明通路內各種市場流的通路功能與可能成本。

表 11–1　通路內的各種市場流

通路內各種市場流	通路功能	可能發生的成本
實體商品流	交易標的物漸次接近最終顧客	倉儲與運送成本
所有權流	法律責任與義務的界定	存貨成本
銷售促進流	商品附加價值的創造以及價值溝通	各種行銷溝通（廣告、公關、人員銷售、促銷活動等）成本
協商流	潤滑通路運作、降低通路衝突的傷害	時間與訂約成本
融資流	使財務狀況較緊絀的通路成員得以順利執行其通路任務	貸放風險成本
保證流	商品附加價值的創造	價格保證、售後服務保證、保固保證等成本
訂貨流	通路內或通路下游與最終顧客間交易契約的創造與執行	訂貨處理成本
付款流	通路內或通路下游與最終顧客間交易契約執行	收款與壞帳成本

參考資料：Coughlan, Anne T., Erin Anderson, Louis W. Stern, and Adel I. El-Ansary (2006), *Marketing Channels*, 7th edition, Pearson.

　　當通路階層、數目與密度確定後，通路成員在通路設計上便必須思考上下游其他成員的狀況與需求，配合所界定的顧客分群經營目標，針對這裡所提到的各種市場流進行細部的規劃。細部規劃的重點，在於

1. 滿足顧客需求；
2. 創造並溝通產品價值與附加價值；
3. 降低交易成本。

　　經理人在分析、設計甚或改良所處通路的市場流時，可以在表 11–1 的概念下藉由一矩陣式效率分析工具 (efficiency template)，釐清通路上下游間各種應然與實然的關係。表 11–2 透過一虛擬的一階通路情境，示範此一矩陣分析工具的重點。

→ 表 11-2　　一階通路情境下的通路分析示例

	各市場流在此一假設性通路內的相對重要性 (%)			經理人所界定之通路關係者對各市場流的貢獻 (%)			
	成本	潛在利益	重要性權重	製造商	零售商	終端顧客	加總
實體商品	30	高	35	30	30	40	100
所有權	12	中	15	30	40	30	100
銷售促進	10	低	8	20	80	0	100
協商	5	中	5	20	60	20	100
融資	25	低	15	30	30	40	100
保證	5	高	20	50	50	0	100
訂貨	6	低	1	20	60	20	100
付款	7	低	1	20	60	20	100
總和	100	NA	100	NA			

資料來源：改編自 Coughlan, Anne T., Erin Anderson, Louis W. Stern, and Adel I. El-Ansary (2006), *Marketing Channels*, 7th edition, Pearson International Edition, p. 109.

　　此一分析工具內的數據可為現況之分析、理想之狀況或對於未來之設計。透過此一矩陣分析工具，經理人得以檢視通路現況的合理性、規劃通路成員間的市場流協力與成本分攤，乃至於與其他通路成員較有所本地協商利潤的分配。

如此可樂：可口可樂不斷尋找新通路

　　1980 年代末 90 年代初的冷戰結束，讓可口可樂得以進入許多禁錮達數十年的新市場。總裁羅伯特古茲維塔 (Robert Goizueta) 數年後回顧此一新局，表示每一天，全球 56 億人口中的每一個人都會口渴；但唯有過去幾年的世界新局才讓可口可樂得以真正接觸到其中超過半數的消費者。除了地理區的擴張外，這個時期的可口可樂另一方面也嘗試在看似飽和的成熟市場中進行更縝密的滲透。在許多可口可樂消費量已非常大的城市中，可口可樂仍企

圖在教堂、郵局、修車場、公園等沒有可口可樂蹤跡的所在裝設自動販賣機，進一步提升銷售量。

1990 年代中期，可口可樂公司甚至於說服美國太空總署 (NASA)，讓一臺可樂供應器以研究無重力環境中飲料狀況的名目裝上發現者號太空梭。Robert Goizueta 這時候認為可口可樂還有太多的市場空間可供開拓，他的說法是：每個人一天需要補充至少 64 盎司的液體以維生，但可口可樂平均只佔這 64 盎司裡的不到 2 盎司。他的意思是，長期而言可口可樂公司的飲料產品還有數十倍的銷售量成長空間。

11.5　通路成員的議價能力

某一通路成員的議價能力 (bargain power)，並不如字面般侷限於指涉商談價格的能力，也非關談判技巧；簡單地說，它是該成員要求通路內其他成員配合某事的「實力」。通路成員兩造間議價能力的相對高低，通常與彼此依賴對方的程度成反比。當甲方必須藉由乙方的合作才能達成營運目標，且甲方另尋其他通路伙伴以替代乙方的可能性很低時，則甲方便對乙方產生高度的依賴。此時，如果乙方的營運目標不那麼倚重甲方，或者乙方可以較輕易地找到其他廠商取代甲方，則乙方便較甲方有較高的議價能力。

議價能力關係到通路成員在通路合作中所扮演的角色、所付出的成本，以及所獲得的回報。作為一種實力的議價能力通常源自以下幾種可能：❸

1. 獎酬能力

有實力者常以獎酬他方作為實力宣示與展現的方法。若甲方與眾多同階層的競爭對手共同競爭乙方的訂單，則乙方下單一事便是對於下單對象的一種獎酬。乙方相對高的議價能力便彰顯在它可以主動「施給」一事，而甲方與競爭對手議價能力相對較低其原因在於它們被動地等待獎酬。

2. 強制能力

---

❸　參考 Coughlan, Anne T., Erin Anderson, Louis W. Stern, and Adel I. El-Ansary (2006), *Marketing Channels*, 7th ed., Pearson.

強制能力源自一方可以對於另一方施予「懲罰」。若甲方知道不依照乙方意願而行將遭到乙方的懲罰，而甲方為趨避該處罰而不得不接受乙方的要求，則乙方對於甲方便具有強制能力。

3.專業能力

規模小的廠商仍可能因具備市場上稀有的專業能力而擁有較高的議價能力。例如甲方需要通路伙伴提供某種它自身欠缺的能力，如果此一專業市場上少見而乙方具備，則乙方對於甲方便具有專業能力。

4.正當性

乙方對於甲方的議價能力，另有可能來自議題項目的正當性。正當性可能來自法律保障或道德判斷。若乙方依據有法律保障效果的合約向甲方提出要求，甲方不予理會便可能遭受法律制裁，此即乙方訴諸法律正當性的議價能力。若乙方依據同業行規或慣例向甲方提出要求，甲方不予理會便可能遭受同行的非議而損及其聲譽，乙方便有訴諸道德判斷的議價能力。

5.推薦能力

有時候廠商的議價能力來自社會網絡中的地位。如果甲廠商必須透過乙廠商的仲介或推薦，才有辦法接觸到它所欲接觸的協力廠商，則乙方對於甲方便具有推薦能力。

若有效地具備上述幾種議價能力來源，通路成員可能透過表 11-3 的幾種策略對其他成員造成影響，使其他成員願意合作。

表 11-3　議價能力與通路影響策略示例

影響策略	該策略奏效所需之議價能力來源與施展
允諾	獎酬：「合作則有好處」
威脅	強制：「不合作則受懲罰」
法律化	正當性：「請按照白紙黑字合作」
訊息交換	專業：「依照專業判斷，貴方最好……」
推薦	推薦：「請提供 A 訊息給我們，我們會以 B 訊息回饋」

參考資料：Coughlan, Anne T., Erin Anderson, Louis W. Stern, and Adel I. El-Ansary (2006), *Marketing Channels*, 7th edition, Pearson International Edition.

　　雖然一些教科書上建議議價能力低的通路成員可訴諸尋找替代合作者、與同業結盟壯大聲勢、斷絕通路合作關係等作法以因應強勢通路伙伴的壓力，但實際上絕大多數低議價能力的通路成員為求生存僅能忍氣吞聲地配合強勢伙伴的要求。長期而言，除非市場狀況改變了通路內的權力結構，否則這些弱勢廠商仍必須針對前述五項議價能力來源加以選擇性地培養、投資，方有可能穩固地提高自身的議價能力。

行銷三兩事：老黑松的「微血管通路」

　　黑松汽水的前身是 1925 年於臺北市長安西路設廠製造汽水而正式開業的「進馨商會」，創業者是原籍泉州的張氏家族。1931 年，「進馨商會」改名為意指松柏長青的「黑松企業」，現在我們仍不時接觸的黑松汽水便於斯誕生。

　　日治時代後期，臺灣飲料市場的各廠商在戰時體制下被強迫加入「臺灣清涼飲料水統制組合」，黑松也不例外，直至二次戰後方復業，並且以黑松汽水為本業開始經營經銷制度。1949 年，黑松推出取經自上海飲料廠產品的黑松沙士，成為黑松品牌半個多世紀來的另一款長銷產品。

　　戰後半個多世紀間，黑松品牌在臺灣成長，面對可口可樂、百事可樂、蘋果西打、七喜汽水等碳酸飲料的接踵進入本土市場，以及同質性極高的金車麥根沙士等產品的挑戰而能不墜，主要功臣之一是它自戰後穩健布建的強大經銷網路。戰後初期許多民生消費性產品廠商透過「寄售」方式將產品寄於零售店販賣；黑松逐步與這些零售點的店東培養關係，並且藉之開展忠誠

圖 11-6　　黑松一路陪伴著臺灣人從工農社會到步入目前的網路社會，建立了忠誠度相當高的「特約經銷商」體系，在本土飲料市場屹立不搖。是臺灣家喻戶曉的品牌。

度相當高的「特約經銷商」體系。因為關係的深厚，黑松和特約經銷商間往往維持數代的關係，並且有高度的信任基礎，大幅降低通路中常見的衝突狀況。據說經銷商願意把空白本票留置於黑松公司，由黑松依照實際出貨狀況

填寫數字，並且自行簽收。黑松公司很自豪地將這套發展半世紀以上，唇齒相依的經銷體系稱為黑松的「微血管通路」。

面對飲料市場的各種競爭，黑松公司同時也將資源布置於經營一個常被忽略的市場：辦桌。而這個利基市場的掌握與深耕，當然也有賴前面所提及的黑松「微血管通路」，在全臺各地的綿密人脈網絡關係。

參考資料：張依依 (2004)，《世紀老招牌》，商周出版。

11.6 通路衝突管理

一如本章各案例中所反映的事實，通路成員間的衝突在所難免；對於某些經理人而言，通路衝突更是通路的常態而非例外。究其因，無非是上下游成員間利益或認知的不一致所造成。舉例而言，一個軟性飲料品牌在極大化自身利潤的前提下會希望與它協力銷售該品牌飲料的連鎖便利商店全力配合其行銷活動、減少其他同品類商品在貨架上的競爭、提高進貨價格。但是立場迥異的連鎖便利商店，同樣在極大化自身利潤的前提下，則會希望能選擇各品牌間最有利於己的行銷活動加以配合、提供競爭品牌的多種同品類商品，以便藉由多樣性商品提供吸引顧客、降低進貨成本。很明顯地，通路成員間在利益的不一致下有著複雜的競合關係。

除了利益的不一致外，衝突尚且有可能因為通路成員間對於市場狀況評估的差異而產生。例如品牌製造商透過調查認為某種功能的新手機會受到市場歡迎而開發生產，通路商透過自身的市場經驗與直覺可能對該款手機的市場接受度有所懷疑，這便造成了某種（小規模的）通路衝突。

此外，通路間常見的另一種衝突型態肇因於俗稱水貨市場的灰色市場 (grey market)。灰色市場不同於黑市 (black market)，後者常常充斥著仿冒品。簡單地說，灰色市場由批發商或零售商在未經原廠授權經營通路的情況下，透過管道取得原廠正品而逕自進行銷售活動。在臺灣很常見高檔的歐洲品牌轎車，除了原廠授權的正式代理商外，尚且有由貿易商自行進口而進行銷售的狀況。在這樣的情境中，只要作為「灰色行銷者」的貿易商未經過

非法管道取得貨源，則這些貿易商的行為並未違法。灰色行銷者常因為可以提供較廉價的正品而吸引到一部分消費者，此時該品牌正式通路內下游廠商（如歐洲車的國內正式代理商）的利益便受到侵蝕，正式通路內便有可能衍生出上下游間的衝突。

通路衝突時常發生且可能性繁多，衝突管理因此成為通路管理的重要課題。由制度面來看，衝突可能透過如密集的協商、自動化的情報互換甚至人員互派（如 Wal-Mart 與可口可樂便互相派有公司員工如外交使節般「駐紮」在對方的公司）以降低發生機會。衝突發生後的消弭或解決，除了彼此的協商外，尚有可能訴諸第三方的協調 (mediation) 或仲裁 (arbitration)。至於對於衝突以及衝突解決的態度，通路成員一般可分為以下數種類型：❹

1. 消極趨避衝突

通路成員間為了創造或延續合作關係，有時會選擇以延後衝突引爆點的方式模糊化可預見的衝突。

2. 積極解決衝突

當通路成員彼此間有一定程度的合作與互信基礎，且雙方有彼此解決衝突的經驗時，則比較可能採取正面積極的態度，設法透過協談釐清兩造長短期利益所在，試圖找出長期的雙贏出路。

3. 妥協

當雙方議價能力相當且各有所求之時，便可能出現「各退一步」的妥協方案以化解短期的衝突。

4. 堅持

通路中議價能力相對較高的一方，當衝突發生時常常會以實力迫使議價能力低的一方退讓，而對己方的立場堅持不放。

5. 退讓

通路中議價能力相對較低的一方，在沒有其他出路的情況下，衝突發生時短期間往往只能選擇低姿態的退讓以確保通路關係的持續。

---

❹　參考 Coughlan, Anne T., Erin Anderson, Louis W. Stern, and Adel I. El-Ansary (2006), *Marketing Channels*, 7th ed., Pearson.

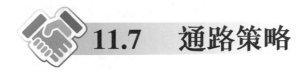

11.7　通路策略

11.7.1　策略聯盟

當通路上下游成員間感知到彼此需要有較穩固的聯盟關係以深化長期合作、降低交易成本時，雙方便可能在行銷組合諸環節中選擇部分項目而形構通路內的策略聯盟。表 11–4 說明通路上下游成員間構築與維持策略聯盟的動機。

表 11–4　通路上下游成員間的聯盟關係

動機	通路上游成員	通路下游成員
基本動機	* 創造品牌競爭優勢 * 降低原產品／市場經營或新產品／市場經營的交易成本	* 創造批發／零售市場競爭優勢 * 降低風險與交易成本
提升顧客的感知價值	* 透過市場前緣的接觸進一步瞭解消費者 * 透過行銷努力的協同以深化品牌價值	* 提供消費者更即時、細緻的服務 * 透過品牌商品經營客群
維持作業彈性	* 保持行銷通路的暢通 * 確保行銷通路配合行銷的意願 * 提高對其他下游通路商的議價能力	* 確保貨源 * 確保進貨成本的優越性 * 確保銷售產品的獨特性
事前預防	* 避免重要下游通路商受其他品牌廠商誘惑而改變既有通路關係	* 避免重要供應商受其他通路下游廠商誘惑而改變既有通路關係

參考資料：Coughlan, Anne T., Erin Anderson, Louis W. Stern, and Adel I. El-Ansary (2006), *Marketing Channels*, 7th edition, Pearson International Edition.

💲 行銷三兩事：肯德基在中國

　　1987 年，肯德基在北京開了中國第一家分店。3 年後，麥當勞才跟進。到了 2006 年，肯德基已經在中國 400 個大小城市裡開設了 1,700 家分店，並且以每 22 小時一家新分店的速度在中國展店。也因此，肯德基品牌的全球

營收成長，主要靠中國的市場拓展而創造。根據集團總裁表示，肯德基希望有朝一日在中國的分店數目能像在美國的分店數一樣多。相較之下，麥當勞截至同一時期為止，僅在全中國的 120 個城市中開設了 700 多家分店，分店數量遠遠落後肯德基。

究其原因，一方面肯德基在中國由於進入較早，早年成為消費者所認知的速食代名詞，取得廣大消費群的熟悉，因此佔有策略分析上所謂的「先進者優勢」(first mover advantage)；另一方面，則要歸功於肯德基採取較靈活的因地制宜策略，在產品提供上以較大幅度的改變來迎合中國消費者的口味與偏好。例如肯德基在中國推出廣受歡迎的「老北京雞肉卷」等在地化產品，連肯德基上校的品牌代表象徵部分也由一隻出自中國，叫作「奇奇」(Chicky)的卡通鳥所取代。

麥當勞 2007 年初開始希望藉由異業結盟的方式急起直追，找上的目標是在全中國有 3 萬座加油站的中石化公司，企圖透過在一些加油站裡設置「汽車穿梭餐廳」(在臺灣叫「得來速」)，迎頭趕上肯德基的店數。事實上，這種駕車免停車的外帶速食店型態，由肯德基於 2002 年引進中國，在北京首創。2009 年，當麥當勞在全中國透過這個異

圖 11-7　肯德基和麥當勞兩大速食業者在中國有著強烈的競爭。致勝關鍵之一是與異業的結盟，例如在加油站設置「汽車穿梭餐廳」。

業結盟模式開了約 90 家汽車穿梭餐廳後，中石化竟又和肯德基集團簽約，也讓肯德基在它的加油站開設汽車穿梭餐廳。這個時候，全中國共有約 2,300 家肯德基分店，數目將近麥當勞同時間店數的一倍。

參考資料：Arndt, Michael and Dexter (2006), "A Finger-lickin Good Time in China," *BusinessWeek*, October 30；〈肯德基麥當勞大戰汽車餐廳，〉《中國第一財經日報》，2009 年 1 月 12 日。

11.7.2　垂直整合

　　所謂垂直整合 (vertical integration)，指的是原扮演通路中某一階段的廠商跨足經營通路中的其他階段。市場上我們可以看到發自製造商與下游零售商的不同垂直整合案例。譬如統一企業原本經營食品製造，而後開設統一超商涉入零售業務，即為製造商往下游進行垂直整合的例子。而各量販店通路商近年來紛紛發展自有品牌商品，則可視為是零售商往上游進行垂直整合。

　　從交易成本的角度看待通路策略，其中基本的重要考量是廠商到底應不應該進行垂直整合？如果應該的話，又要進行到什麼程度？這些問題的解答，在於何種選擇可以帶給廠商最低的交易成本。除了財務面的評估外，通路的垂直整合也關係到廠商的專業能力、規模經濟、範疇經濟 (economy of scope) 以及長期策略目標與願景。此外，選擇進行垂直整合的廠商往往必須面對原有通路伙伴的反彈。原先處於合作狀態的通路關係有可能因通路內某成員垂直整合的動作，而轉為競爭關係。此一轉變的策略影響，也是採取垂直整合策略時應嚴肅評估的層面。

11.8　協同規劃、預測與補貨[5]

　　通路內的策略聯盟是通路成員彼此間一種長期承諾的表現。透過此一承諾，成員間的信任有可能提升，交易成本也可能因原有逐次商談交易的模式定型為模式化運作而得以降低。然而，策略聯盟的落實，除了抽象的承諾外，也需要彼此針對對方進行「專門指向」的投資 (idiosyncratic investment)。所謂專門指向的投資，意味著通路一方投入資源進行某種建置，而此種建置僅在與策略聯盟另一方進行合作時方凸顯出其作用。譬如 CPFR(collaborative planning, forecasting and replenishment) 資訊系統建置，每一

---

[5]　本節主要參考自 VICS (2006), "Collaborative Planning, Forecasting and Replenishment, CPFR," Voluntary Interindustry Commerce Standards, available at http://www.vics.org/committees/cpfr/CPFR_Overview_US-A4.pdf

套 CPFR 系統因其依照作業情境客製的前提，都僅適用於合作建置該系統的雙方。以 Wal-Mart 與 P&G 間所建置的 CPFR 系統為例，便彰顯通路商與品牌供應商彼此承諾互相「鎖定」，透過雙方資源投入建置用以共同分擔風險、提升彼此效率、降低交易成本的資訊系統，此即所謂策略聯盟關係下的專門指向投資。

當廠商因各種考量無法進行垂直整合時，因為通路成員間對於市場需求的看法歧異，常常會出現大量存貨囤積、長時間缺貨、訂單處理過程冗長等狀況。自 1990 年代開始，由於電腦硬體成本的降低以及經營效率的強調，Wal-Mart 等議價能力高的通路商便開始一連串後來簡稱為 CPFR 的嘗試，藉以要求其通路伙伴參與品類品項的協同商務規劃、銷售預測與效率化補貨計劃，透過契約與系統連線的建置共同分擔風險。

一般而言，CPFR 主要涵蓋以下九個流程：

1. 通路參與成員協商明訂協同關係與協同遵循法則。
2. 通路參與成員依照各自策略目標，協商制訂協同商業計劃。
3. 各自產出銷售預測。
4. 界定銷售預測的例外狀況。
5. 通路參與成員協商共同產出銷售預測值。
6. 進行訂單預測。
7. 界定訂單預測的例外狀況。
8. 通路參與成員協商共同產出訂單預測值。
9. 產生訂單。

透過彼此同意的執行規範與相互連線的資訊系統建置，參與特定 CPFR 計劃的協同廠商在策略規劃、供需管理、執行與分析等作業上都有明確的任務劃分與協同機制。表 11-5 將 CPFR 機制下製造商與零售商的任務作一整理。

➔ 表 11–5　CPFR 機制下製造商與零售商的任務

零售商任務	協同任務	製造商任務
策略規劃		
販賣管理	協同安排	業務規劃
品類管理	共同商業規劃	市場規劃
供需管理		
POS 預測	銷售預測	市場資料分析
補貨規劃	訂單規劃與預測	需求預測
執行		
購買／重複購買	訂單產生	生產與供應
流通作業	訂單內容執行	流通作業
分析		
店面執行	例外管理	執行監控
供應商評分	成效評估	客戶評分

參考資料：http://www.vics.org/committees/cpfr/CPFR_Overview_US-A4.pdf

　　雖然 CPFR 率皆由通路中議價能力高者為了自身效率因素而提出，但若能充分發揮 CPFR 所強調的「協同」(collaboration) 精神，則 CPFR 作為一種通路成員間的專門指向性投資，可能藉由較精準的銷售與訂單預測、較短的訂單回應時間、較透明的資訊流通等因素，降低通路成員的經營風險與成本，達到參與者雙贏的局面。因此，CPFR 是垂直整合之外，預防與化解通路衝突的一種可行途徑。

行銷三兩事：零售業的浪費

　　根據一家顧問公司的估計，全美國零售業因無法即時銷售而浪費的食物，大約佔短保存期限類食物的 8%～10%；換算成金錢則 1 年約達 200 億美元。聯合國的一篇報告更進一步指出，美國的零售業者 1 年大約丟棄價值 480 億美元的食物。雖然零售業者長久以來在存貨控制系統、冷藏設備以及各種供應鏈管理企圖上都做了巨額的投資，但是如上所言的食物浪費率，仍是歐洲零售業者的 1 倍左右。專家分析美國零售市場這方面的浪費，牽涉到以下幾

項因素：第一，美國零售業者常年習慣在店頭進行大面積、多選擇的食物以刺激消費，不利於食物保存與管理；第二，美國零售食物的生產與零售點間距離，普遍較歐洲國家同業為遠，增加食物保持新鮮的困難度；第三，雖然有各種由行銷科學所發展出的計量模型，但美國零售業者在運用消費者消費紀錄以有效管理消費需求的工夫上仍失諸粗糙。

參考資料："Shrink Rapped," *Economist*, May 17 2008.

 分組討論

1. 本章章首的「行銷三兩事」討論屈臣氏在臺灣的經營狀況。實地走進一家屈臣氏，比較一下它和便利商店、大賣場、超級市場等零售通路間的差異。為什麼會有這樣的差異？

2. 如果相信「通路為王」，那麼品牌行銷者應該都跳下市場開始經營零售通路就對了。為什麼多數品牌行銷者仍沒這麼作呢？

3. 在通路衝突中，勢力較小議價能力較低的行銷者，長期而言有什麼具體方法可以提高自身的議價能力呢？

4. 為什麼奢侈品的行銷者通常選擇相當有限的通路來進行價值遞送？

5. 農產品的通路和一般製造業產品的通路，有什麼樣的差異？常常在新聞報導中出現的農產品產地價格巨幅波動的現象，又和農產品的通路有什麼樣的關連？

筆記欄

www.facebook.com/

facebook

12

整合行銷溝通

本章重點

- ◢ 瞭解溝通的基本理論架構
- ◢ 掌握整合行銷溝通的概念
- ◢ 熟悉整合行銷溝通的程序
- ◢ 瞭解整合行銷溝通的結果衡量方法

🌐 行銷三兩事：我們這一鍋

在臺灣長大，應該多少都曾吃過桂冠食品的冷凍產品。這是一家自 1970 年創立之初，即認知到品牌經營重要性的本土廠商。在沒有冷凍食品廠商經營品牌的年代，一推出冷凍魚餃，就告訴消費者這魚餃是桂冠魚餃。根據《動腦雜誌》的報導，桂冠因為對品牌重要性認知得早，從 1988 年起便在大眾傳播媒體上進行行銷溝通活動。幾十年不斷溝通的結果所積累出的品牌權益，讓它目前在國內冷凍調理食品的市佔率達 4 成；而火鍋餃年售兩千萬盒，市佔率達 6 成；湯圓產品的市佔率甚至高過 8 成。迄今，桂冠每一年的行銷溝通預算上億元，不走講求進貨廉價的餐廳顧客路線，而針對家庭市場行銷。近年來，桂冠也積極透過新的溝通管道——網際網路進行與消費者的互動，並持續累積消費者名單。同時，行銷溝通的過程也包括了與牛頭牌沙茶醬、家樂福賣場等異業結盟，以收溝通的綜效。

2008 年到 2009 年間的冬季，桂冠展開一波包括平面、電子、網路、戶外廣告，並結合公關、促銷等工具的整合行銷溝通活動。這個活動以「快樂家庭日，我們這一鍋」的 5 分鐘（共 5 段）電視廣告連續劇為主軸。各種工具的整合運用狀況，則如下表所示。

圖 12-1　桂冠湯圓市佔率高於八成，是家喻戶曉的產品。

行銷溝通工具	方式
電視連續劇廣告溝通	藉由「快樂家庭日，我們這一鍋」的主題作為整個溝通活動的主軸。
廣播廣告溝通	將電視廣告的影像轉為音訊，拓展受眾範圍與受眾印象。
報紙廣告溝通	於《蘋果日報》購買廣編稿，並介紹火鍋食譜。
雜誌廣告溝通	於《康健》、《時報周刊》、《壹週刊》介紹「我們這一鍋」抽獎活動。

戶外廣告溝通	透過 200 輛公車的車身廣告，呼應平面與電子廣告訊息。
店頭廣告溝通	在店頭陳設「快樂家庭日，我們這一鍋」活動的布旗、海報、活動貼紙。
網路互動溝通	分「幸福留言版」線上徵文、廣告觀後答題抽獎、新年麻將遊戲等三階段進行。
公共關係溝通	在廣告片場舉辦記者會，透過媒體報導預告電視連續劇廣告。
促銷活動溝通	以產品上貼紙為媒介，舉辦抽獎活動。

　　從顧客關係管理的角度而言，在全臺灣多數人口都消費過桂冠火鍋相關產品的情況下，這一波的整合行銷活動，一方面可以維持並增益原有的大眾顧客關係、拉近與消費者的距離；另一方面，則透過溝通活動的加值，再替桂冠添上另一層品牌資產。

參考資料：林芝 (2009)，〈我們這一鍋：桂冠的快樂行銷〉，《動腦雜誌》，3 月號，頁 32–36。

12.1　溝通理論

　　根據《大英百科全書》的定義，「溝通」是人與人之間透過共通符號體系所進行的意義交換 (the exchange of meanings between individuals through a common system of symbols)。準此，兩個人之間憑藉共通語言的面對面談話是溝通（一對一溝通），課堂上或遠距教學時老師對一群特定的當場或遠距學生進行講述是溝通

圖 12-2　溝通在日常生活中無所不在，不論是報紙和電視等大眾傳播、面對面的溝通、或者網路的討論區都是溝通的型態。

（一對多溝通），電視臺播放節目或報紙每日發刊供不特定的受眾閱覽是溝通，通常稱為大眾傳播 (mass communication)，而網際網路上特定群體的多方通話或不特定群體的討論區參與也是溝通（多對多溝通）。

由此可見，溝通無時無刻不在我們的生活中以各種型態發生。然而無論溝通的型態為何，每一個「回合」的溝通，通常牽涉到以下六個元素：

1. **發訊者** (sender)：發送訊息的個人（如打電話的發話者）或機構（如刊印報紙的報社）。

2. **收訊者** (receiver)：接收訊息的個人（如接聽電話的答話者）或機構（如接受民眾陳情的政府部門或接聽客訴的企業部門）。

3. **溝通訊息** (message)：發訊者根據認知中與收訊者共通的符號體系，據以編輯而成的溝通內容。例如一封信或一段電視節目的內容。

4. **溝通媒介** (media)：發訊者所選取，藉以傳遞溝通訊息的工具，例如信函、電視。

5. **溝通環境** (environment)：發訊者與收訊者所處的時空、語言、文化、經濟、政治、法律、科技等背景可能相同也可能相異。

6. **溝通干擾** (noise)：溝通環境中發訊與收訊者無法完全掌控，而足以改變溝通有效性的環境因素。例如使用網際網路溝通時伺服器的故障。

此外，每一個「回合」的溝通，通常還包含以下的三個動作：

1. **訊息編碼** (encoding)：發訊者根據溝通目的編輯設計溝通訊息的動作。

2. **訊息解碼** (decoding)：收訊者根據對於發訊者、溝通干擾與溝通環境的認知，對於接收到的訊息所進行的解讀。

3. **回應與反饋** (response and feedback)：收訊者對於所收訊息進行解碼後，針對發訊者而傳送的各種反應。

圖 12-3 描述在一個典型的溝通回合中，以上所提及的各個元素與動作間彼此的關連。

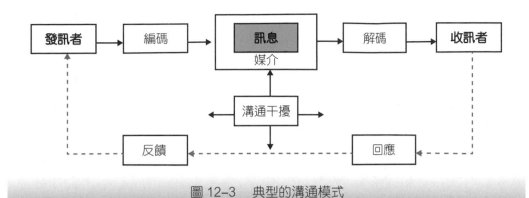

圖 12-3　典型的溝通模式

資料來源：Kotler, Philip, Kevin Lane Keller, Swee Hoon Ang, Siew Meng Leong, and Chin Tiong Tan (2009), *Marketing Management: An Asian Perspective*, 5th ed., Prentice Hall.

如此可樂：對春聯

　　華人社會中過舊曆年總有些廠商會贈送春聯給顧客。有一年，在中國的一些顧客拿到可口可樂贈送的一副春聯，上聯是「春節家家包餃子」，下聯是「新年戶戶放鞭炮」。橫批呢？猜猜看……「可口可樂」。

　　文字合時應景、淺白易懂，倒也對仗工整。大眾化的語句，讓外來品牌的品牌意義貼切地融入了古老的文化中。

參考資料：莫邦富 (2004)，《行銷創勢紀──稱霸中國市場的企業策略》，香港經要文化出版。

　　根據瓦里 (Varey) 的說明（見表 12-1），無論是個人間的溝通或是大眾傳播，在過去的一百六十年間都因新興溝通媒介的普及，而在不同年代有其不同的變貌。而這些變貌，也進而影響了各個年代的行銷溝通環境。

表 12-1　不同年代的行銷溝通環境與溝通媒介

年代	行銷溝通環境	新興的重要溝通媒介
1850 年以前	手工藝匠對原物料進行商品製作	報紙、宣傳小冊
1850～1920	大量生產，提供中產階級消費者現代化產品的初體驗；如福特 T-car	電報、電話、留聲機
1920～1950	銷售導向年代，強調以廣告與人員銷售刺激大量生產的產品銷量	電影院、收音機

1950～1970	行銷至上年代，由於經濟發展使需求多元化，「推」式強銷不再無往不利，行銷者開始強調異質性顧客需求的分眾經營管理	電視、錄音機
1970～1995	以服務經濟為主的後工業化社會，強調關係行銷	傳真機、錄放影機、個人電腦
1995 年後	互動多媒體日趨重要的數位時代	網際網路、行動電話

參考資料：Varey, Richard J. (2002), *Marketing Communication: Principles and Practice*, Routledge.

12.2　整合行銷溝通

　　根據我們對於行銷的定義，行銷基本上是一種價值創造、溝通與傳遞的過程。而根據我們上一節對於溝通各關鍵元素的掌握，行銷者具體掌握溝通環境動態、設計有效的溝通訊息以及選取合適的溝通媒介，則是行銷過程中「溝通」這個環節的要項，也是滿足顧客需求的必要條件之一。就實際的行銷溝通工作而言，行銷者可以採用的工具非常多，但主要可分為廣告、銷售促進、事件行銷／經驗行銷、公共關係、直效行銷、人員銷售等六大類，如表12–2，是為「行銷溝通組合」(marketing communication mix)。

圖 12–4　記者招待會是公共關係活動之一，新聞發布者向受邀請出席的新聞媒體發表其預先計劃的訊息。藉由記者招待會可針對利害關係人進行品牌溝通或品牌維護的動作。

如此可樂：耶誕老公公與整合行銷溝通

現在我們所熟悉的耶誕老公公 (Santa Claus)，普遍有一個紅衣、紅褲、紅帽、身材高大壯碩而白鬍下笑容可掬的形象。這其實是可口可樂於 1931 年起針對兒童市場所創造出的廣告人物。在尚未進入電視時代的當時，可口可樂以窗邊擺設以及人偶的方式，讓這種現代的耶誕老公公形象普植人心。

⮕ 表 12–2　行銷溝通組合

溝通工具	簡述	舉例
廣告	行銷者付款，在特定媒體上以行銷標的物為焦點進行溝通活動	電視廣告、廣播廣告、平面廣告、戶外看板廣告、交通工具車體廣告、網際網路橫幅廣告、網際網路關鍵字廣告等
銷售促進	藉由特殊購買誘因的提供，在特定的短期間刺激顧客的購買行為	抽獎、競賽、贈品、買 N 送 M、加量不加價、折價券、試用活動、週年慶等
事件行銷／經驗行銷	行銷者透過特殊的事件或空間安排，進行品牌溝通活動	主辦／協辦運動賽事、藝文活動、公益活動、開放參觀活動、企業自有博物館之設置、虛擬實境的體驗活動設計等
公共關係	行銷者藉由媒體報導，針對利害關係人進行品牌溝通或品牌維護的動作	記者招待會、新產品發表會、媒體主動採訪報導、行銷者公開演講、公益捐款贊助、遊說活動、部落格專文等
直效行銷	行銷者透過郵件、電話或網路媒體，跳過通路而直接與顧客進行溝通	電視購物頻道、網路購物臺、郵購目錄、電話行銷、電子郵件行銷、多層次傳銷等
人員銷售	行銷者透過銷售人員，與顧客進行面對面的接觸，以銷售為目的而進行溝通	銷售展示與解說、商展、顧客拜訪等

　　傳統上，行銷者進行各種溝通活動時，常會尋求專業的行銷溝通服務代理業者的協助。這類業者，也因此針對各項工具進行組織上的分工。以 WPP 集團旗下的奧美 (Ogilvy) 集團在臺灣的事業群為例，便包含（但不只於）如表 12–3 所列的各事業體。

➡ 表 12-3　奧美集團在臺灣的事業群（部分）

事業體	主要業務
奧美廣告	創意代理商、品牌經營顧問
奧美互動行銷	資料庫管理、電話行銷顧客服務、互動行銷等
奧美公關	專業諮詢、媒體關係、文案撰寫、公關活動、其他專案
奧美數位媒體行銷	網路廣告、贊助式內容、置入式行銷、關鍵字行銷、部落格行銷、3G 手機互動行銷、數位電視
奧美促動行銷	策略性促銷活動企劃、促銷活動創意及設計、促銷活動的執行

參考資料：http://www.ogilvy.com.tw

　　行銷溝通組合的每一種工具，都有其各自的適用情境，卻也各有其限制。例如廣告，可以由行銷主完全掌控溝通的訊息與媒介，但龐大的預算需求對於許多行銷者而言便構成了財務上的限制。相對地，公共關係的操作理論上透過對於媒體的巧妙運用，成本相對低很多，但是行銷者通常無法控制甚至無法預測媒體報導的內容。此外，現今的行銷者所面對的，是一個分眾而零散的溝通環境。以電視而言，1980 年代之前我國僅有三個商用無線電視頻道，行銷者的廣告或公關訴求，彼時可以很有效地向收視規模上相當聚焦的廣大受眾加以傳遞。相對地，今天我國有上百個有線電視頻道，而且電視受眾隨時轉臺與同步上網的情況普遍，行銷者此時已難以如往昔般輕易地透過電視與大規模的受眾進行有效接觸、溝通。由於這些狀況，近年來行銷溝通的操作上普遍地強調「整合行銷溝通」(integrated marketing communications, IMC) 的觀念。

　　根據讓整合行銷溝通概念普遍化的重要學者 Schultz 等人主張，IMC 的目標，簡單地說是透過持續的對話，而與顧客建立長期的關係。至於 IMC 的具體定義則是：「整合行銷溝通是一種策略性經營流程，用於長期規劃、發展、執行與評估可衡量的、協調一致的、有說服力的品牌傳播計劃，並以消費者、顧客、潛在顧客和其他內外部的相關目標為受眾」。❶根據其說

---

❶　Schultz, Don E. and Heidi Schultz (2003), *IMC, the Next Generation: Five Steps*

明，行銷者在跳脫傳統單元性的行銷溝通模式，而學習進行整合行銷溝通的過程中，一般會經歷如表 12-4 所列的四個階段。由表 12-4 可見，整合行銷溝通事實上就是一種顧客導向的全面性溝通企圖。因此，行銷溝通的設計與成果驗收，依照 Schultz 等人的見解，依循 IMC 的精神應是個(1)界定顧客與潛在顧客；(2)評估顧客與潛在顧客價值；(3)針對前項分析設計並傳遞訊息與誘因；(4)評估顧客接受行銷溝通的投資報酬率；(5)在前項基礎下編製下期溝通預算的循環過程。

　　而在這樣的基調下，Schultz 等人認為一個組織要成功執行 IMC 必須在文化上以客為尊，將顧客視為組織最重要的資產，運用由外（顧客端）而內的規劃流程，著重顧客體驗，結合顧客目標與組織目標，並設定顧客各種行為面向的變化指標為溝通目標，精簡溝通作業。他們也認為，展望未來，組織進行整合行銷溝通仍將面臨以下數項挑戰：

1. 內外部行銷溝通的統合。
2. 以顧客行為作為行銷溝通成果的量度標準。
3. 改變大眾傳播亂槍打鳥的心態，讓行銷傳播作業導向精確對焦的軌道。
4. 品牌作為溝通計劃與溝通成果聚攏的焦點。
5. 發展全球觀點。
6. 制定前瞻性的預測、評估與鑑價系統。
7. 發展新的組織結構與獎酬設計。

---

for Delivering Value and Measuring Financial Returns, McGraw-Hill 其中譯本《IMC 整合行銷傳播：創造行銷價值、評估投資報酬的五大關鍵步驟》，美商麥格羅希爾，頁 43。本段的說明亦皆取材自此書。

表 12-4　整合行銷溝通的四個發展階段

第一階段： 協調暫述性溝通作業	這個階段的重點，在溝通策略所指引的大方向下，於作業端達到各種溝通活動的「單一看法，單一說法」。
第二階段： 重新界定行銷溝通的範圍	在連續與動態的過程中，著重與組織內部成員、供應商與其他利害相關人的溝通，使組織內外相關訊息傳送者能達成一致的溝通認知。
第三階段： 運用資訊科技	運用現代資訊科技所帶來的顧客資料，釐清、評估並檢討整合行銷溝通動作對於客群所帶來的影響。
第四階段： 整合財務與策略	運用前幾個階段的成果作為組織策略與財務規劃時的重要投入，以整合溝通與組織整體目標。

參考資料：Schultz, Don E. and Heidi Schultz (2003), *IMC, the Next Generation: Five Steps for Delivering Value and Measuring Financial Returns*, McGraw-Hill 其中譯本《IMC 整合行銷傳播：創造行銷價值、評估投資報酬的五大關鍵步驟》，美商麥格羅希爾。

行銷三兩事： 網路上的顧客評價

　　常使用網路的人，多多少少都會在消費前透過若干網站上的顧客評價，協助購買決策的擬定；三不五時，也可能會將自身的購買經驗在網路上與大眾分享。對於行銷者而言，顧客評價其實是一種行銷溝通模式；但因為有時說的是好話，有時卻出現負面的訊息，所以是行銷者無法事先掌握的溝通。無論如何，調查指出網路上的顧客評價與行銷有密切的關係：

　　＊ 線上瀏覽各餐廳評價內容的網路使用者中，超過 40% 在瀏覽比較後會造訪其中一家餐廳。

　　＊ 80% 的網路使用者表示其他消費者在網路上所發布的品牌評價內容會影響他們的購買決策。

　　＊ 瀏覽過其他消費者在網路上所發布的品牌評價內容而從中實際進行購買選擇的消費者中，有高達 97% 的比例認為所參考的評價內容是精確的。

　　＊ 從 Amazon.com 購買電子商品與園藝產品的消費者中，有 50% 認為 Amazon.com 網站內的負面顧客評價內容對於他們作成選擇有很大的幫助。有趣的是，這其中多數消費者雖然讀到產品的一些負面評價，但因為正反兩面評價並呈反而加深他們對於欲購商品長短處的瞭解，因而購買評價中有負面意見的商品。

　　＊ 自然發生的負面評價，甚至對於行銷者也有好處。除了掌握顧客的不滿

而能於未來改進外，負面評價被發現可以降低產品售出後的退貨率——最可能因不滿產品某些特性而在購後退貨的消費者，因為看了負面評價，就不買了。因此負面評價可以幫助行銷者過濾掉「不合適的顧客」，減少日後的服務成本。

* 消費者相信其他消費者在網路上所發布的評價內容，其程度遠超過電視廣告內容。

* 行銷者發現，顧客評價在一般大眾化商品市場中對於消費者進行選擇有很大的幫助，但並不適合奢侈品市場。

參考資料：Sullivan, Elisabeth A. (2008), "Consider Your Source," *Marketing News*, February 15, p.p. 16–19.

12.3　整合行銷溝通的程序❷

除了顧名思義的各種行銷溝通工具的整合外，在整合行銷溝通的過程中，行銷者意識到各種溝通工具的長處與限制，而以品牌經營為焦點，品牌的價值為訴求，以消費者為導向，針對不同市場區隔的顧客或潛在顧客，組合互補的行銷溝通工具，進行多重的溝通努力。這些溝通努力，通常嘗試整合溝通策略與整體行銷策略，有效運用行銷資料庫，以達成影響顧客行為、與顧客建立長期關係的目標。從管理的角度而言，整合行銷溝通大致上可分為以下幾大步驟：

1.設定溝通目的

一次整合性的行銷溝通活動，其目的可能在於宣告品牌的重大作為(如新產品上市、降價、新通路等等)、改變或強化顧客／潛在顧客對於品牌或產品的認知、喚醒顧客的品牌記憶，甚至於在品牌形象因故受損時進行損害控制與形象回復。不同溝通目的有其各自最適的溝通工具與訊息組合，因此，行銷者首先需要清楚設定溝通的目的。

---

❷　本節參考自 Kotler, Philip, Kevin Lane Keller, Swee Hoon Ang, Siew Meng Leong, and Chin Tiong Tan (2009), *Marketing Management: An Asian Perspective*, 5th ed., Prentice Hall.

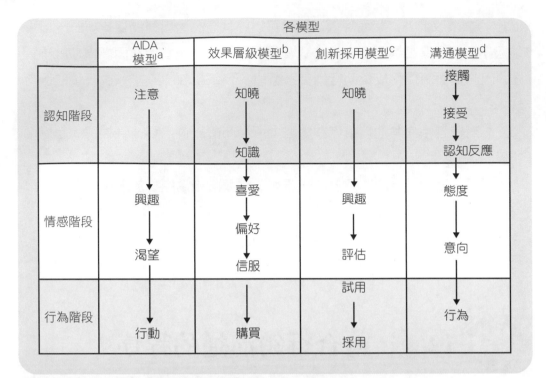

圖 12-5　與溝通目的相關的各種模型

資料來源：Kotler, Philip and Kevin Lane Keller (2007), *A Framework for Marketing Management*, 3rd ed., Pearson, p. 282. 根據其說明，各模型來源分別為：[a] E. K. Strong, *The Psychology of Selling* (New York: McGraw-Hill, 1925), p. 9; [b] Robert J. Lavidge and Gary A. Steiner, "A Model for Predictive Measurements of Advertising Effectiveness," *Journal of Marketing* (October 1961): 61; [c] Everett M. Rogers, *Diffusion of Innovation* (New York: The Free Press, 1962), pp. 78–86; [d] various sources.

　　溝通目的可以設定在認知的 (cognitive)、情感的 (affective) 或者行為的 (behavioral) 等層次上，而文獻中則有 AIDA 模型、效果層級 (hierarchy of effects) 模型、創新採用 (innovation adoption) 模型、溝通 (communications) 模型等概念模型，如圖 12-5，說明這三個層次的連鎖關係。無論是上述哪一個概念模型，其基本假設都是溝通首先型塑或改變受眾的認知，進而影響其情感，最終則導致其行為上的變化。行銷者依照此一邏輯，在設定溝通目標時應檢查辨識之前的種種溝通已發生作用的影響層次，就該層次或次一層次設定影響目標。

　　一般而言，整合行銷溝通的主要目的，在於影響受眾以下諸面向中的一或多項：

⑴在突破性新產品初問世之際，藉由溝通創造目標顧客對於該品類的品類需求 (category needs)。

⑵在競爭的市場上，藉由溝通以提高目標顧客對於品牌的熟悉程度，讓更多的目標顧客認得出該品牌。

⑶對於目標顧客都已周知的品牌或產品，藉由溝通，改變目標顧客對於該品牌或產品的態度。

⑷透過行銷溝通活動，提高顧客的購買意願。

　　此外，以消費者行為為出發點，則整合行銷溝通活動也可更細緻地區分為如表 12–5 所示的六大目標。

● 表 12–5　整合行銷活動的六大目標

消費者行為	行銷目標
知覺 (perception)	攫取注意、提高知名度、提升興趣並且方便顧客記憶。
認知 (cognitive)	傳遞訊息以增加顧客對於溝通焦點的瞭解。
情感 (affective)	觸動情緒，創造情感連結。
說服 (persuasion)	引起顧客態度、信服與偏好上的改變。
轉化 (transformation)	引起顧客的品牌認定與品牌聯想。
行為 (behavior)	引起顧客的試用、購買、重複購買。

參考資料：Wells, William, Sandra Moriarty, and John Burnett (2006), *Advertising Principles and Practice*, 7th ed., Pearson.

如此可樂：可口可樂的社群贊助

　　1950 年代末期起，可口可樂就已經意識到消費者社群經營的重要性。彼時全美國成立了數百個由可口可樂贊助，結合地區廣播電臺音樂節目，針對青少年而成立的「音響俱樂部」(Hi-Fi Club)。可口可樂將其產品訴求巧妙地穿插在俱樂部集會時的音樂與談話中，透過社群互動培養品牌意識。

2.界定溝通對象

　　溝通對象的人口統計背景（如年齡、性別、教育、所得等）、生活型態、

偏好、媒體習慣、品牌忠誠與購買行為等因素，也是設計一次整合性行銷溝通活動時所需要事先設定的條件。不同的溝通對象，適合不同的溝通工具與溝通訊息。譬如以臺灣消費者目前的媒體習慣而言，中老年人口較合適透過傳統的報紙、電視等媒體接觸，而針對青年人的整合行銷傳播活動便必須考慮納入網際網路、銷售促進活動、參與性活動乃至手機相關溝通等元素，以達到適性溝通的效果。

圖 12-6 由於社群網站的崛起，Facebook 成為行銷者開始重視的溝通管道。

3. 設計溝通工具組合

行銷者確定了溝通目的與對象後，接下來則必須開始規劃所使用的溝通管道。前述的六大類行銷溝通工具中，一部分訴諸人際網絡（如人員銷售、部分的直效行銷、部分的公共關係活動），另一部分則主要倚賴大眾媒體進行傳播（例如廣告、銷售促進、事件／經驗行銷、部分的直效行銷、部分的公共關係活動）。行銷者可以在取得溝通綜效的前提上，靈活搭配運用這些不同的溝通管道。

現代的行銷實務上，在設計整合行銷溝通所使用的管道組合時，除了傳統的大眾傳播媒介外，常會強調訴諸社會網絡的口耳相傳，也就是所謂的「口碑行銷」(word-of-mouth marketing) 或者「病毒式行銷」(viral marketing)。這類非傳統的行銷溝通型態的成功要素，包括：❸

(1)辨識目標溝通對象群中具有影響力的個人，提高對這些影響者的溝通深度與強度。

(2)扶助意見領袖，提供他們試用行銷標的的機會。

(3)鼓勵正向的口碑傳播行為。

(4)建置或協助電子化溝通平臺以利作為口碑行銷的基地。

---

❸ Kotler, Philip and Kevin Lane Keller (2007), *A Framework for Marketing Management*, 3rd ed., Pearson, pp. 285–286.

行銷三兩事：運動行銷

在各種運動賽事裡外，許多品牌廠商透過贊助的方式進行品牌活動。例如，愛迪達花費 2 億美元贊助 2012 年倫敦奧運、聯想電腦花費 1 億 9,000 萬美元進行為期五年的 F1 賽車贊助。據統計，2007 年全年全球透過贊助活動所進行的行銷活動金額高達 380 億美元，而這其中的贊助項目，又以各種運動項目為大宗。顯然地，運動行銷是項大生意。

行銷者贊助運動賽事，一方面因為可以藉之在熱情的觀賽者心底建立起感性的品牌連結，一方面因為賽事贊助的稀有性（例如 FIFA 2010 年的世足賽只有六個贊助商名額）可以確保溝通訊

圖 12-7　　大型運動賽事也是許多廣告商虎視眈眈的舞臺。藉著贊助比賽，可以達到不錯的宣傳效果。

息較不受干擾，而另一方面也因為某些運動賽事項目的觀賽者是廣告商較難透過大眾媒體接觸到的高所得消費者。基於這些原因，相較於在美國超級盃足球賽電視轉播空檔，花 270 萬美元插播一則 30 秒鐘一瞬即逝的廣告，運動賽事贊助似乎挺划算的。

但即便屬於同一家企業，旗下不同的品牌仍有各自合適的贊助項目。以可口可樂公司為例，針對年輕男性的主客群，Coke Zero 贊助的是美國特有的 NASCAR 賽車；Sprite 汽水針對都市消費者贊助 NBA 籃球賽；至於 Diet Coke，則由於偏向女性市場，則主要贊助非運動賽事的奧斯卡影展。

參考資料："Sponsorship Form: The Value of Sport to Other Kinds of Business," *Economist*, August 2, 2008.

4. 設計溝通訊息

溝通工具組合確定後，行銷者針對這些工具的特性，開始設計將用以

溝通的訊息。一般而言，訊息的設計可能以產品或品牌為溝通焦點，而訴求方面則可能偏重功能導向或象徵導向。功能導向的訴求，重點在於溝通產品／品牌獨特的設計、規格、成分或者用法，強調對於使用者而言的功能性利益。至於象徵導向的訴求，則通常強調產品／品牌對於使用者品味、地位、情緒、認同等方面的象徵性彰顯。

行銷三兩事：禁菸溝通企圖的反效果

根據 Wikipedia 的敘述，「功能性磁振造影（functional magnetic resonance imaging, FMRI）是一種新興的神經影像學方式，其原理是利用磁振造影來測量神經元活動所引發之血液動力的改變。目前主要是運用在研究人及動物的腦或脊髓。……

品牌專家 Lindstrom 和其合作研究團隊，利用 FMRI 的神經影像技術，針對各國香菸盒上各種健康警語字句／圖案對於癮君子的實際影響進行實驗。他們吃驚地發現，這些警語字句／圖案非但無法說服癮君子不抽菸，反而刺激

圖 12-8　研究結果發現香菸盒上各種健康警語字句非但無法說服癮君子不抽菸，反而還有造成菸槍們對於香菸渴望的反效果。

了菸槍大腦中俗稱「成癮點」(craving spot) 的「伏隔核」(nucleus accumbens)。這樣的刺激反而造成菸槍們對於香菸的渴望。根據 Lindstrom 的說法，菸盒上的健康警告因此實際扮演的角色是鼓勵菸槍繼續吸菸。

參考資料：Lindstrom, Martin (2008), *Buyology: Truth and Lies about Why We Buy*, Broadway Business 其中譯本《買》，中國人民大學出版社與 http://zh.wikipedia.org/wiki/ 功能性磁共振成像。

5. 編列溝通預算

各種溝通工具的運用都需要付出成本，因此必須在執行前編列預算。預算的編列可能由總預算的決定開始，在總預算額度下針對各種溝通工具

的使用成本進行分配攤派,這是所謂由上而下 (top down) 的預算編列方式。另一種編列模式,則是先決定各溝通工具的溝通預算,再加總而得總預算,這是所謂由下而上 (bottom up) 的預算編列方式。

至於預算額度的決定, 通常則有以下幾種方式:

⑴目標導向法

此時行銷者先針對市場佔有率、銷售成長或其他策略性考量 (例如阻卻新競爭者進入等),先行設定目標。而後,依照歷史經驗,估算在前述行銷溝通工具組合設計下,欲達成該特殊目標所需花費的成本。

⑵競爭等價法

這是一種防禦性質的預算設定方法。行銷者在掌握主要競爭者的行銷溝通計劃、粗略估算其溝通成本後,以維持既有的市場佔有率以及市場溝通份額 (share of voice,即競爭者間在市場上各種溝通密度相對於市場總溝通密度的比例) 為原則,設定溝通預算。

⑶銷售百分比法

某些歷史悠久的大型企業, 在市場上的競爭趨於均衡的營業條件下,會將營業額中的某一固定比例配置為行銷溝通的預算。這也是一種防禦性與維持性的溝通預算編定方法。

⑷量力而為法

許多行銷者短期內因組織內部或市場環境的因素, 選擇將資源優先用於其他方面, 有剩餘的部分才用於行銷溝通, 這便是所謂的量力而為法。此方法為一些不瞭解行銷溝通重要性或無品牌經營企圖的行銷者所採用;其缺點在於不確定的溝通預算常無法支持需要長期投注資源的品牌管理。

6.擬定溝通時程

預算確立後, 行銷者可進一步規劃溝通時程的細節。根據整合行銷溝通的精神, 各種溝通工具使用上的時程安排, 應當積極尋求安排於後的溝通活動以之前溝通活動為槓桿而求綜效的機會。例如 Apple 公司常常先在產品發表會 (一種公共關係活動) 中提早宣告引人注意的新產品上市訊息,若干時日後再藉由媒體報導其產品上市日 (又是一種公共關係的運用) 塑造其忠誠顧客的期待, 並將產品上市首日企劃為重大事件吸引忠誠顧客的

徹夜排隊尋求首購（事件行銷），零售點外徹夜排隊的人龍隔日再次成為媒體報導的焦點（再一次公共關係運作），之後才開始以大幅度的廣告行動向一般消費者進行溝通。這其中每一個動作，都充分運用之前積累出的溝通能量，讓溝通行動更加有效。

7. 執行溝通活動

在溝通活動執行期間，行銷者一方面密切盯緊原先規劃的各種時程，另一方面尚須時時注意市場動態，適時針對新狀況調整溝通的訊息與工具。在下一章中，我們將具體說明整合行銷溝通活動各要素執行上的重點，以及各種行銷溝通專業服務在溝通規劃、執行上所能扮演的角色。

8. 評估溝通結果

整合行銷溝通的最終目的，就企業情境而言仍在交易的促成。因此長期銷售量的變化便成為溝通效果的長期指標。就短期而言，不同的溝通工具有不同的效果評估方法。例如，廣告的結果可透過針對目標售眾樣本施行廣告後測 (post-test) 而測量；事件行銷的短期效果可藉由參與人數來評估；直效行銷、人員銷售與銷售促進等溝通工具的施用結果評估則著重其對短期銷售量提升的實際效果。

12.4　整合行銷溝通結果的衡量

總的來說，整合行銷溝通專案的結果評估，常藉由溝通前後表 12-6 所列的不同面向指標，透過問卷調查、焦點訪談、深度訪談與行銷者資料庫分析等質性／量化行銷研究方法搭配來進行。而這些指標，也常在專案開始時的溝通目標界定過程中，就被行銷者加以設定，要求能透過一個溝通專案達成特定、可測量的結果。

→ 表 12–6　常見的行銷溝通結果測量項目

測量向度	測量項目
認知方面	知名度：目標客群有多少人知道目標品牌／產品／服務 指名度：目標客群有多少人指出目標品牌／產品／服務是其首選 品牌／產品知識：目標客群對於目標品牌／產品／服務有多少瞭解 品牌／產品聯想：目標客群對於目標品牌／產品／服務產生什麼樣的聯想
情感方面	品牌／產品距離：目標客群覺得目標品牌／產品／服務與其距離有多遠 品牌認同：目標客群覺得目標品牌／產品／服務能代表自己的程度 態度忠誠：目標客群在心理上對於目標品牌／產品／服務有多忠誠，對於替該品牌／產品／服務進行口碑傳播有多少熱情
行為方面	目標客群中有多少試用者 目標客群中有多少重複購買者 目標客群的購買頻率 目標客群的購買數量 新顧客的增加率 現有顧客的流失率

行銷三兩事：手工優格

「雪坊精緻手工優格」(Snow Factory Homemade Yogurt) 創立於 2007 年，由兩位當時就讀於臺大商研所的碩士生與其朋友共 3 人集資成立。雪坊初期並無實體店面，2007 年 12 月 22 日，他們藉由 Yahoo! 奇摩拍賣上線營業，產品線包含手工純優格及手工果醬，之後並陸續開發手工優格皂等相關產品。其主打的手工純優格產品，主要訴求為 100% 使用林鳳營鮮乳製作、無人工添加，且產品呈現良好凝固狀態的無糖優格。

根據經營者的自述：「純淨，是雪坊品牌名稱的中心精神，而『雪』的象徵意義正是純白無瑕、潔淨、舒服、溫柔，因此雪坊取『雪』來譬喻『優格』，將品牌名稱取為『雪坊優格』，其標語 (slogan) 則定為『純淨似雪的溫柔』。此外，雪坊優格另外以『嚴選 100% 林鳳營鮮乳／完美凝固、黃金發酵／用心呵護每一個小細節』作為其對產品服務上的宣誓，強調的則為其專業性。建立品牌形象是雪坊優格的經營重點，目的是與網路拍賣、電子商店現存的優格賣家、蛋糕甜點賣家差異化，因此雪坊致力於在所有和消費者直接或間接溝通、接觸的管道傳達一致的品牌形象。包含賣場設計、部落格設計、產品包裝設計等，都是以簡單高雅為風格、以純白色和一些淡水藍色作為主色、

並以質感傳遞專業感。」

在創業之初亟欲讓市場認識該品牌產品的整合行銷溝通動作方面，根據經營者的詮釋：「放眼臺面上以電子商店起家的小型網路零售食品商家，大部分都是依循一個類似的模式發展：透過網際網路開始慢慢累積口碑，吸引美食節目（如非凡電視臺『大探索』等）、報紙副刊報導後因爆紅而打開知名度；之後便於各種傳播管道中以『感謝媒體報導』的方式再度使用這些報導資訊為品牌背書。綜觀雪坊優格的歷史，大體上亦與這樣的發展雷同，但發展速度相對較快，第一次登上臺灣第一大報介紹優格時，才上市 3 個月；第一次登上新聞報導，約上市滿 6 個月；第一次上綜藝節目，約上市滿 7 個月；甚至在同一個月連上 3 個收視率高、名主持人主持的電視節目。」

下圖為創業者之一所整理出的這個新創事業創業一年內，各種媒體報導與優格產品銷售量間的關係示例。

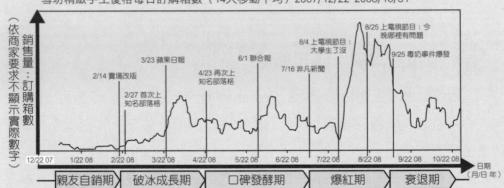

雪坊精緻手工優格每日訂購箱數（14天移動平均）2007/12/22~2008/10/31

根據創業者以親身經驗整理出來的心得，「小型網路零售食品商家，受限於行銷預算，其整合行銷傳播的執行過程是一個動態歷程：先使用口碑行銷工具承先啟後，配合部落格、網拍賣場散播話題，待累積網路上知名度後，再吸引媒體報導進入第二階段，利用行銷公共關係工具，如電視、報紙、雜誌的產品報導。」

下圖則是創業者所整理出，用以說明這種兩階段式的發展進程。此外，她也認為，這種結合口碑傳播與媒體報導、涵蓋廣告、公共關係、銷售促進等手法的新創事業整合行銷溝通模式，同時也可以發揮「激勵網路口碑的發生可以達成搜尋引擎最佳化，讓搜尋引擎在產品相關的關鍵字進行搜尋時，找到該品牌相關網頁的數量變多、且排名往前」的效果。

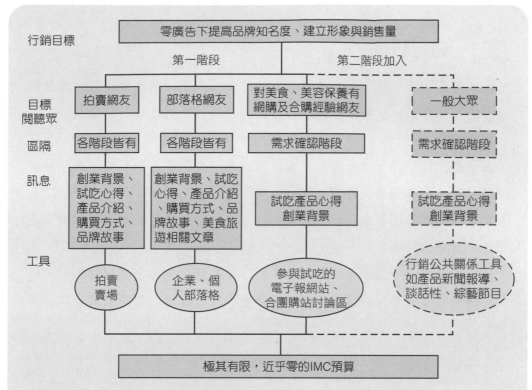

行銷目標　　　　　零廣告下提高品牌知名度、建立形象與銷售量

第一階段　　　　　　　　第二階段加入

目標
閱聽眾　　拍賣網友　　　部落格網友　　對美食、美容保養有　　　　一般大眾
　　　　　　　　　　　　　　　　　　　網購及合購經驗網友

區隔　　各階段皆有　　各階段皆有　　需求確認階段　　　　需求確認階段

訊息　　創業背景、　創業背景、試吃　　　　　　　　　　　試吃產品心得
　　　　試吃心得、　心得、產品介紹　　試吃產品心得　　　創業背景
　　　　產品介紹、　、購買方式、品　　創業背景
　　　　購買方式、　牌故事、美食旅
　　　　品牌故事　　遊相關文章

工具　　拍賣　　　企業、個　　參與試吃的　　　行銷公共關係工具
　　　　賣場　　　人部落格　　電子報網站、　　如產品新聞報導、
　　　　　　　　　　　　　　　合團購站討論區　　談話性、綜藝節目

極其有限，近乎零的IMC預算

參考資料：黎懿慧 (2008)，〈網路零售口碑行銷策略——雪坊優格之個案探討〉，國立臺
灣大學商學研究所碩士學位論文；引號內文字與兩圖皆取自該論文。該品牌
網頁包括 http://liyihui.myweb.hinet.net/newstore2.html，http://snowfactory.
pixnet.net/blog 與 http://tw.user.bid.yahoo.com/tw/user/snowfactory100 等。

分組討論

1. 本章章首的「行銷三兩事」中，以桂冠食品為例，說明整合行銷溝通活動的實際作業。從生活經驗中，你能夠再舉出一個整合行銷溝通活動的例子嗎？

2. 承上題，比較你所舉出的例子與桂冠食品「我們這一鍋」的活動，相同處有哪些？相異處又有哪些？

3. 當學校裡的社團要進行活動的宣傳時，整合行銷溝通的概念可以用得上嗎？請舉例說明。

4. 如果一個整合行銷溝通活動失敗了，可能是什麼地方出了問題？

5. 上網搜尋並彙整國內協助行銷者進行整合行銷溝通（而不只廣告）的業者。

筆記欄

13

整合行銷溝通的工具

本章重點
◢ 認識廣告管理
◢ 認識銷售促進管理
◢ 認識公共關係管理
◢ 認識直效行銷管理
◢ 認識人員銷售管理

行銷三兩事： 海角奇蹟

2008 年夏末秋初，臺灣的電影市場在沉寂許久之後，因為《海角七號》一片的意外爆紅，而掀起一股「海角」旋風。事後檢視這部國片所引動的風潮，可以發現它的成功是由諸多因素的湊集而成：

1.產品價值符合社會環境的需求

《海角七號》的劇情貼近臺灣社會大部分人的生活脈動，也反映出社會的多元價值觀。2008年，臺灣的社會環境在各種國內外政經發展的情勢帶動下，開始了影響深遠的結構性改變，群體自信也隨之部分流失。這時，《海角七號》所牽引出的在地樸質情感與自信，一時間便替這個缺乏方向感而失焦的社會提供偌大的價值認同。這種共鳴感，是這部影片在臺灣受到大規模歡迎（而在其他市場表現平平）的基本原因。

圖 13-1　2008 年夏天上映的海角七號，上映初期即有良好的口碑，掀起一陣海角旋風，締造了驚人的票房。

2.上演時段正逢市場競爭的空隙

《海角七號》於 2008 年 8 月底上片，時值暑假檔期末尾，暑期的強檔片都已映過，市場上並無其他強片。因此，一旦造成話題，《海角七號》便成為電影市場中所有目光的焦點。

3.上演前有效醞釀行銷溝通話題

《海角七號》的劇情中，布滿與異業（如臺啤、光陽機車、夏都飯店、馬拉桑小米酒等）結合的元素，這些異業廠商自然願意用自己的口徑替這部影片與

圖 13-2　電影出現的相關產業，例如臺灣啤酒、馬拉桑小米酒、觀光飯店、光陽機車等，也有大幅銷量成長。

觀眾溝通。同時，在拍攝過程中，行銷團隊即設計如中孝介、梁文音等演出話題，並巧妙運用在地語言，設計出色彩鮮明而自然的人物對白。這些，都讓上片後的公共關係操作與口碑行銷找到合適的施力點。

4.成功引發口碑行銷

　　《海角七號》上片之際曾廣邀 8,000 人次的觀眾進行試映活動，且這 8,000 人次包含了傳統的意見領袖以及部落格風潮中的線上意見領袖。這些意見領袖透過社會網絡與部落格等線上溝通機制，將前述影片中的「共鳴感」價值告知其他未曾觀片的親友或讀者，成功地替影片進行大規模的口碑行銷。

參考資料：動腦雜誌編輯部 (2008)，〈「海角七號」行銷解密〉，《動腦雜誌》，11 月號，54–58；李哲昌 (2008)，〈我想說的話，「海角」幫我講了〉，《動腦雜誌》，11 月號，頁 59–62。

13.1　廣告管理

如此可樂：可口可樂創辦者的名言

　　可口可樂的發明人與創始者 Pemberton 早年曾表示：「如果我有 25,000 元美金，我會將其中 1,000 元拿來製造可口可樂，另外的 24,000 元拿來替可口可樂做廣告。」一語道破百年多來可口可樂在行銷方面對於廣告活動的倚賴。

13.1.1　廣告活動的目的

　　一般而言，廣告活動的目的可概分為告知、說服與強化提醒等三大類型。當行銷組合有具體變化，而此一變化創造出新價值給顧客時，如新產品推出、折扣活動、會員優惠、新通路引入等，行銷者運用廣告活動將此一新價值告知顧客，此即告知型態的廣告。當行銷者透過功能性或象徵性的訴求，與已經大致知曉目標產品／品牌的顧客進行較深度的溝通，以影

響他們的偏好、信念和購買意向時，廣告型態則屬於說服性廣告。而當顧客對於目標產品／品牌已有具體認知與一定的經驗後，行銷者常常還需要藉由提醒性或強化性的廣告，時時喚醒顧客的品牌記憶，維持先前各種溝通的效果。

行銷三兩事：活生生的廣告

在資訊充斥、經過半個多世紀電視廣告發展之效果日漸被質疑的今天，有些過去的人主張「廣告已死」。當然，這只是個聳動的極端說法。數位產業顧問雷伯特 (Rayport) 近期提出一個說法，認為傳統以電視廣告為代表的插播式廣告 (interstitial ad)，在消費者充滿選擇的今日已不管用。他認為，要讓廣告的價值再度發揮，就應該讓廣告融入消費者願意接受訊息刺激的時間與地點。這樣的廣告，在消費者最無聊、最缺乏刺激的時間出現，且其訊息內容融入背景環境而不突兀，不無端騷擾消費者。Rayport 把這種新型態的廣告方式叫作「活生生的廣告」(vivistitial)；電梯裡的廣告螢幕、Google 的關鍵字廣告，都符合前述條件，屬於「活生生的廣告」。他認為，「活生生的廣告」有五種：(1)如電梯廣告般運用地點上的縫隙進行廣告置入，可稱為「空間置入廣告」(locostitial)；(2)把握住消費者動機與動機間的空隙置入，如 Nike 的 "Just Do It"，稱為「心理置入式廣告」；(3)將訊息置入社會生活的縫隙，如 Tupperware 以家庭聚會銷售產品，稱為「社會置入廣告」(sociostitial)；(4)若消費者認同某品牌而將該品牌與自身外顯地連結在一塊兒，例如把認同品牌的識別符號穿在身上，則稱為「人情置入式廣告」(anthrostitial)；(5)如果消費者因認同而更積極傳播品牌訊息，例如自製品牌相關廣告而上載至 Youtube 供人瀏覽，則稱為「自主置入式廣告」(autostitial)。

活生生的廣告出現的時間、地點、方式不再受傳統廣告框架

圖 13-3　廣告的形態推陳出新，所謂「活生生的廣告」是指廣告融入消費者願意接受訊息刺激的時間與地點，而不突兀，不無端騷擾消費者。

的禁錮, 廣告創意人腦力的極限才是它的疆界。東京羽田機場兩個航廈的 355 間女廁內, 於 2009 年 1 月起每一間都多了一個 7 吋螢幕, 以兩分鐘為一個循環播放 8 段 15 秒的電視廣告。機場方面稱此一新廣告媒體為羽田空港 "Restroom Channel"。當然, 這個頻道 (channel) 的廣告要有效果, 首先需要受眾願意好整以暇地輕鬆待在狹小的廁間, 因此這 355 間女廁必須非常清潔。還好這是日本, 而且羽田空港的廁所一天有 8 個清掃班次, 所以這方面問題比較小。

參考資料: Rayport, Jeffrey (2008), "Where Is Advertising Going? Into 'Stitials', " *Harvard Business Review*, May, 18–19 以及翟南 (2009),〈啟動感受力, 娛樂無處不在〉,《動腦雜誌》, 6 月號, 頁 26–28。

13.1.2　廣告訊息

廣告訊息的設計, 有若干常見的手法, 以下簡單說明:

1. 單刀直入法

預算較拮据的廣告主, 於小面積的平面廣告空間或電視媒體的數秒鐘靜態畫面旁白廣告使用此種方法, 進行訊息簡單直接的告知性溝通。例如近年常見的, 一次播映時間 10 秒鐘或更短的「家具特賣會」電視廣告, 通常就單刀直入地告知消費者該特賣會的時間、地點以及優惠活動。

2. 詳細說明法

針對產品的功能性訴求, 行銷者透過較長時間的電子媒體廣告溝通或較大篇幅的平面媒體廣告溝通, 企圖詳細解說某一商品的特性與獨特利益, 即為詳細說明法。例如冷氣機廣告訊息中詳述某品牌節能、快冷、安靜、價廉等四個訴求。

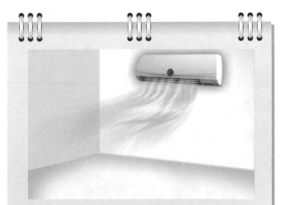

圖 13-4　冷氣機廣告通常主打的是節能、快冷、安靜、價廉等訴求, 要能讓消費者瞭解商品的特性和功能。

3. 對比呈現法

為了凸顯產品差異性, 或者強調產品相較於競爭產品的優越性, 廣告

主溝通的功能性訴求也常以對比的方式呈現。化妝保養品廣告若訴求產品功能，則常見以對比呈現法，對焦於模特兒的臉部或手部，將左右臉或左右手塗抹不同產品，而後凸顯目標產品較優越的使用效果。另外，如各式減重廣告中，模特兒「使用前」與「使用後」的比較，也是對比呈現法的運用。

4. 訴諸恐懼法

如果產品的特性是可以減少或消除某些負面、不悅的經驗或預期，則溝通上有時以受眾的心理恐懼為切入點而設計。例如去除口臭的牙膏，便常以口臭帶來人際關係的負面影響；強調服務迅速的汽車保險以汽車事故中等待保險公司處理的種種不便；訴求避免脂肪的健康食品，以高脂

圖 13-5　保險廣告通常訴諸人們不喜歡的情境，使消費者為了避免恐懼的發生而消費。

食品所隱藏的心血管疾病風險等情境塑造「恐懼」，從而強調產品可協助去除各該恐懼的獨特利益。

5. 幽默法

此法的重點，在於以讓受眾會心莞爾的訊息設計，拉近產品與目標顧客間的心理距離。

6. 懸疑法

此法的重點，在於透過懸宕的訊息設計，誘發受眾的好奇，提高目標客群對於溝通訊息的注意。

7. 生活片段法

利用生活情境的訊息鋪陳，將目標產品加以定位，並且強化

圖 13-6　早餐玉米片廣告經常用親切、平易近人、如日常生活般的手法，讓消費者產生共鳴。

顧客的使用經驗。例如早餐玉米片商品，便常用此種訴求手法，強化顧客與產品之間的心理連結。

8. 代言背書法

透過專家、名人的代言或背書，將行銷溝通訊息對於目標受眾而言的可信度加以提升。使用此種方法的前提是精確設定目標客群，並覓得目標客群信任或喜好的代言者或背書者。

9. 性訴求法

食色性也。在不同的文化中，對於以性為訴求的廣告溝通手法有不同的容忍度。無論尺度為何，性訴求法的使用通常是為了集中受眾的注意，但它雖能吸引受眾目光，卻不見得能讓受眾經由這個方式記住所欲溝通的品牌／產品。

10. 音樂訴求法

如果能有效地結合音樂與廣告訊息並且讓受眾接受，則音樂訴求法常可深化目標客群的產品或品牌記憶。在臺灣廣告史上，「野狼 125」、「綠油精」、「足爽」、「飛羚 101」等至少 20 年前的電視廣告，無論其雅俗，其配樂至今仍為當時的受眾所朗朗上口。

11. 奇幻誇張法

透過超現實的誇張表現手法，有時可以很有力地彰顯產品的利益。例如 Toyota Yaris 的電視廣告中，擬人化的 Yaris 小車可以將行李輸送帶上所有的行李都裝進車裡，最後將一架噴射客機也「吃」進去，並且打了一個飽嗝，便是以此法強調車小容量大的行銷溝通企圖。

12. 原產地訴求法

對於一些顧客而言，某些國家的代表性產品類別，在認知上一方面等於是品質的保證，另一方面尚且可能有譬如地位、身分、品味彰顯等象徵性的使用利益；譬如瑞士製的鐘錶、德國製的汽車與工具機、俄羅斯製的魚子醬、日本製的家電等等。於行銷溝通時針對客群特別強調這些特殊的產品來源國，可以提高某些顧客的購買興趣、強化這些顧客的選購信心。

13. 轟炸法

作為一個電視觀眾，你應當很熟悉某些品牌轟炸式的電視廣告：訊息

簡單但頻繁出現。你常會覺得討厭這些品牌，但你也因為這些轟炸而把它們給記住了。這是轟炸法廣告訊息設計的重點所在：讓顧客牢牢記住品牌／產品。中國的織品商恆源祥企業，十幾年來在舊曆年前後重複「鼠鼠鼠」、「恆源祥……」、「牛牛牛」、「恆源祥……」這樣語音反覆、畫面單調的生肖主題賀年廣告。很多中國電視觀眾都表示看得很厭煩了，但所有人也都記得了這個織品服飾品牌。

行銷三兩事：USP

獨特銷售訴求 (unique selling proposition, USP) 是 1940 年代美國 Ted Bates & Company 廣告公司的羅瑟瑞夫斯 (Rosser Reeves) 首先提出的一個概念。根據 Reeves 後來的解釋，USP 應是廣告各元素匯聚的焦點。與特定產品／品牌相關的每個廣告，都應說服受眾該產品／品牌有其他產品／品牌無法提供的特殊利益，而且這樣的特殊利益的強度要大、說法要好記到足以吸引新顧客採用該品牌／產品。

所以，一個有效的 USP，一方面必須溝通品牌／產品的特殊利益，另一方面最好還能讓潛在顧客能朗朗上口。例如海倫仙度絲 (Head & Shoulders) 的「頭皮屑不見了」(You get rid of dandruff)，M&M's 巧克力的「只溶你口，不溶你手」(The milk chocolate melts in your mouth, not in your hand)，臺

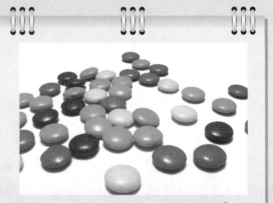

圖 13-7　M&M's 巧克力的宣傳詞「只溶你口，不溶你手」，不但讓消費者印象深刻、朗朗上口，也成功的傳達了產品的特性。

灣近期 3M 魔布強效拖把的「一把抵兩把，何需瑪麗亞」，頂好超市的「女人說好，才算頂好」，都是在行銷溝通的過程中藉由簡潔、巧妙、有力的說法，直接說服消費者的 USP。

13.1.3　媒體規劃與購買

　　廣告活動在市場區隔與定位的策略指引下，針對目標客群的媒體使用習慣、產品特性、廣告訊息設計等考量，在預算限制下尋求廣告效果的最大化。進行媒體規劃時，行銷者（也就是廣告主）透過廣告代理商 (advertising agency) 的協助，在瞭解各種媒體載具（vehicle，如電視媒體中某電視臺的一連續劇節目、報紙媒體中的某家報紙、網際網路媒體中的某一網站）的各種廣告模式所需成本後，依照預算限制，以數量分析方法（如線性規劃）求得可以最大化廣告曝露 (exposure) 或最大化有效廣告曝露的最適載具購買配置，或是依循經驗法則與人際網絡關係進行購買。這裡所謂的廣告曝露，通常以目標受眾中可接觸到該廣告訊息至少一次的比例（即「接觸率」，reach, R）與目標受眾平均接受訊息的頻率 (frequency, F) 兩者之乘積 (R × F) 加以衡量。接觸率的百分值乘上頻率，又被稱為 gross rating points (GRP)。例如接觸率為 60%，平均頻率為 4.5，則 GRP=60 × 4.5=270。GRP 因此也代表了目標受眾平均而言接觸某廣告的密度。另外，如果針對目標受眾進行廣告測試，又可再取得該廣告相對影響力 (impact, I) 的數據。將接觸率、平均接受訊息頻率和廣告影響力三者相乘 (R × F × I)，則可衡量有效廣告曝露值。

💲 行銷三兩事：　早期的廣告活動

　　人類社會中只要有商業活動，就會出現各種行銷溝通的作法以促進交易。千年前唐朝杜牧的〈江南春絕句〉詩中提到「千里鶯啼綠映紅，水村山郭酒旗風」，這些酒旗就扮演了「前廣告」時代類似今天戶外看板廣告的角色。至於名副其實藉諸大眾媒體刊登的廣告，在中國從清朝時期開始。1861 年，上海出現由英商所創的第一份近代中文報紙《上海新報》，一開始即招攬時稱「告白」的廣告曰：「開店鋪者，每以貨物不銷，費用多金刷印招貼，一經風雨吹殘，或被閒人扯壞，即屬無用。且如覓務尋人，延師訪友，亦常見有招貼者。似不若敘明大略，印入此報，所費固屬無多，傳聞更覺周密」。把報紙廣告的特性簡潔扼要地摩畫出來。梁啟超於戊戌政變失敗後流亡日本，在華僑資助

下創辦《清議報》，自 1898 年起即於報上招攬時稱「告白」的廣告，並且陳示價目。同一時期，上海《申報》也大量於報頁間刊登廣告。

至於在臺灣，第一份近代意義的商業報紙《臺灣新報》，由日本人山下秀實在日治初期的 1896 年，於現在的臺北博愛路創刊。發行當日即刊登有臺北日本齒科醫生「齒科專門醫術開業」的廣告。

參考資料：劉家林 (2000)，《新編中外廣告通史》，中國暨南大學出版社；陳柔縉 (2005)，《臺灣西方文明初體驗》，臺北麥田出版社。

13.1.4　廣告代理商

廣告代理商 (advertising agency) 也就是俗稱的廣告公司，是一種外於廣告主的獨立事業機構。其營運模式，是透過自有的創意與業務相關人員，負責替廣告主進行廣告策劃、廣告製作、媒體購買乃至相關研究等服務。除了一般企業都會具備的財務、會計、人事等支援性功能單位外，一個綜合性的廣告代理商通常設置有如表 13–1 所說明的不同部門，以進行完整的廣告代理服務。

表 13–1　綜合性廣告代理商的主要部門與職掌

	主要人員	工作職掌
創意部門	創意文案人員 平面設計人員 完稿人員	創意發想 廣告內容細節設計 準備各種提案 產品命名、包裝設計等服務
業務部門	客戶業務專員 (account executive, AE) 行銷企劃人員	策劃接觸新顧客 既有顧客的關係管理 代理顧客執行廣告預算 作為顧客與代理商間的溝通橋梁
媒體部門	媒體企劃人員 媒體購買人員	進行排程規劃工作 依據顧客的委託進行媒體購買
控管部門	專案控管人員	掌控廣告專案的整個進度與流程
研究部門	行銷研究人員	環境、市場、趨勢調查 廣告播出前的前測 (pre-test) 廣告播出後的後測 (post-test)

參考資料：劉美琪、許安琪、漆梅君、于心如 (2000)，《當代廣告：概念與操作》。

　　除了綜合性、傳統上以大眾傳播媒體為主要溝通平臺的廣告代理商外，行銷者尋求分眾溝通機會時，還有可能尋求如電梯內廣告、捷運車站車廂廣告、電子看板廣告乃至近年發展迅速的網路搜尋引擎關鍵字廣告等等媒體上的溝通機會。此時，則常透過專營這些媒體仲介業務的媒體代理商來進行廣告活動。

 行銷三兩事：臺灣的廣告量

　　根據《動腦雜誌》的統計，2008 年全臺總廣告量約新臺幣 1,011 億元，而其分配狀況如下表：

媒體	廣告量（億元）	市場佔有率
電視廣告	260.00	25.72%
展場廣告	133.89	13.24%
派夾報廣告	112.59	11.14%
報紙廣告	108.99	10.78%
戶外廣告	88.20	8.72%
雜誌廣告	67.23	6.65%
網路廣告	57.86	5.72%
直銷 DM	47.27	4.68%
廣播廣告	31.98	3.16%
其他	102.99	10.19%
總計	1,011.00	100%

參考資料：動腦雜誌編輯部 (2009)，〈2008 年臺灣總廣告量統計〉，《動腦雜誌》，3 月號，頁 69。

　　在中國，如果只計電視、報紙、雜誌與網路等 4 種媒體，則 2008 年 4 種媒體廣告量總計為 5,335 億元人民幣。其中，電視廣告佔了約 81%，報紙廣告佔了約 15%，雜誌廣告佔了約 2%，而網路廣告也佔約 2%。

參考資料：慧典市場研究報告網 http://www.hdcmr.com/。

13.2　銷售促進管理

　　銷售促進是行銷者藉由提供顧客誘因而刺激顧客購買的行銷溝通方式。如果說廣告的作用在於提升長期銷售成果,則銷售促進的作用則在於鼓舞顧客當下的購買,藉以提升短期的銷售量。

　　一般而言,製造商的銷售促進,主要可分為針對通路商(含批發商、零售商)與銷售業務人員所進行的業界促銷(trade promotion;又稱內部促銷),以及針對最終消費者所進行的外部促銷兩大類型。前者,操作原則上屬於激勵通路成員配合,由上游往下游層層推動的「推」(push) 式策略;後者則屬於誘導消費者提升需求,進而牽引通路成員配合的「拉」(pull) 式策略。常見的業界促銷包括直接折扣、通路配合活動的折讓、免費產品、商業展覽、銷售競賽、紀念性贈品等方法。至於外部促銷,表 13–2 列舉國內常見的方法,並說明各方法的主要作用。◎代表該方法的主要效果,○代表次要效果。

● 表 13–2　常見的 B2C 銷售促進方法

	提高知名度	溝通產品功能	刺激首次使用	刺激重複購買	促進轉換品牌	增加購買數量	阻卻顧客流失
試用	○	◎	◎		◎		
降價／折扣		○	○	◎	◎	◎	○
折價券	◎	○	○	○	◎		○
贈品			○	○			
抽獎			○	○			
遊戲	○		○	○	○		
紅利積點				○		◎	◎

參考並改編自:劉美琪、許安琪、漆梅君、于心如 (2000),《當代廣告:概念與操作》,頁 326。

銷售促進在實務上有以下幾方面的規劃與管理要項：

1.主要誘因設計

首先要針對促銷的目的以及目標客群，在預算限制下選擇主要的促銷型態，並決定誘因的大小以及給予方式。

2.時程安排

與促銷有關的時程安排，涵蓋活動前置作業時間、重要配合溝通活動進行時間、實際活動起始日、活動中止日、協力通路商款項清算等重要的活動時程。

3.詳細促銷條件擬定

臺灣媒體前幾年報導「卡神」楊蕙如，透過銀行信用卡促銷的條款漏洞，取得大量的優惠與禮品。這樣的事件提醒行銷者，在設計促銷活動時，一方面需要從法律的角度縝密地檢視各種促銷細節條款，另一方面需要模擬各種情境以確認促銷設計的原意，不會因聰明顧客未必不合法的「套利」行為所扭曲。

圖 13-8　前幾年的「卡神」新聞提醒業者需要更縝密地檢視各種促銷細節條款，避免因聰明顧客的「套利」行為而造成困擾。

4.訊息管道與誘因配合通路

促銷活動常需透過廣告或公共關係的輔助，讓目標客群廣知。因此，促銷活動的設計還牽涉到訊息溝通管道的設計。此外，製造商提供給終端消費者的誘因（如贈品、折價券），也需要通路商的配合發送與兌換。因此，促銷管理也與通路管理有密不可分的關係。

5.異常狀況處理

如上所述，一次大規模的促銷活動，往往牽涉到繁複的時程安排與密集的媒體、通路配合。實際執行時，行銷者必須時時掌控活動狀況。當發現參與顧客過少、與目標客群溝通不良、促銷條件設計出現瑕疵、配合廠商配合不力，甚至活動過程中出現偽造作假狀況等常見的促銷活動異常狀

況時，行銷者必須在維護商譽、保障顧客權益的精神下明快地進行處理。

　　就如同廣告活動般，行銷者進行銷售促進管理時，可能會訴諸專業服務業者的協助，以促進效率、提高效果。表 13-3 列出某銷售促進溝通的專業服務業者其服務項目，以說明實務上進行此類溝通時的程序與關鍵管理環節。

➔ 表 13-3　銷售促進溝通的程序與關鍵管理環節

銷售促進溝通程序	關鍵管理環節
策略性企劃	1. 活動目標之評估 2. 促銷策略之發展 3. 創意及活動概念之發展 4. 執行計劃書之擬定 5. 活動事後分析及建議
創意及設計	1. 促銷活動傳播 2. 平面設計 3. 會議及商品展示設計
促銷活動	1. 派樣活動（逐戶派樣、定點派樣） 2. 超市及戶外促銷活動 3. 商品陳列 4. 會議管理 5. 大型活動 (event) 6. 展覽會 7. 鋪貨調查 8. 抽獎活動 9. 郵件處理及代工

參考資料：http://www.ogilvy.com.tw

13.3　事件行銷與體驗行銷管理

　　事件行銷是組織結合廣告、公共關係甚至銷售促進活動，而將溝通企圖對焦於一受行銷者管理的事件；透過該事件，行銷者整合溝通資源，而將欲溝通之利益傳遞予目標顧客。事件行銷與其他行銷溝通活動相輔相成，若操作得宜，它可能加大廣告活動的槓桿效果、創造公共關係經營的機會、提供促銷活動的主題。ING 人壽過去多年舉辦的馬拉松路跑、Lexus 汽車贊

助音樂會，甚至政黨的街頭遊行活動，都是透過事件行銷經營客群、擴大溝通效果的例子。除了訴求大眾客群，強調吸引人氣與注意的巨觀面事件行銷外，由於顧客關係管理概念的風行，晚近尚且有微觀面的事件行銷概念。所謂的微觀面事件行銷 (event-based marketing)，往往是行銷者透過客戶資料的分析，辨識出個別顧客的特殊需求，針對該需求而進行客製化溝通的作法。例如銀行透過顧客信用卡消費紀錄，推測某信用良好的顧客近期可能有大筆支出，從而對該顧客銷售信用貸款商品，或者對存款額驟增的客戶主動提供理財服務，都是微觀面個體化事件行銷的簡例。

如此可樂：可口可樂的奧運行銷

1996 年奧運會於可口可樂發源地的美國亞特蘭大舉行。作為「地主」的可口可樂抓住這個吸引目光焦點的機會，以 1,200 萬美金的代價向奧委會取得聖火橫度美國的贊助權。在這個橫跨 15,000 英里，時間長達 84 天的「事件」中，可口可樂安插了數千名自各個社群中選出的「象徵美國精神」的美國人，與數百名來自全世界各地的類似代表參與聖火的接力傳遞。整個的聖火接力透過精細的規劃（腳本以分為計時單位）進行，路線的安排則讓聖火會通過全美國 90% 人口在兩小時車程內到得了的地方。雖然依規定持聖火者本身不能穿戴任何有可口可樂標誌的服飾，但所有周邊的擺設、隨行的人員與車輛則布滿了可口可樂的商標。隨著美國電視網逐日的報導，可口可樂藉由這場 84 天的街頭盛宴，創造了難以數計的媒體曝光與品牌提醒效果。

13.4　公共關係管理

根據美國公共關係協會 (The Public Relations Society of America, PRSA) 的觀點，公共關係是協助組織與其所面對之「大眾」相互適應彼此的一種管理功能。更具體地說，此一管理功能涵蓋：❶

---

❶　詳 PRSA 的說明，http://www.prsa.org/aboutUs/officialStatement.html

(1)對於與組織相關的大眾意見、態度與議題，加以預測、分析與詮釋。

(2)在考慮組織社會責任的前提下，對於組織內各階層的政策決定、行事風格與溝通方法，提供具體意見。

(3)在輔助組織成功達成目標的前提下，持續對於涵蓋行銷、財務、募款、員工社群、政府關係等組織的對外溝通事項加以研究、執行與評估。

(4)規劃並執行公共政策的遊說工作。

(5)對於以上各工作所需的管理目標、規劃過程、預算控制與人員訓練等資源事項進行管理。

(6)實務操作上，妥善地運用溝通藝術、心理學、社會心理學、社會學、政治學、經濟學與管理學等知識，執行公眾意見研究、公眾議題分析、直效溝通、組織廣告、印刷品與影音溝通品製發、特殊事件、演講、展示等工作。

在這樣的背景下，公共關係的觸角非常的廣泛，包括：

1.媒體關係

成功的公共關係，建基在有效地透過第三方媒體報導，以低成本取得大規模行銷溝通的槓桿效果。因此，與媒體保持友好的關係，是公共關係操作成功的前提。

2.議題／話題設定以吸引目標客群注意

公共關係的成功，除了媒體報導外，另一個要素是精確的溝通訊息設計。行銷者期盼媒體報導，且希望媒體報導的主軸與行銷者想傳遞的訊息一致；這時候，是否能設計出一方面緊扣溝通重點且能吸引媒體報導興趣，另一

圖 13-9　日系服裝品牌 UNIQLO 在臺灣開幕前，藉由在 Facebook 推出的排隊遊戲和媒體通路大量曝光，就已經眾所矚目。

方面可以讓目標客群透過報導而注意溝通訊息的議題，便十分重要。例如 Mister Donut 剛引入臺灣時僅在臺北天母設店，初期吸引很多人前往嘗新。「一圈難求」的話題加上排隊的人龍，吸引了媒體的注意而加以大幅報導，便吸引更多的人潮一探究竟。這便是成功經營話題的公關實例。

3. 協助新產品上市

包括汽車、3C 產品、服飾乃至食品，都常見新產品推出時舉辦產品發表會。這類活動的目的，也在於企求媒體報導，使目標客群容易知曉產品上市的訊息。

4. 事件行銷管理

上一節提到的事件行銷，也是廣義的公共關係的一環。事件或活動發生前的告知，以及事件或活動結束後針對該事件／活動內容的傳播與溝通，都有賴媒體的報導，也因此都需要公共關係的操作。

5. 公領域遊說

組織的發展以及價值的創發，常常與某些政府政策或法律規範有關。此時，公共關係運用特定的議題，向政府、民意機關乃至於相關大眾進行溝通，便屬於公領域的遊說。

6. 組織相關網站的管理

在網際網路普及的年代，行銷組織的網站是所有公共關係活動的重要支點。無論是議題的定調、媒體新聞稿的散發、事件或活動的細節、突發狀況的應變等公共關係的操作，都適合以組織的網站作為溝通的平臺與基礎。此外，高階經理人以部落格的型態，塑造個人化溝通的環境，是歐美不少企業近年的流行。這些部落格，也是公共關係中日漸重要的羽翼。

7. 企業形象管理

企業形象的建立，有助於品牌的經營與顧客的認同。從公共關係的角度而言，企業形象的管理牽涉到企業識別系統 (corporate identity system, CIS)、公益活動贊助和參與、雇傭關係的維繫等等方面的管理。

8. 危機處理

企業時或面臨來自組織內（如罷工、工安事件、高層人事紛爭等）、市場中（如嚴重客訴、同業詆毀、產品需回收等）或整體經營環境裡（如天災、人禍、經濟景氣等）的危機。危機的處理直接牽涉到企業的形象以及顧客的信任，因此是公共關係中重要的一環。公關作業中，需要針對各種危機情境，設定標準作業模式、指定可掌握全盤狀況的發言人、並組織可迅速動員的危機處理小組。

如此可樂：可口可樂的危機處理

　　即便強勢如可口可樂，仍然會遇到一些意想不到的橫禍。1999 年 6 月 8 日，39 名比利時學生抱怨因為喝了可口可樂而頭痛、噁心；兩天之後，又有另一批比利時學生報告飲用可口可樂後出現胃痛、頭暈等症狀。歐洲的媒體開始大幅報導這些健康事件。6 月 14 日，比利時政府下令可口可樂公司進行全面性的產品回收，並禁止可口可樂於市面上販售。隨著媒體的報導，有越來越多的歐洲各地消費者也聲稱近期喝了可口可樂後身體不舒服。法國、荷蘭、盧森堡等國家也開始採取類似比利時一般的禁令。6 月 16 日，可口可樂公司總裁道格艾維斯特 (Doug Ivester) 發表了第一份公開聲明，但這份有點官腔官調，僅表示會「採取一切必要措施」確保產品品質的聲明，後來被認為是這起緊急事件中可口可樂公司在危機處理與公共關係上的一項敗筆。隔天他意識到事態嚴重，緊急飛往歐洲，在歐洲報紙上刊登全版道歉啟事，並且購買電視廣告時段，承諾事件過後要請比利時所有人民一人一罐可口可樂以致歉。由於各方調查始終無法建立可口可樂產品與各起健康事件間的明確關連，6 月 24 日法、比等國將原先的禁令解除，但可口可樂仍須將這些地區的所有庫存銷毀後，以新生產的可樂產品重新回到市場上架。這整起事後看來有些無厘頭的事件，耗費了可口可樂超過 1 億美元的回收成本，短期內也嚴重損傷了可口可樂在歐陸的形象。

　　同樣地，行銷者進行公共關係活動時，也常尋求專業服務業者（即一般所謂「公關公司」）的協助。表 13–4 列出某公共關係專業服務業者的服務項目，以說明實務上進行此類溝通活動時的關鍵面向。

⊙ 表 13–4　公共關係專業服務業者的服務項目

公關專業服務項目	具體內容
專業諮詢	1.公關策略擬定 2.發言人訓練 3.企業聲譽管理 4.議題與危機預防暨管理

	5. 媒體回應機制（主動／被動） 6. 360 度數位公關影響力 7. 跨國傳播計劃協調 8. 整合傳播計劃管理
媒體關係	1. 新聞資料撰寫與發布 2. 視訊新聞稿發布 3. 媒體採訪規劃 4. 媒體參訪團 5. 媒體監看、媒體報導評估與分析
文案撰寫	1. 新聞資料夾 2. 多語言新聞資料處理 3. 企業簡介 4. 腳本撰寫 5. 演講稿草擬 6. 企業年報編撰 7. 郵件文案 8. 企業定期刊物編撰
公關活動	1. 各類型記者會 2. 新產品上市發表 3. 產業研討會 4. 經銷商大會與展覽 5. 校園活動 6. 社區公益活動 7. 商展 8. 公開演講
其他專案	1. 投資人關係管理與溝通 2. 企業上市業績發表會 3. 法人說明會 4. 併購議題管理 5. 內部員工溝通 6. 客戶關係管理 7. 企業廣告製作與託播 8. 企業贊助 9. 企業網站製作 10. 公司簡介與錄影帶製作

參考資料：http://www.ogilvy.com.tw

　　公共關係的成效，傳統上被認為難以具體衡量；但是近年來在日益強調行銷溝通可靠性 (accountability) 的觀念流行下，公共關係領域也慢慢地建構出一套包含數種測量方法的成果評估體系，如表 13-5 的說明。

→ 表 13-5　公共關係效果的測量與評估

焦點	測量方法
以活動量為焦點	以記者會次數、溝通宣傳品印製份數等溝通投入量為測量方法
以散布量為焦點	以活動參與的人數、溝通接觸的人數、溝通品的發送數等接觸量為測量方法
以媒體報導密度為焦點	以媒體報導或評論的次數與篇幅等為測量方法
以曝光量為焦點	以類似廣告 GRP 的計算來衡量媒體報導或評論的成果
以換算廣告價值為焦點	以若干公式，將公關活動成果轉換為等同廣告量時所需支付的廣告成本為測量方法
以報導內容分析為焦點	針對媒體報導內容，進行質性的內容分析
以溝通目標為焦點	以行銷研究方法衡量活動前後目標受眾在態度與行為上的變化

參考資料：Freitag, Alan (1998), "How to Measure What We Do?" *Public Relations Quarterly*, 23 (2), 42–47.

13.5　直效行銷管理

　　直效行銷 (direct marketing) 訴求跳過市場通路，直接與消費者進行溝通互動，並進而促進交易發生的機會。它的主要運作管道，則包括電視購物、郵購目錄、電話行銷、購物網站行銷、電子郵件行銷、多層次傳銷等。直效行銷可能起自消費者從大眾媒體中得知商品訊息，產生興趣而主動與行銷者聯絡，例如消費者透過電視購物頻道或戶外看板，對某產品發生興趣而以電話詢問，或者消費者進入某一購物網站瀏覽；更普遍的狀況則是行銷者根據顧客資料，經過篩選揀擇後過濾出接觸名單，而後針對該名單，逐一以郵購目錄、電話行銷等方式進行行銷溝通接觸。直效行銷常以「一對一」(one-to-one) 的方式與顧客進行溝通，因此溝通訊息可以針對顧客特性，予以高度的客製化。

　　對於消費者市場的行銷者而言，直效行銷與一般行銷模式最主要的差異，以及其管理重點，包括以下四點：

1.掌握個別顧客資料

　　無論顧客的來源為何，直效行銷的特色在於從第一次接觸某個別顧客起，行銷者便可以詳細記錄該顧客之各種人口統計變數資料（姓名、年齡、性別、通訊處等），並記錄每一個溝通動作以及成果。因此，直效行銷者必須建立完備的顧客資料庫系統，隨時增補顧客的交易資料。

2.著重資料庫分析

　　有效率的直效行銷，除了資料庫的建置外，另一個不可缺少的要素是資料庫分析的能力。這方面的能力，包括行銷數量模型的建構以及資料採礦等兩大類分析能力。前者必須先對於消費者行為進行一些量化的假設，從而建構模型，以分析所關注的行銷議題，輔助行銷決策。後者，則主要透過一些運算法則的設定，企圖挖掘顧客屬性的各種樣態與關聯。

3.行銷預算可精確設定

　　因為行銷溝通的單位成本（例如一封郵購目錄信函、一通電話行銷等）多可以精確估算，所以一旦行銷活動的預期接觸人數確定，活動的總成本便可精確估出。也因此，直效行銷在行銷溝通活動規模上有著絕大的彈性。

4.行銷成效可具體衡量

　　在直效行銷中，每一個單次接觸的成功與失敗都可以精確被記錄，因此行銷溝通的成效可以具體衡量。這方面的特性，也讓行銷者可以從個別顧客貢獻的角度，對於客群就成本效益的角度進行更細緻的管理。

13.6　人員銷售管理[2]

　　人員銷售是靈活度與訊息客製化程度相對最高的行銷溝通方式，常見於工業性產品、耐久財以及價值高昂的消費性產品的行銷溝通。這些類型的產品，即便已有廣告、公關、促銷、事件等溝通活動，常常仍需要人員銷售扮演「臨門一腳」促成交易的角色。依照 Robert McMurry 在 1960 年

---

[2]　本節主要參考自 Kotler, Philip, Kevin Lane Keller, Swee Hoon Ang, Siew Meng Leong, and Chin Tiong Tan (2009), *Marketing Management: An Asian Perspective*, 5th ed., Prentice Hall.

代的分析，人員銷售可以由淺而深涵蓋六種層次的行銷溝通，包括：1.商品的遞送；2.訂單的接受；3.品牌的宣傳；4.技術的教授；5.需求的創造；6.解決方案的提供。在銷售人力的管理上，對於銷售人員行銷溝通層次目標的規劃，是銷售人力規劃的前提。確定溝通目標後，接下來的管理重點包括：

1. 銷售人力的配置

根據任務特性的不同，銷售人力可能以地理區（如臺灣分為北、中、南、東四區）、產品別（如汽車公司的小客車、小貨車）、顧客別（依照顧客屬性分派服務個別顧客的銷售人員）等方式進行派遣配置。

2. 報酬機制的設計

銷售人員的報酬，一般概分為保障底薪和績效獎金兩部分。這兩部分的相對比例如何設計，是銷售人力管理方面很大的學問。如果底薪佔比過重，銷售人員可能失去積極開拓市場的動機。如果績效獎金部分比例過高，則銷售人員便容易傾向不擇手段地追求短期的業績，對於品牌的長期經營未必是件好事。除此之外，如表 13-6 所示，設計報酬機制時尚需考慮到相關人力供給與需求的相對狀況、銷售努力投入與銷售結果間的關聯性、銷售過程的易督導性等因素。

表 13-6　銷售人力報酬機制的設計考量

	底薪部分佔比例應較重	績效獎金部分佔比例應較重
穩固銷售團隊的需要	此一需要強時	此一需要弱時
投入產出關聯	關聯度低時	關聯度高時
銷售過程督導難易	過程評估督導容易時	過程評估督導困難時
配合品牌經營的統一訊息溝通需求	此一需求強時	此一需求弱時

3. 銷售人力資源管理

這方面包括了以適才適性為原則的人員招募，以及強化人員品牌認同、專業知識、市場敏感度、行政流程熟悉度、溝通技巧、榮譽感與責任心等目標的教育訓練。此外，銷售人力的評估也是此方面人資管理的重點。一

般而言，銷售人員每日的工作主要聚焦於尋找潛在顧客、選取溝通對象、客戶或潛在顧客拜訪、客戶服務、市場訊息蒐集等項目。一般常見的銷售人力評估，除了實際的成交量外，因此便以一系列的量化指標作為重要參考。這些指標包括一段時期內的銷售拜訪量、平均拜訪時間、潛在顧客接觸量、新顧客獲取量、舊客戶維持率、每次拜訪的營收創造期待值等等。根據 Mayer 與 Greenberg 兩位實務界人士的研究，❸雖然針對「怎樣的人格特質才是一個好的業務人才」有各種的複雜說法，也因而衍生出各種心理測驗，但他們卻質疑這些說法與測驗可以如實挖掘好的業務專才。根據研究，他們發現成功銷售業務人員的主要條件是這兩個人格特質的同時存在：同理心 (empathy) 與壯志豪情 (ambition)。

4. 激勵

　　對於銷售人員進行激勵，其基本原則是應讓銷售人員信服投入越多，產出就會越多；另外，管理者也應讓銷售人員相信，因額外努力所得到的報償是甜美而值得的。在這樣的前提下，行銷組織常透過教育訓練、正式的表揚與獎酬、非正式的口頭鼓勵、銷售配額的設定、銷售競賽的施行等方式，提高銷售人員的銷售動機。

 分組討論

1. 在本章章首「行銷三兩事」中我們從整合行銷溝通的角度檢視了 2008 年「海角七號」一片所掀起的風潮。如果未來國片都照此種方式與觀眾溝通，是不是就都能和《海角七號》一樣大賣？原因何在？

2. 想一想，你最喜歡的電視廣告是哪一支？它為什麼讓你喜歡？它的訊息表現手法為何？這廣告與其他同一手法的廣告有何差異？

3. 上網搜尋並彙整國內的公共關係服務公司。

4. 進入一個職棒球隊的網站，瞭解行銷者贊助球隊的方法與成本。這樣的贊助有效嗎？請分析。

5. 什麼樣的產品，特別需要透過人員加以銷售？

❸　詳 Mayer, David and Herbert M. Greenberg (2006), "What Makes a Good Salesman," *Harvard Business Review*, July/August, 164–171.

14

數位行銷

本章重點
▲掌握數位環境中的主要趨勢
▲瞭解數位環境動態對於行銷者的影響
▲瞭解流量對於行銷者的意義
▲瞭解搜尋引擎相關的行銷議題

行銷三兩事：網路廣告的創意

在網路上進行行銷溝通，可能性無限而唯一的限制是行銷者的想像力。2009 年的西洋情人節，Honda 汽車在社交網站 Facebook 上，對其中 75 萬名會員贈送虛擬禮物——一顆象徵愛意的紅心，受者可以拿來贈給同樣有 Facebook 帳號的情人以傳情達意。這就像你的好友在情人節那天自動幫你準備了一束

圖 14-1　Honda 在 Facebook 會員間舉辦了別出心裁的情人節虛擬贈禮活動。

花，讓你送給情人；只不過這時由 Honda 扮演這好友的身分。這種非傳統的溝通模式，在新的溝通平臺上，藉由特殊人際關係的觸動，不突兀地拉近了至少 150 萬名 Facebook 會員與 Honda 的距離。

參考資料："Facebook Gets Down to Business," *Business Week*, April 20, 2009, 30.

14.1　網際網路與數位環境

對於 1980 年代中期以後出生的許多消費者，在臺灣，便是所謂的七年級後段班之後的消費者）而言，除了陽光、空氣、水以外，還有另一個不可或缺的生存要件——以網際網路與手機為代表的數位通訊。這些年輕消費群的個人成長歷程恰恰與現今數位通訊環境中各種平臺的大規模商用化、簡單化、低價化發展過程平行。相對於必須透過明顯的學習努力，方能在數位環境中感到安適的較年長消費者，這些年輕消費群於成長過程中如呼吸般地習慣了各種數位化工具的應用。現在正值第一群網路／手機世代成年、開始工作、有漸增消費力的階段，而往後市場中的消費者，將有越來越大的比例屬於網路／手機世代。因此，未來的行銷者所面臨的將是日漸重要的數位行銷挑戰。

我們先來看看事情是怎麼發生的。表 14–1 以網際網路的商用化歷程為主軸，整理出網際網路發展上的一些里程碑。

→ 表 14–1　網際網路的發展

年份	事件
1969	美國 Advanced Research Projects Agency (ARPA) 藉由連結加州大學洛杉磯分校 (UCLA)、史丹福大學、猶他大學和加州大學聖塔芭芭拉分校的 "ARPANET" 初始建構，讓這些地方的研究者可於線上分享資訊。
1975	第一份電子郵件信箱名單編纂完成。
1983	ARPANET 改換採行 TCP/IP 通訊協定。
1984	ARPANET 上相連的電腦主機超過 1,000 部。
1987	第一家商用網路服務提供者 (ISP) 設立。
1988	第一隻電腦病毒透過網路傳播，當時網上約 60,000 臺主機有 10% 左右受到感染。
1990	美國 National Science Foundation 的 NSFNET 取代 ARPANET。
1993	Mosaic 瀏覽器問世，從此方便一般使用者以圖形介面使用網際網路 (world wide web)。
1994	Yahoo 開始運作，開啟了 portal 營運型態的先河。
1995	eBay 開始運作，開啟了 C2C 商業模式。Amazon 也開始於網站上進行書籍販售的電子商務服務。
1998	Google 完成公司登記，以工程演算方式提供強有力的搜尋服務。
2000	網路泡沫破裂，許多商業網站無以為繼，陸續整併或倒閉。
2003	"Web 2.0" 的說法第一次被提出。
2008	全世界約五分之一的人口是網際網路的使用者。

參考資料：Strauss, Judy and Raymond Frost (2009), *E-Marketing*, 5th ed., Pearson; Crovella, Mark and Balachander Krishnamurthy (2006), *Internet Measurement: Infrastructure, Traffic, and Applications,* John Wiley & Sons, Ltd.; Wikipedia.com.

過去數十年間，各種原先是靜態的、紙本的、類比的資訊儲存或傳輸型態，紛紛在各種商業應用的平臺上轉化為 0 與 1 的數位型態。隨著各種服務的推陳出新，數位環境在晚近幾十年中經歷了劇烈的變化。沒有人能準確預測數位環境未來發展的方向，但是回顧過去，數位環境迄今的趨勢有數位化、網路化、個人化與全球化這四大主流動態。以下我們針對這四

個方向，分別加以討論。

14.1.1　數位化

　　作為全球搜尋引擎龍頭的 Google，明確地標舉「組織全世界的資訊，並且讓這些資訊有用且隨處可得」(to organize the world's information and make it universally accessible and useful) 為公司的使命。這樣的雄心壯志，前提是資訊必須先經過數位化處理。因此，Google 近年來持續與各大學圖書館合作，並企圖與全球大型出版社達成版權上的協定，以便利它掃描紙本書籍，將傳統書籍數位化的作業。整體而言，數位化的經濟意涵，可以從資訊的儲存、資訊的複製和資訊的傳播等三個角度來討論。

　　資訊一旦數位化，便可以電子媒介藉由 0 與 1 的方式加以儲存。而根據 Intel 創辦人之一的戈登摩爾 (Gordon Moore) 廣為人知的所謂 "Moore's Law" 的延伸，每隔 18 個月數位計算與儲存的成本便會折半。在這樣技術快速進化的趨勢下，曾有人統計在 1945 年與 2002 年間，電腦的計算速度提升了 750 億倍，相同計算的成本則更驚人地減縮為 6,000 億分之一；而僅僅在 1980 年與 2000 年間，電腦硬碟的每 mb 成本則縮減為萬分之一。❶ 這樣的趨勢持續下去，對於行銷者的意涵是資訊制式分析與儲存的低成本化。

　　至於資訊的複製，在數位化環境中其常態是原始資訊（無論是歌曲製作、書籍掃描、文章發表）的成本相對高，而複製的成本非常低乃至於趨近零。在自由競爭而產品量產的市場上，個體經濟學告訴我們市場均衡的條件是邊際成本等於邊際收益。因此，如果沒有其他因素，市場中的力量會趨向將對眾人有用的資訊進行大量的複製。這也是非法或灰色地帶的資訊產品版權問題的來源。

　　而資訊的傳播方面，因為資訊的複製成本極低，只要配合上合適的電子媒介與傳播通路，行銷者理論上可以低成本地大量複製溝通訊息。此外，跟隨資訊數位化與傳播媒介數位化的歷程，市場上原先各自獨立的電話通

---

❶　Hanson and Kalyanam (2007), *Internet Marketing and e-Commerce*, South-Western College Pub., pp. 40–41.

訊、電視、電腦這三個領域正積極地進行各種整合的努力，往收斂而單一化的服務提供方向前進。全球的行銷者，正密切注意此一潮流的演變與發展。

14.1.2 網路化

對於行銷者而言，數位環境中的網路化至少有技術的、網站間的與人際的三重面向。

技術方面，無論是網際網路平臺或是無線通訊平臺，都有其硬體設施與通訊協定架構，不過這方面並非行銷者關注的重點。網站間的網絡關係，則對於行銷者有較高的重要性。如果把網站擬人化地看待，則少數的網站會像是「重要人物」般，受到許多其他網站以各種連結的方式加以「注目」，而這些重要網站也偶而透過各式連結「引介」其他網站。就像人類社會中受到越多注目的人越重要，而越重要的人的推薦也越有份量，網站之間的關係亦復如此。因此，Google 的搜尋技術便是以上述的網站間相互連結的關係作為演算法則的基礎，計算各網站的 "Page Rank"（也就是在網路上受其他網站推介連結的總份量），以排定搜尋結果陳列的先後順序。對於行銷者而言，怎樣讓與己相關的網站可以有較「重」的份量、較高的 Page Rank，以增加曝光機會，提高數位溝通效率，便成為稱作「搜尋引擎最適化」(search engine optimization, SEO) 的一項行銷溝通相關任務。

此外，近年的數位環境中各種免費內容處理與傳播工具的出現，使得消費者不再只是單純的訊息需求者與媒體受眾，而同時兼具訊息內容的供應者與小眾媒體的身分，另外也藉由各種線上社群媒體服務而在數位環境中經營人際關係。隨著點對點 (peer to peer) 傳輸技術、部落格、Twitter、Facebook、高速無線傳輸與智慧型手機的流行，消費者可以透

圖 14-2 部落格的出現，讓每個人都可以在數位環境中經營自己的人際網路，甚至可與好幾十萬人溝通。

過線上的人際網絡（其中部分複製自「實體」世界，另一部分則完全於數位環境中經營所得），進行不同規模（小至一對一的 MSN 通訊，大至每日幾萬甚至幾十萬人次點閱的部落格版面）的新型態溝通。數位時代行銷者的另一項挑戰，即有效藉助這些線上網絡的傳播效果，進行行銷溝通。

行銷三兩事：網路上的整合行銷溝通

近期行銷者面對消費端愈來愈習慣於線上溝通趨勢，開始若干於網路上進行整合行銷溝通的嘗試。這裡列出一些例子。

品 牌	產品別	運用社交網站進行整合行銷溝通的具體作法
Dove	個人清潔用品	藉由一個名為 "real beauty" 的整合行銷溝通活動，透過傳統的電視、大型戶外看板廣告鼓吹重新定義人們的美感標準，而後鼓勵消費者製作短片上傳至 Youtube 參與競賽。此外，並於活動期間每週寄發電子報予關心此活動的消費者。
Victoria's Secret	女用內衣	在 MySpace 與 Facebook 上建立據點，鼓勵消費者透過與產品相關的照片上傳相互交流。
Microsoft	軟體	提供飛行模擬機 (Flight Simulator) 遊戲的構件 (Widget) 供網路使用者下載，下載後可於連線電腦上模擬駕駛飛機至全球各大機場，瞭解當地即時的天候狀況。
CSI	影集	在第二人生 (Second Life) 虛擬世界中創造一虛擬案例，邀請觀眾的虛擬分身一同在 Second Life 裡辦案。
GM	客用汽車	在 Second Life 虛擬世界中提供虛擬汽車。
BMW	客用汽車	使用自家網站 (www.bmw.com), Youtube 與第三方網站, 播映設計精緻逼真的產品相關影片。
Gillette	刮鬍刀	對焦於愛好運動的男性刮鬍刀顧客，舉辦獎金達 3 萬美元的 GillettePhenom 競賽，參賽者拍攝短片以表現自己在某種（任一種）球類運動中的精熟技術，上傳至 Youtube。一群評審初審後，由消費者透過網路票選勝利者。

參考資料：Mangold, W. G. and D. J. Faulds (2009), "Social Media: The New Hybrid Element of the Promotion Mix," *Business Horizons,* 52, 357–365; HBR case, "Dove: Evolution of a Brand" (No. 9–508–047); HBR case, "UnME Jeans: Branding in Web 2.0" (No. 9–509–035).

14.1.3　個人化

在目前的數位環境中，行銷者可以藉由 cookies、登錄註冊、電話號碼（手機平臺的情境）等機制辨識個別的平臺使用者。因為此種辨識個人的可能，因此行銷活動中價值創造與溝通等環節都可以透過程式以客製化的方式進行。例如 Amazon.co，透過登錄顧客過去交易紀錄中各種曾購書籍的關聯分析，可以針對不同顧客給出不同的新書訊息。又如 Google，其手機版本的地圖服務可以透過手機號碼的訊號資訊，直接標示出該手機在地圖上的位置；再如 My Virtual

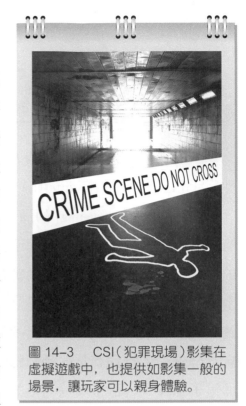

圖 14-3　CSI（犯罪現場）影集在虛擬遊戲中，也提供如影集一般的場景，讓玩家可以親身體驗。

Model (www.mvm.com)，則是提供使用者自製一個代表自己的虛擬模特兒，方便使用者於虛擬世界中嘗試服飾廠商所提供的各種服裝與配件。表 14-2 將幾種數位環境中常見的個人化模式加以整理。

➲ 表 14-2　數位環境中常見的個人化模式

個人化模式	說明	實例
個人化的訊息來源	使用者預先選擇訊息來源	My Yahoo
個人化的訊息內容	訊息提供者根據使用者過往行為紀錄，提出推薦或建議	關鍵字廣告
個人獨有的資訊	使用者透過登錄動作，線上檢視自己的各種隱私型資訊	網路銀行服務
虛擬的個人線上替身	使用者透過服務提供者的線上平臺，創造出線上替身，在虛擬的空間中與其他人的替身進行交際或各種虛擬試用	愛情公寓、Second Life
個人化的表達空間	使用者透過服務提供者的線上平臺，以文字、圖像、影像、音樂等方式於個人的線上空間中	無名小站、MySpace

	進行對特定或不特定大眾的溝通	
個人化的社群環境	使用者透過服務提供者的線上平臺,可以輕易參與、組成社群,並自主決定社群互動模式	Facebook, Linkedin

　　因為數位環境中的各種個人化可能性,因此衍生出 Seth Godin 所謂「許可式行銷」(permission marketing) 的溝通模式。簡單來說,當行銷者事先以明示或共識的方式取得個人同意,而後於數位環境中進行非侵入性的行銷,便是許可式行銷。例如加入某線上社群會員的個人同意社群管理者寄送與社群活動相關產品的電子郵件(社群成員以明示的方式同意此一行銷溝通活動),或者搜尋引擎藉由使用者輸入關鍵字的性質而於頁面周邊給出與該關鍵字相關的廣告訊息(使用者與搜尋引擎對於此一行銷模式有未明言的共識),都是許可式行銷的例子。也因為這種種個人化溝通情境的實現,

圖 14-4　無名小站的會員只要申請帳號,即可擁有個人相簿、網誌、留言板等功能,亦可以依個人風格選擇網站背景,打造個人化的空間。

市場上的個人消費者透過資訊的方便取得與傳播,而較以往「大眾傳播」年代裡掌握了更大的力量。

14.1.4　全球化

　　當代數位環境一方面是全球化推波助瀾的成因之一,另一方面全球化趨勢對於個別消費者／使用者所造成的影響實相也反映在數位環境中。由於網際網路的普及,全球各地的消費者只要能接觸到可上網的使用者平臺(如電腦、3G 手機等),理論上便可於彈指之間瀏覽全世界任何一個開放的網站。除了少數極權國家有網路警察進行網站監控與過濾等管制外,傳

統的疆界、距離等藩籬可說都已被數位環境所打破。然而有趣的是，雖然概念上數位環境造就出一個平坦的世界，但是具有相通語言、宗教、經濟、文化等背景的使用者慣性地匯聚在特定的數位空間（如網站）中，而不同背景的使用者由於彼此習慣的不同，在網路上交會的機會仍然非常地少。也就是說，在數位環境的平坦世界中，事實上有各種「性相近」的「小世界」或是「部落」的存在。

14.1.5　相關影響

前述各種數位化環境所造成的重要變遷，帶給市場中的消費者與行銷者直接的影響。對於消費者而言，數位環境帶來各種方便，但連帶也導致所謂「資訊負荷過重」(information overload) 以及隨之而起的焦慮感。因此，消費端不斷地產生運用新的數位技術，以應付資訊負荷過重問題、緩解資訊焦慮症的需求。但弔詭的是，每一波的新技術會帶領消費者更輕易地掌握更多的資訊，讓消費者更忙於處理。

另一方面，對於行銷者而言，在前述數位化、網路化、個人化、全球化的環境變遷下，透過地理藩籬消失而有擴大顧客接觸範圍的機會，也因為數位作業的特性使得價值創造與溝通在規模上可以有相當大的彈性（即所謂的 scability），因此而有更廣闊、有形阻礙更少的行銷活動空間。但是相對地，行銷者在顧客端掌握前所未有的資訊蒐集與傳播能力情況下，過往因供給需求兩方「資訊不對稱」所帶來的各種「方便」已大幅被削減。同時，行銷者在日新月異的技術環境中，也面對需要時時跟上環境發展、隨消費者的資訊行為改變而不斷創新溝通模式的壓力。

> ### 行銷三兩事：即址行銷
>
> 　　2007 年開始，Starbucks 在美國開始一項簡訊服務。消費者只要藉由手機傳送 "MYSBUX" 字串加上所在地的郵遞區號，Starbucks 即回傳距離當地最近的幾家分店地址。
>
> 　　像這樣方便顧客在行動中尋覓店址的溝通服務，僅是許多行銷業者感到興趣的「即址行銷」(location based marketing) 的初階作法。根據業內人士

的描畫，未來的「即址行銷」可能可以執行以下幾種現今行銷者夢寐以求的溝通情境：

1. 當一個消費者走近 Starbucks 的某家分店時，透過手機的定位，Starbucks 辨識出這個消費者，發送一份若 15 分鐘內入店消費即可享受折扣的限時虛擬折價券。當然，一個消費者不會想在一天中收到幾十個店家的類似促銷訊息，所以這個作法要不造成困擾的前提是消費者事先「允許」Starbucks 這麼做。

2. 如果消費者在 GPS 裝置上搜尋 pizza 店的話，通訊業者與 GPS 裝置廠商協同扮演如今天 Google 提供搜尋服務的角色——一方面提供相關搜尋結果，一方面展示與這次搜尋有關的關鍵字廣告。

3. 當消費者預先在 GPS 裝置上規劃好一段移動的路徑（例如規劃從 A 城市的某旅館開車到 B 城市的某機場）時，行銷者可以透過掌握到這樣的規劃，提供路程上相關的消費資訊給該消費者。

　　幾年前談這些想像有如天方夜譚，但是隨著行動通訊技術的進步與設備的普及，它們已不再遙不可及。試試看將 Google Map 下載到你的 3G 手機，你會發現它可以在地圖上標定你所在的位置，即便你的手機沒有 GPS 裝置。

參考資料：Parmar, Arundhati (2008), "On the Map," *Marketing News*, February 15, 13–15.

　　前述諸多環境變遷的趨勢，在行銷組合的各個層面上也造成了直接而龐大的影響，茲分述如下。

產品面影響

⑴數位化內容產品取代傳統內容產品

　　內容 (content) 指涉如書籍、報章雜誌、影音等經組合整理的資訊。整個出版業與娛樂業，在過去 10 年間，其內容上都經歷了一場數位化的革命。年輕一輩的消費者已經習慣透過連上網際網路的電腦與手機來消費內容產品。因此，相關行銷者無不積極將過往的內容產品加以數位化，並尋求新的商業模式。例如報紙的電子版、書籍出版的電子書趨勢、古典或爵士音樂業者將存檔產品數位化重新出版等事例。

⑵消費者參與新產品開發

　　數位化環境下，只要行銷者願意，便可以透過線上平臺，讓消費者參

與新產品開發。各種的開放程式碼軟體，即由具備特殊程式語言專長的軟體「消費者」協力開發。而產品開發過程中，行銷者也可以透過線上平臺，即時、大量地邀請消費者參與各種實驗，給出對於不同設計元素組合的評價。

⑶產品客製化

　　戴爾電腦是數位化環境中透過有效率的客製化而成功的行銷者。除了電腦之外，目前舉凡服飾、汽車乃至西方的某些建案，都可以透過購買者於數位平臺上的互動設定，完成客製化的設計。

⑷產品資訊的相對透明化

　　過往，產品資訊僅能單向地由行銷

圖 14-5　　近年來，面對電子書的興起，傳統的紙本出版品受到挑戰，必須尋求數位化的商業模式。

者以權威的姿態片面提供給消費者，但數位環境則讓各種產品的各種相關資訊透明化。例如一款手機，其行銷者可能在行銷溝通資料與產品說明書中都宣稱電池通話時間可達 6 小時，但是只要它一進入市場而使用者發現實際通話時間都不到 3 小時，則透過數位環境的傳播，「3 小時」這個出自眾多使用者的產品資訊，便會取代掉行銷者所宣稱的「6 小時」資訊。

價格面產品面影響

⑴即時定價的可能性

　　網際網路讓收益管理中的動態定價發揮得淋漓盡致。尤其是如運輸、旅館、餐飲等各種服務業者，都可以透過數位平臺，即時地依照供給與需求的狀況，調整其定價，以調節供需，使短期的利潤最大化。

⑵顧客比價的可能性

　　網際網路的使用者，彈指之間便可比較同一商品的各處賣價。更有甚者，網際網路上有各種比價服務網站，讓使用者透過比價機器人 (shopbot) 的搜尋結果，即時於單一網頁上比較同一商品各賣家的出價。

⑶數位內容產品的低價化與免費化

　　數位內容產品有開發成本高、複製成本極低的特性，因此行銷者往往希望藉由高價回收成本，但消費者則希望透過複製免費取得。這些年下來，數位內容產品或改變定價模式而實質上進行降價（如電子書或線上音樂），或乾脆以提供免費搭配廣告的模式（如報紙、雜誌的電子版）。

⑷拍賣定價模式的蓬勃發展

　　網際網路讓拍賣活動擺脫了傳統上「即時、現地」的限制。透過如 eBay、雅虎與露天等平臺，賣主可以靈活運用拍賣機制，依照市場需求決定售價。

通路面產品面影響

⑴電子商務零售業者的崛起

　　網際網路普及後，不管在 B2B 或 B2C 的領域，以網路作為交易平臺的電子商務日漸興盛。就 B2C 零售而言，有越來越多的消費者習慣於網際網路上購買不限於前述數位內容產品的各種商品。

⑵C2C 交易模式的蓬勃發展

　　消費者在數位環境中，可直接透過各種社群或第三方提供的平臺進行交易。因此，包括影音檔案的檔案交換 (file sharing) 與各種拍賣機制，都為年輕一代的消費者所熟悉。

⑶去中介化的可能

　　對於在價值鏈中未提供足夠附加價值的傳統通路中間商而言，當下面臨著不轉型則將被淘汰的去中介化 (disintermediation) 壓力。例如傳統旅行業業務，在消費者可上網直接向服務提供者購買機票、預訂旅館的今天，其空間便受到一定程度的擠壓。

⑷內容產業傳統通路倍受數位通路的威脅

　　因為價值傳遞的極低成本，內容產業裡新興的數位通路方便、廉價、即時的經營型態對於傳統通路業者造成莫大的威脅。例

圖 14-6　新興的數位通路使得傳統通路業者受到威脅，例如有別於傳統的 DVD 租片業者，新興影音通路服務商提供更方便、客製化的服務。

如美國的 Netflix 影音通路服務商，早年以消費者下單租片、郵遞 DVD 送達的模式營運，晚近則進化至隨選視訊 MOD 的服務模式，再加上其開發的電影推薦系統相當受顧客青睞，直接威脅到如百事達 (Blockbuster) 一類的傳統 DVD 租片零售業者。

(5)長尾化的經營模式興起

　　「長尾」(long tail) 概念近年因美國媒體人 Chris Anderson 的闡揚而受到市場注意；其要旨，是數位化通路除了販售和實體通路一樣的暢銷熱門商品外，因為管銷存成本的低廉，尚可經營過往被忽略的小眾、冷門、過時商品。以前述的 DVD 租片為例，一家實體租片店受限於店面空間，充其量可以有數千部影片供消費者租看，但如 Netflix 一類的數位通路商則可以提供十萬部以上的影片，因此可以經營過去被忽略的「長尾」需求。

溝通面產品面影響

　　行銷者在數位環境下，進行各種新型態整合行銷溝通活動的狀況，將於本章其他部分詳細說明。

🌐 行銷三兩事：社交廣告

　　社交網絡網站 Facebook 於 2007 年推出名為 "Beacon" 的新型態廣告方案。在這個機制下，包括 Amazon.com 在內的眾多購物網站與 Facebook 結盟，一旦 Facebook 的會員在這些結盟網站內購物，結盟網站即把訊息傳遞給 Facebook，而 Facebook 便將該會員購買商品的訊息傳布給這個會員在 Facebook 上登錄的「好友」。Beacon 方案推出之際，有人譽之為社交網站營運模式的突破：結盟網站透過這樣的機制，可以有機會接觸到顧客的「好友」──物以類聚，結盟網站因此便可能有效率地與潛在顧客進行溝通；而「好友已經買了×××商品」這樣的訴求，似乎也可能有不錯的說服效果。然而這個機制推出之後，馬上招來 Facebook 會員排山倒海的抗議。有人在廉價出清商品網站購買耶誕節禮物的訊息被送到這些禮物將贈與的「好友」處，有人則讓其實並不那麼熟的好友知道許多更尷尬的購物項目……

　　不多久，Facebook 在壓力下讓步：會員購物時可以選擇購物活動是否要讓「好友」們知道。

14.2　數位化的行銷研究

　　透過數位化後的便捷溝通模式，行銷研究業者近年來已發展出各種透過數位平臺而進行的質性與量化研究。質性研究方面，透過網際網路的即時通訊與視訊溝通功能，不少歐美業者進行線上焦點團體座談與線上深度訪談。這種自始即藉由 e-mail 招募參與／訪問對象，一切作業於線上完成的數位化質性研究作法，在幅員廣大的市場中，可以替行銷者大幅降低研究的成本。在臺灣，由於地狹人稠交通方便，所以這類作法的效益相對而言並不高。

　　至於量化研究方面，各種線上問卷今日已成為行銷者欲在短時間內直接接觸顧客或潛在顧客，進行大量訪問時常會考慮的研究管道；其主要特色在於低成本、高時效。此外，消費者使用各種數位化平臺的行為，也都以數位方式被完整記錄下來，可供行銷研究者分析。這方面的紀錄分為兩個層次：首先，各平臺（如各網站、ISP、3G 手機業者）都留有使用者在平臺內造訪活動的詳細記錄，此為平臺端的紀錄 (platform-side data)；其次，行銷研究業者也招募線上受觀察會員 (online panel)，透過這些使用者的許可，安裝軟體以記錄使用者的跨平臺行為，是為使用者端的紀錄 (user-side data)。

行銷三兩事：網路上的腦力激盪

　　以各種卡片聞名的 Hallmark，在美國堪薩斯市招募了 200 名家中有幼兒的婦女，組成一個名為 "Hallmark Idea Exchange" 的消費者顧問團隊。這些媽媽們每週花半小時提供包括產品設計、通路、定價等意見給 Hallmark，參與腦力激盪。這樣的活動每個月替 Hallmark 產出 10 到 15 個有商業價值的點子。

　　另一個例子是 Del Monte 食品公司。當它準備開發寵物狗的早餐食品時，首先找了 400 名飼主形成一個線上討論社群，透過意見交換找出狗主人到底想給他們的狗寶貝什麼樣的早餐。Del Monte 透過這樣的活動發現，飼

主希望能提供給狗的是像香腸培根蛋一類食物當早餐，但又希望這早餐對狗兒所需的營養而言能更均衡些。Del Monte 因此推出了添加維生素和礦物質的香腸早餐狗餅乾。

參考資料：Pierce, Andrew (2008), "Qunatilitative Research & Beyond: New Platforms for Customer Insights," *Marketing News*, March 1, 2008, 20.

14.3　數位行銷者

　　我們常常聽到「數位行銷」、「網路行銷」等說法，而誰可以運用數位化的平臺進行行銷？這些行銷者的樣態為何？

　　首先，我們可以界定所謂的數位行銷，是針對當今的電腦或手機等數位平臺，透過網際網路，對於目標客群進行價值創造、價值溝通與價值傳遞等活動。因此，只要目標客群清楚，且有運用數位環境的意願與能力，任何公部門單位、商業機構、非營利組織乃至個人，都可以是數位行銷者。數位行銷者又可根據其所倚賴的數位平臺在其整體行銷活動中所扮演的角色而分成兩類。

　　第一類的數位行銷者，其主要產品或服務本身就是一個數位平臺，因此數位行銷的重點在於全方位地彰顯該平臺的特殊價值創造、溝通與傳遞利益。例如 Google、Yahoo、Amazon.com、無名小站、博客來、阿里巴巴、百度等網站服務，都是屬於此類的行銷者。

　　第二類的數位行銷者，其主要產品或服務與數位環境並無直接關係，而數位行銷因此常常被配置成為其整合行銷溝通規劃的一環。此外，這類行銷者也可運用數位環境進行顧客管理、存貨管

圖 14-7　各個領域的業者都可以將數位行銷納入行銷規劃的一環，利用數位平臺進行行銷活動。

理、價格管理等活動。例如可口可樂、P&G、統一超商、長榮航空、民主
進步黨、北京大學等，都是屬於此類的行銷者。

行銷三兩事：Web 2.0

Web 2.0 的說法起自上世紀末，而 2004 年前後在數位相關產業有一定
地位的提姆歐萊禮 (Tim O'Reily) 等人將這個觀念做了較完整的發展。根據
O'Reily 的詮釋，❷Web 2.0 指涉的並不是一組技術，而是諸多網路技術成熟
後各種應用湊泊而形成的潮流。在此潮流下，各種網路運用秉著協作、共享、
免費、信任、持續改善等精神與長尾、以資料為核心、豐富的使用者經驗等
特性，使得網際網路成為一個使用者擁有高度控制權的通用平臺。於是乎我
們日益熟悉的社群網站、維基百科、影音分享、顧客評價等服務便如雨後春
筍般於近年出現。2006 年年底，*TIME* 雜誌以 "You" 作為該年的年度風雲人
物，強調的便是每個網路使用者在 Web 2.0 潮流下所擁有的數位化娛樂、工
作、分享、創作新能力。簡單地說，每一個網路使用者，在 Web 2.0 時代同
時具備著資訊消費者與生產者的雙重身分。而這樣的變遷，也帶給行銷者一
項新而巨大的挑戰——在 Web 2.0 時代與消費者進行雙向（而非傳統的單
向）溝通。

14.4　數位行銷的必要條件：流量

無論是行銷溝通或者是電子商務的經營，目標網站的訪客流量 (traffic)
都是成功的必要（非充分）條件。網站的訪客流量，其實便是一般統稱的
網站「人氣」。不論行銷者網站上的溝通訊息再怎麼吸引人、有說服力，或
者電子商務網站裡販售的商品再怎麼物美價廉，如果這些網站空間上無法
匯聚訪客人氣，則經營的目標便很難達成。表 14-3 列舉出最常見的網站訪
客流量指標。

---

❷　Tim O'Reily (2004), "What Is Web 2.0?", http://oreilly.com/web2/archive/what-
is-web-20.html

→ 表 14-3　網站訪客流量指標

訪客流量指標	說明
點擊數 (hit)	訪客瀏覽過程中所下載的檔案個數。一個網頁常由許多圖檔與文字檔組成。
瀏覽頁面數 (page view)	一段時間中訪客所瀏覽的網頁數。一個瀏覽一個頁面常包含複數的點擊數。
停留時間 (duration)	訪客瀏覽一個頁面所花費的時間。
造訪次數 (visit)	訪客於一段時間中造訪某網站的次數。若同一網站上相鄰的兩個頁面瀏覽過程間隔超過一定時間（一般常設定為 20 或 30 分鐘），則視為不同次的造訪。

　　行銷者可以透過某些分析軟體分析自身網站伺服器 (server) 上的歷程記錄檔 (log file)，而取得網站上這些訪客流量指標的相關數據——此為所謂以網站為中心的訪客資料 (site-centric data)。如果想要同時掌握競爭者相關網站的流量資訊，則必須訴諸第三方網站流量調查服務（如 Nielsen NetRatings, comScore, Alexa.com，臺灣的創市際市調等）——此即所謂以使用者為中心的資料 (user-centric data)。這些服務普遍的作法是招募一群志願者，將監控軟體植於這些志願者的電腦中，只要使用這些電腦進行網路瀏覽活動，則所有點擊便即時透過網路傳回服務者處。志願者通常可以得到獎金、獎品、紅利點數或抽獎活動等報償。用這種方式蒐集到樣本的瀏覽資料後，流量調查服務的提供者再以收費或其他商業模式，提供彙整分析後的各網站流量資料給有需要的行銷者。

14.4.1　創造流量的方法

　　既然不論對於哪種類型的網路行銷者而言，訪客流量都是行銷成功的必要條件，那麼如何創造流量呢？以下說明幾種實務上常見的流量創造方法。

口碑傳播

　　由於前述網際網路的網絡特性，網路上的口耳相傳 (word of mouth) 速度非常快；而若接觸到合適的網絡節點 (node)，則傳播的範圍也可能很廣。因此，現今的數位行銷者相當重視虛擬空間人際網絡中口碑傳播的效果。譬如訪客流量大的部落格，常常便是行銷者鎖定溝通的節點。如果這些部

落格主願意替行銷者進行溝通，介紹其商品或服務，並且介紹其超連結，則透過線上人際網絡的傳遞，有可能在低成本下替行銷者創造龐大的溝通效益。當然，成功的口碑傳播前提，在於行銷標的物本身具備獨特且清楚的利益，因此可以塑造正面的口碑。

傳統大眾傳播媒介報導

雖然這是個分眾的時代，但是傳統的大眾傳播媒介報導仍能接觸龐大的閱聽受眾。行銷者若能藉由透過有效的公共關係活動，取得媒體的報導機會，則常常可以見到網站訪客流量短期內驟增的具體效果。

傳統廣告

對於一個剛剛設立的網站，或者對於一個進行整合行銷溝通的實體商品行銷者而言，藉由傳統的電視、廣播、平面、戶外等廣告媒體，告知受眾欲進一步瞭解詳情時可進入的網站網址，是一種常見的網站訪客流量增加方式。網路泡沫年代，許多新設的網站即採用此種方式以增加流量。時至今日，仍可見行銷者透過傳統廣告媒介進行告知與引導，再針對這些廣告所帶來的訪客於網站中進行深度溝通與說服的作法。

橫幅廣告

橫幅廣告 (banner ads) 是網際網路興起之初最普遍的線上廣告方式。其操作邏輯類似平面廣告──廣告主自行或委人設計廣告訊息，然後租用他人網站的頁面空間，刊登該訊息。由於影音技術的進步，今日的橫幅廣告已不限於靜態的圖文，而常可見以遊戲或短片的方式呈現訊息。橫幅廣告最常見的計價方式是「每千人次曝光」(CPM)，即每 1,000 個人次看到一橫幅廣告時，行銷者所需付出的廣告版面購買成本。但是對於數位行銷者提升自家網站流量的目的而言，廣告受眾看到他處網站的橫幅廣告後加以點擊，才是目的所在。因此，也有些網站以每次點擊成本（即每一個點擊收取一單位約定廣告費用）的方式出租橫幅廣告頁面空間。

 行銷三兩事： 網路橫幅廣告

以橫幅廣告進行網路行銷的行銷者常常有個迷思，認為刊登在流量非常

大的頁面，廣告才會被許多人看見，而達到預定的接觸人數與訊息曝光量。所以在臺灣，我們看到絕大多數的橫幅廣告植於少數入口網站的頁面上。這樣做真的最有效嗎？

根據學界的實證模型測試以及媒體的報導，我們可以肯定地給出負面的答案：這樣做並非最有效率的作法。例如同樣訴諸對汽車有興趣的網路使用者，相對於目前國內慣例的將橫幅廣告刊於少數一二入口網站的汽車相關版面作法，若能組合一群流量較小的汽車相關網站而於其上置放橫幅廣告，在滿足一定的接觸人數與每人訊息曝光頻率條件下，後者的花費通常會比前者少很多。在規模較大的廣告市場，業者認知到此一事實，近年因此便有集結較小網站組合成各種「廣告網絡」(advertising network) 的潮流出現。

參考資料：Huang, Chun-Yao and Chen-Shun Lin (2006), "Modeling the Audience's Banner Ad Exposure for Internet Advertising Planning," *Journal of Advertising*, 35 (2), 123–136 與 Hof, Robert (2009), "The Squeeze on Online Ads," *Business Week*, March 2, 48–49.

關鍵字廣告

這是由 Google 開發，而後如 Yahoo 等其他搜尋服務提供者紛紛仿效的廣告模式。廣告主可以選擇與溝通主題接近的大量關鍵字，針對各關鍵字設計客製化的文字訊息，並且設定目標客群的地理與上網時間範圍，而後根據預算，透過競標的方式向搜尋服務提供者購買當目標客群搜尋鎖定之關鍵字時在搜尋頁面周邊出現廣告訊息的機會。關鍵字廣告以點擊為計價模式，讓行銷者可以精確的規劃有限預算下廣告所產生的流量效益，而且在操作時間與成本等方面都有相當大的彈性，因此愈來愈受到全球大小行銷者的青睞。近年來，關鍵字廣告已取代橫幅廣告，成為線上廣告市場中最重要的運作模式。下一節中將針對與關鍵字廣告有關的搜尋引擎最適化等概念繼續說明。

14.4.2　訪客回訪

前面所提及的這些方式，所造成的網站流量提高主要來自初次造訪該網站的訪客。長期而言，數位行銷者需要倚賴一定幅度的顧客回訪，配合

上初次造訪的流量，才能維持一個穩定成長的網站流量趨勢。訪客的回訪關係到訪客對於網站的行為忠誠，而行為忠誠的前提則是目標網站具備以下的各種特性：

(1)獨特利益的提供

無論是某種網路服務平臺（如搜尋、入口、新聞、購物、音樂等）主體所在的網站，或是實體世界行銷者用以作為溝通廣告的網站，要能吸引訪客回流的最關鍵因素，是能提供訪客在其他實體或數位環境中無法尋得的獨特利益。例如迄今相當成功的 Google 搜尋、Amazon 購物、Facebook 的社交、阿里巴巴的貿易仲介等網路服務平臺，或者是統一超商的新活動訊息發表、財政部稅務入口網的統一發票中獎號碼布告等實體世界行銷者的訊息告知，其相關網站都提供鮮明、即時而難以於短期內被複製取代的獨特利益，因此便具有刺激訪客回訪的優勢。

(2)易瀏覽性

易瀏覽性牽涉到網站硬體環境與網站內容的編排設計。硬體方面，直接影響一般訪客瀏覽時頁面下載的速度與流暢性；而網站編排設計則關係到訪客是否可以很快地在造訪過程中取得所需的資訊、進行溝通或交易。如果一個網站因為硬體資源不足或網站設計失當，讓訪客覺得「逛」起來很費力，自然就難以達到較高的回訪率。

(3)愉悅的網站使用經驗

除了前述的「利益提供」與「瀏覽順暢」這兩個因素外，目標網站的內容是否能讓使用者在知覺上滿意，並從而造成愉悅的使用經驗，也是決定訪客回訪與否的關鍵因素。根據森特米哈伊 (Csikszentmihalyi) 的「沉浸體驗」(flow experience) 理論，除了美學上的五感判斷外，當使用者面對數位內容的挑戰性與他／她本來具有的背景技術／知識相仿時，使用者較易沉浸於其中而產生正面的經驗。如果內容挑戰性相對於使用者技術／知識而言太高，則使用者將因焦慮而減少該內容的使用；反之，若內容挑戰性相對於使用者技術／知識而言太低，則由之而生的厭煩感也會降低重複使用的可能性。

(4)持續溝通

數位環境型塑了個人化的互動溝通情境。對於數位行銷者而言，於此

環境中要掌握足以辨識個別消費者需求的各種行為面記錄較為容易，因此更應該與訪客群中不同需求的個人進行持續的、雙向的溝通。數位平臺提供了行銷者絕好的環境，在適合的客製訊息／誘因配合下，進行針對個別訪客的回訪「提醒」與刺激。

⑸學習效果的出現與轉換成本的提高

　　一旦網站訪客從初次造訪中建立正面印象，而後逐次回訪，過程中訪客將不斷地熟悉網站的設計與瀏覽規則。久而久之，訪客經過歷次造訪的學習後再訪所需花費的摸索心力便大為降低，這便是學習效果 (learning effect) 的作用。累積了一定的學習效果後，則訪客轉換至同類型其他網站的成本便會提高（因為要重新適應新網站的設計）。因此，行銷者在進行任何網站大規模改版前，都應審慎從學習效果與轉換成本的角度，評估改版對於訪客回訪所可能造成的負面影響。

如此可樂：可樂、網路與顧客

　　1990 年代，百事可樂藉由如網球名將阿格西 (Andre Agassi)，足球金童大衛貝克漢 (David Beckham)，名模辛蒂克勞馥 (Cindy Crawford)，偶像團體辣妹合唱團 (Spice Girls) 等名人的代言，在各種傳統媒體上推出名為 "Pepsi Stuff" 的大規模推廣活動。活動主軸是透過購買百事可樂的消費者可兌換商品贈點活動，鼓勵忠誠的（百事）可樂購買行為。90 年代末期，百事可樂並且為這項活動建立了專屬網站，提供消費者與百事可樂互動的機會。在這段時期，可口可樂不時訴諸價格折扣以迎戰。時至 2006 年，體認到與終端顧客

圖 14-8　百事可樂利用許多名人作為產品代言人，並成立專屬網站與消費者直接互動，與可口可樂大打行銷戰。

長期關係經營的重要性，可口可樂推出以網站為雙向溝通平臺的 "My Coke Rewards" 活動。在這個活動中，可口可樂於產品內包裝打印一組編號，消費者購買後飲用時取得該編號，便可上活動專屬網站登錄該組號碼進行集點活動。

　　無論是 "Pepsi Stuff" 或是 "My Coke Rewards"，都是運用網際網路平臺，針對過往品牌廠商無法具體掌握的終端顧客，進行顧客關係管理的範例。

參考資料：http://en.wikipedia.org/wiki/Pepsi_Stuff 與 http://en.wikipedia.org/wiki/My_Coke_Rewards

14.5　搜尋引擎與數位行銷

　　今天有不少消費者，不論是在衣食住行育樂哪一方面有購買需求，就會習慣性地到網際網路上進行搜尋。除非已經對於這個消費類別熟門熟路，例如換過多支手機而每次更換前都上網搜尋資訊的消費者，可能就知道直接上哪一個論壇或內容網站，便能獲得所需的新手機資訊。消費者搜尋的第一步，往往是在某個搜尋引擎 (search engine) 上輸入關鍵字 (keyword) 以展開搜尋。某些專門領域（如人力仲介、旅遊諮詢、學術出版等）找得到專門以該領域為範疇而設的搜尋引擎；這類專門領域的搜尋服務提供者常被稱為「垂直式」的搜尋引擎 (vertical search engine)。然而，更為一般人所熟知常用的則是如 Google, Yahoo, Microsoft Bing 一類的通用型搜尋引擎。

　　在搜尋引擎已成為網路使用者資訊搜尋原點的網路時代，對於行銷者而言，不管是為了獲得新客源，或是為了維繫既有顧客的忠誠，都希望搜尋引擎的使用者可以在不費力地輸入關鍵字後，馬上透過搜尋引擎的仲介，進入行銷者的網站。然而，商業環境中任何一個領域通常都存在眾多的競爭者，每一個競爭的行銷者都希望自己的網頁資訊可以出現在搜尋引擎中相關關鍵字的首頁。因此許多關鍵字的搜尋引擎首頁，便成為行銷者競逐的稀有資源。搜尋引擎最適化 (search engine optimization, SEO) 的概念便由此而生。

　　要瞭解搜尋引擎最適化，首先需要能區辨一般通用型搜尋引擎上的兩類型搜尋結果：「有機性」搜尋結果 (organic search results) 與「關鍵字廣告」(keywords advertising)——亦即搜尋引擎最適化的兩大針對目標。當我們在 Google 上輸入關鍵字「廉價機票」，零點幾秒後該搜尋引擎即顯示如圖 14–9 的搜尋結果頁面。其中，左半部的結果由該搜尋引擎的網頁排序運算法則所產生，行銷者無法透過付費給 Google 而影響其排序，這部分即是所謂有機性的搜尋結果。而圖 14–9 示例中的右半部所呈現的數個網頁訊息，則是不同行銷者透過向 Google 購買關鍵字廣告所得的結果。

圖 14–9　兩種搜尋結果

　　不同的搜尋引擎對於與某一關鍵字有關的成千上萬搜尋結果，會展現不同的陳列順序。這部分的差異，取決於各家搜尋引擎所採用的搜尋結果陳列排序運算法則。總的來說，這些運算法則可能擷取與各結果網頁相關

的上百種因素以進行運算；各家的運算法則就好像餐館的「獨家祕方」，其細節通常祕而不宣，但是其主「成分」則廣為周知。以 Google 搜尋引擎為例，其有機性搜尋結果的排列，主要決定於各結果的 "PageRank"。PageRank是 Google 兩位創辦者（Larry Page 與 Sergey Brin）所開發且取得專利的運算法則，它的要旨，在於計算出連結至目標網頁所有超連結的「總份量」──總份量愈重的目標網頁，其排序愈前。以一般人較易理解的方式說明，如果任何網站願意以超連結連結某一個網頁，代表該網頁在網海中引不起他人的注意，所以其份量便為不足道。相對地，如果有 50 個來自其他網站的超連結指向另一個網頁，該網頁就有如在網海中收到 50 份推薦函，似乎便有些份量。但是，阿貓阿狗都可以寫推薦函（隨便一個網頁都可以安置許多向外連接的超連結），因此推薦函的量並不重要，相對重要的是推薦函的質──亦即推薦函是誰寫的。依照此一邏輯，來自夠份量網站（往往是流量相當大的網站）的超連結，就有如來自有力人士的推薦函，可以讓一個網頁的份量陡增（亦即 PageRank 驟升）。

對於一般行銷者而言，欲進行有機性搜尋結果的最適化，由於牽涉到對於各搜尋引擎運算法則「配方」的猜測與網頁設計的技術面，常委託這方面的顧問公司以專案方式執行。正派的 SEO 顧問公司通常會從委託人的網頁結構設計與重要關鍵字插入網頁等細節著手，而某些此類顧問公司則不時試圖採取各種旁門左道網路作弊的技巧，試圖替委託人博取較佳的出現位置。但後者通常馬上就會被搜尋引擎業者發現，搜尋引擎並旋即更改運算法則的「配方」，防止這些取巧的作法。搜尋引擎業者、行銷者、SEO相關顧問公司之間，在有機性搜尋結果陳列這方面，有如一場無止境的追逐賽。

截至 2007 年，關鍵字廣告花費已佔線上廣告總花費的 41%，超過以橫幅廣告 (banner ads) 為主的展示性廣告 (display ads) 的 32%，以及網路分類廣告（如美國的 craiglist.com）的 17% 佔比。 ❸

---

❸ 參考資料："Word of Mouse," *The Economist*, November 10, 2007, http://www. economist.com/displaystory.cfm?story_id=10102992

分組討論

1. 本章章首「行銷三兩事」中，介紹了 Honda 汽車運用社交網站特性，結合特殊節日所設計的特殊網路廣告。就一個汽車行銷者而言，你還能想到什麼樣的創意，可用來在社交網站上與人溝通？

2. 你自己常使用的網站，其中有哪些屬於 "Web 2.0" 的範疇？你在這些網站上曾接收過哪些行銷溝通的訊息？

3. 承上題，如果你是房地產仲介商，你會怎樣運用你常上的這些 Web 2.0 網站與潛在顧客進行溝通？

4. 進入 Yahoo 主網站，瞭解它對於橫幅廣告的收費方式。對於其中各種價差，試著解釋這些差距的邏輯。

5. 進入 Google 與 Yahoo 主網站內，瀏覽它們對於關鍵字廣告購買與操作的說明。你認為操作關鍵字廣告困難的地方在哪裡？

15

產業行銷

本章重點

▲ 掌握產業行銷的特性
▲ 瞭解一般組織型態顧客的採購流程
▲ 認識政府採購的作法
▲ 瞭解產業行銷的市場區隔模式
▲ 瞭解展場管理與銷售人力管理等產業行銷管理的關鍵項目

行銷三兩事： 大男孩的遊戲

　　企業對企業 (B2B) 的行銷，因為一般較少在日常生活中接觸到，感覺上似乎比較遙遠。想想看，如果有個重型工具機廠商要對一群營造商介紹一款新挖土機，這樣的行銷案你會怎樣去規劃？

　　Caterpillar 是國際間重型工具機的龍頭品牌，怪手、推土機這類的營造機具是它的主要產品。針對美國西南部的特殊地質，它花了 4 年的時間開發出一款售價 7 萬 5,000 美元，名為 414E 的挖土整地重機。Caterpillar 的行銷人員知道，賣這種重機具和一般賣轎車的共通點是，買主得要試過車，生意才好談。他們思索的是如何打動潛在的買主來試試這款新機具。

　　他們想到 Caterpillar 贊助美國賽車盛事 NASCAR，他們也知道營造商中有很大一群人對於賽車有高度的興趣，而他們另外還清楚 414E 的性能正合適作為 NASCAR 這種型態賽車的跑道建築機具。把這幾點串在一起，他們籌辦一個名為 "Eat My Dust" 的新產品介紹活動。

　　第一步，Caterpillar 向一家擁有全美國 87 萬營造商資料的顧問公司，根據地緣關係、營業類型、購買重機具歷史以及近期購買重機具的可能性等條件篩選，購買了一份含有 1,700 個營造商的名單。

　　第二步，Caterpillar 針對這份名單，寄出一份醒目的邀請信件，除了介紹 414E，信函中並且說明收件者若在 Caterpillar 專設的網頁或者親赴 Caterpillar 經銷商處報名，就可以參加抽獎；抽中者，可以操作新機具參與整建一條賽車道，然後駕沙灘車在這條自己參與闢出的車道上競速。競速最終的勝利者，則

圖 15-1　　Caterpillar 利用贊助賽車，把兩個產業的共通點巧妙結合，成功推銷了自身的挖土整地重機。

可以風光地在一場 NASCAR 賽事開幕前駕引導車繞場。一般這類的信函回函率大約是 1% 到 3%，然而 Caterpillar 卻獲得 18% 的回應。

　　第三步，Caterpillar 在加州找到一個離主要公路不遠的十畝空地，也找到沙灘車的租借廠商；Caterpillar 的行銷人員在抽獎後一一接觸得獎者，安排接

下來的活動細節。

　　第四步，一個週五的夜晚，Caterpillar 邀請所有的獲選者參加一個歡迎酒會，發送 T-shirts 和贈品。隔天，21 位獲選者被帶到「工地」，早餐後先簡短地上了一門 414E 的操作課程，然後這批經驗老到的業者輪番實地駕著 414E，按照 Caterpillar 原先規劃好的跑道設計，整土、造丘、作彎道，實地把一個類似 NASCAR 賽車場的跑道修築起來。午餐過後，這些參與者跳上沙灘車，一群大男孩或者老男孩在自己闢出的跑道上飆速……

　　整個活動花費 Caterpillar 不到 10 萬美元，但卻幫 Caterpillar 賣出了多臺 414E 和其他的重工具機，另外還在營造商間創造出一個大家津津樂道的話題。看到 "Eat My Dust" 的成功，Caterpillar 決定複製這種觸動潛在顧客內心渴望，涵蓋直效行銷、體驗行銷、事件行銷的 B2B 行銷溝通模式。

參考資料：Borden, Jeff (2008), "Eat My Dust," *Marketing News*, February 1, 20–22.

15.1　產業行銷的特性

　　產業行銷，又稱商業行銷或工業行銷，英文上有 business marketing, B2B marketing, industrial marketing 等說法，指涉針對組織而非個人型態的顧客所進行的行銷活動。這裡所謂的組織，包含了政府所轄的機關學校、商業機構與非營利組織等三大類別。

　　從行銷的基本定義而言，產業行銷如同終端顧客行銷，其重點都在對於顧客創造、溝通與傳遞價值。也因此，商業行銷在 STP 相關的行銷策略思考以及行銷組合設計上，都有著與終端顧客行銷一樣的原則。然而除了這些共同點外，產業行銷有某些明顯的特性，使得它的管理與終端顧客行銷的管理有所差異。雖然多數的行銷故事以及我們日常生活中的一手經驗，通常與終端顧客行銷較為有關，但是在一個經濟體中，產業行銷所創造、溝通與傳遞的價值，往往在量上大於終端顧客行銷。打開報紙上的證券行情表，看看國內上市、上櫃的企業，從其中區別哪些企業的行銷活動是以終端顧客市場為主，哪些則是以商業市場組織型態顧客為主，就不難察覺商業行銷雖然比較不那麼亮麗耀眼，但是在市場上卻是份量更重的行銷活

動。

　　表 15-1 比較終端顧客行銷與產業行銷間的主要差異。就兩者的顧客而言，終端顧客行銷的行銷者未必能辨識所有顧客的身分；例如一家生產小家電的公司，每年可能賣出數百萬件小家電給數百萬名顧客，而該公司通常無法掌握所有顧客的個別資訊。相對地，產業行銷中顧客的數目有限，而所有顧客的身分乃至個別顧客的實際需求，通常行銷者都可以一一掌握；例如一家電子零件廠，可能供貨給幾百個大大小小不等的顧客，透過帳務系統記錄與業務人員接觸，每一個顧客的特質都可以仔細地被觀察、記錄。也因此，行銷者可以針對個別顧客所需進行最高度客製化的行銷活動，即所謂的「一對一行銷」(one to one marketing)。而就市場需求而言，終端顧客行銷所經營的是市場上的「原發性需求」(primary demand)，產業行銷所經營的則是顧客理解它們自身各種顧客的需求後，所生發的「引發性需求」(derived demand)。引發性的需求，產生自顧客對於其顧客的需求預估與反應，而這些預估與反應通常會有看好市場時則過度樂觀、看壞市場時則過度悲觀的擴大效果，所以導致引發性的需求其波動幅度較原發性需求來得大。譬如經濟緊縮時，面臨終端市場的廠商急著降低庫存、減少成本、縮小產量，並且對於未來充滿悲觀，所以會大幅減少對零件供應商的訂單。因此，可能見到終端市場實際的需求減少兩成，但是零件供應商所面對的引發性零件需求卻減少五成以上的狀況。此外，產業行銷由於每次交易量的龐大，顧客往往願意以較高的成本進行較廣泛的資訊蒐集，而行銷者也願意以較高的成本進行每一樁交易，因此使得產業行銷在地理範疇上常常面對的是全球性的市場。

表 15–1　終端顧客行銷與產業行銷

	終端顧客 (B2C) 行銷	產業 (B2B) 行銷
顧客的型態	個人，數量龐大	組織，數量有限
顧客關係	顧客身分不一定可以逐一辨識	顧客身分與特質皆可一一確定
顧客關係管理	管理上倚重大眾傳播，可進行大量客製化 (mass customization)	管理上倚重銷售人力，可進行一對一行銷
需求的型態	原發性需求	引發性需求
需求的特性	波動相對小	波動相對大
個別顧客交易量	相對較小	相對較大
地理範疇	一般而言，單一行銷者經營的客群通常較集中	相對較廣，常以全球為市場

參考資料：Hutt, Michael D. and Thomas W. Speh (2004), *Business Marketing Management*, 8th ed., Thomson South-Western.

15.2　產業行銷情境的購買者行為

　　產業行銷的顧客是組織，而組織的購買行為通常牽涉到一連串的人員、流程以及組織規範。組織裡參與某一採購案的成員，常被稱為是該案「採購中心」(buying center) 的一分子。必須注意的是，這裡所謂的採購中心，並非特殊的組織設計，當然也不是一個特別的部門，而僅是一個抽象的人員集合概念。舉例而言，一家中型企業要辦一次員工出國獎勵旅遊，總經理指派一名祕書去找旅行社洽談行程，另外要兩名常常出國的業務代表在過程中提供旅館選擇的意見，最後再由他定奪。這件採購案的採購中心便包括總經理、祕書以及該兩名業務代表。採購中心由人所組成，因此本書第六章所討論的，各種影響個人做成消費決策的行為面因素都仍會在此發揮作用。另一方面，採購中心由多人所組成，所以除了個人消費面的考量外，決策過程還牽涉到組織文化、氣候以及人際互動等因素。團體決策的結果，往往不是其中某些個人認為是「最好」的選項，而比較趨近多數人可以接受的選項。

　　從決策的過程而言，產業行銷所面臨的顧客採購決策過程，通常可分為以下幾個步驟：

1. 問題的確認

　　組織顧客的採購行為，常起自某一問題的發生。例如銀行的副總發現競爭行庫的顧客流失率比自己的來得低很多；這個問題在某次會議上被提出後，經過一番內部討論以及情報的蒐集，發現競爭行庫去年採購了一套顧客關係管理系統，系統使用後有效地降低了顧客流失率。因此，組織確認目前的問題為：缺少一套有效的顧客關係管理機制。

2. 需求的界定

　　透過已經確認的問題，組織得以逐步釐清購買的需求。例如前述銀行發現缺少一套有效的顧客關係管理機制，透過內部的意見採集流程與正式會議，這名副總取得以下的共識：(1)要建置一套全行通行的顧客關係管理系統、(2)這套系統要能處理顧客價值分析、交叉銷售、事件行銷等客群管理的項目、(3)這套系統需要能與目前客服中心 (call center) 的作業結合、(4)希望在一年內建置完畢開放使用、(5)預算上限設定於若干金額。這五點共識，即勾勒出採購的需求。

3. 搜尋供應商

　　需求界定後，組織開始透過管道，多方搜尋合適的供應商。例如前述的副總，透過 EMBA 的同學人脈聯絡上 A 廠商；資訊部主任將此一購買計劃告知平時業務往來密切的 B、C 兩家廠商；總經理再指示接觸全球產業龍頭的 D 廠商。

4. 提案比較

　　彼此競爭的供應商，在這個階段各自提案，說明自家產品的特性與利益，並提出報價。繼續前述的例子，則此階段 A, B, C, D 這四家資訊系統廠商都會提案給該銀行，並於特定的時間前往進行面對面的溝通說明。

5. 選擇供應商

　　組織於評估各方提案後，於此階段做成供應商決策。前例中的銀行採購案，視該銀行的決策模式，供應商的選擇可能實質決定於董事會的決議、總經理一人的判斷、專案採購會議的共識，或是採購中心內的投票。

6. 確定規格

先前所界定的需求，僅決定了採購的大方向。一旦供應商確定後，整個採購案的詳細規格便必須在兩方的協商下一一確定。

7. 合約擬定

除了產品規格外，合約通常還包括了付款條件、驗收標準、延遲處罰、智財權歸屬、例外事件處理、免責項目等等。

8. 使用評估

採購完畢正式使用該產品一段時間後，組織通常會進行正式或非正式的使用評估，瞭解使用者對於該產品以及供應商配合服務的滿意狀況。

一般人或者會以為品牌的用處主要發揮在終端顧客市場的購買行為中，而在商業市場用處較小——這其實是個迷思。組織的採購牽涉到購買中心裡的多人，如前所述，最終的購買決策往往比較趨近多數人可以接受的選項。而這樣的選項一般是對於組織與個人而言風險較低的選項。通常市場上廣為採用、聲譽良好的選項（也就是品牌權益高的選項），便是風險較低選項。

15.3　產業行銷者對顧客的瞭解與掌握

B2B 領域內的行銷者對於顧客樣態的掌握，傳統上倚賴業務團隊的報告，而在現代則配合以各種顧客關係管理 (CRM) 系統的詳細記錄與分析。每個行銷者對於這種由人配合軟硬體系統所組合成的顧客管理模式，概念皆同但作法各殊。根據行銷者 Thomson 資訊公司的實務見解，一個 B2B 行銷者欲深刻地掌握顧客、進行有效的顧客經營，可以把重點放在如表 15–2 所說明的幾個步驟上。

→ 表 15-2　　B2B 行銷者的客群經營重點步驟

步　驟	說明
1.找出有意義的市場區隔	揚棄透過外部報告進行市場區隔的慣例，改而透過組織內部團隊仔細的定義以及對於競爭者區隔市場方式的掌握，劃分有實質分眾經營意義的市場區隔。針對每一區隔，估算其大小，並以前瞻的角度規劃經營方向。
2.貼切瞭解客戶的工作流程與潛在需求	透過富有創意與收關性的觀察，瞭解客戶在產品使用上的習慣、流程以及需求。以 Thomson 資訊為例，這部分包含觀察工作現場狀況、進行多次深入訪談，並確定顧客使用該公司產品之前三分鐘與後三分鐘在做什麼。藉此，Thomson 發現顧客常常花費不少時間把 Thomson 提供的資訊製成試算表；於是 Thomson 便決定在後續產品更新中讓客戶可直接將資料輸出至試算表上。
3.開發客戶最需要的解決方案	藉由上述活動，找出客戶在工作流程中不滿意、感到痛苦的一群「痛點」，而後透過集群分析 (cluster analysis) 與 conjoint analysis 等研究，定義一客群內的數種基本需求樣態，而後針對這些互異的需求，開發不同版本的產品。

參考資料：Harrington, Richard and Anthony K. Tjan (2008), "Transforming Strategy One Customer at a Time," *Harvard Business Review*, March, 62–72.

如此可樂：可樂與速食業

　　兩大可樂品牌在 1980 年代持續 70 年代近身肉搏似的行銷戰爭，到了 80 年代中期結果是可口可樂在美國軟性飲料市場的佔有率成長到 38%，而百事可樂的佔有率也成長到 28%——其他較小品牌的生存空間明顯地受到這兩大巨人的壓迫。這個時期，每個美國人一年平均要消費 660 份 8 盎司裝的軟性飲料。

　　除了耗費鉅資的廣告外，可口可樂與百事可樂的另一個重要戰場在速食業市場。對可口可樂而言，長期合作伙伴麥當勞每年替可口可樂帶來可觀的營收，但兩個品牌間並無強制約束存在，麥當勞隨時可以將店內提供

圖 15-2　　可樂的重要市場之一為速食業，業者間必須建立良好的合作關係，以維持重要的通路。

的飲料由可口可樂換成百事可樂。可口可樂為了維持這個重要的通路，只好以近乎成本的價格與快速確實的服務以滿足麥當勞的需求。另一方面，百事可樂於 1986 年買下肯德基炸雞，確保了速食業裡的重要通路。但由於百事可樂當時跨足速食業多角化經營的企圖，也讓其他速食業者心生警惕，溫娣漢堡與達美樂披薩在這樣的通路衝突情況下，遂捨棄百事可樂而改由可口可樂作為其軟性飲料的供應商。

15.4 產業行銷的市場區隔

　　如前所述，產業行銷在行銷策略的概念上與終端顧客市場行銷並無二致；然而在市場區隔的操作層面，產業行銷有與終端顧客市場行銷不同的部分，此處加以說明。

　　除了終端顧客市場也常見的地理區別、顧客態度、交易行為等市場區隔變數外，因為一對一行銷的特質，所以顧客對於產品的嫻熟程度便成為一個可能的分群標準。在較複雜的產品系統（如精密機械）或服務系統（如資訊軟體系統）的產業行銷上，顧客在產品使用上是全然陌生的新手、一知半解的使用者，或者非常嫻熟該品類使用的老手，在顧客所尋求的產品利益、所需要的服務支援等方面都會有截然不同的分野。因此，對於複雜系統的產業行銷者而言，顧客的產品嫻熟度是一個有意義的分群變數。

　　產業行銷市場中另一個較為獨特的市場區隔變數是產業／行業分類。以一個螺絲釘公司除了現有客戶外要拓展新市場為例，因為產品精密程度與材料的不同，它可能打算嘗試以旗下的螺絲釘產品探觸汽車製造市場。但是，汽車製造是個粗糙的概念，到底是汽車製造的哪個領域適合目

圖 15-3　產品行銷市場可依據產業分類細分相關的製造商，以釐清產品製造線及目標客戶。如汽車就可細分為汽車零件、方向、懸吊系統等。

前的產品線去切入呢？另外，還有沒有其他的市場可以試著切入呢？要回答這些問題，作為行銷者的螺絲釘公司可以透過目標地理市場區的通用產業／行業分類系統，初步釐清可欲的目標顧客類型。

這裡所謂的產業／行業分類系統，以北美市場為例，目前通行的是北美產業分類系統 (North American Industrial Classification System, NAICS,)。這個分類系統是一個樹狀結構的系統，以 2 位數為最粗的分類，6 位數為最細的分類。例如 31 到 33 是製造業，336 是運輸系統的製造業，3363 是汽車零件的製造業，336330 是汽車方向與懸吊系統零件的製造業。類似的產業／行業分類，在臺灣有主計處的行業標準分類，在中國有國家統計局的行業分類標準。這兩種分類的最細項都是四位數，表 15–3 列出行政院主計處行業標準分類中，與車輛製造相關的分類系統。

⮞ 表 15–3 　主計處行業標準分類示例

中　類		小　類	細　類
30	汽車及其零件製造業	301 汽車製造業	3010 汽車製造業
		302 車體製造業	3020 車體製造業
		303 汽車零件製造業	3030 汽車零件製造業
31	其他運輸工具製造業	311 船舶及其零件製造業	3110 船舶及其零件製造業
		312 機車及其零件製造業	3121 機車製造業
			3122 機車零件製造業
		313 自行車及其零件製造業	3131 自行車製造業
			3132 自行車零件製造業
		319 未分類其他運輸工具及零件製造業	3190 未分類其他運輸工具及零件製造業

資料來源：行政院主計處。

前述的螺絲釘公司，透過這樣的分類系統索引，便可初步設定若干目標產業市場，而後透過網路搜尋相關廠商的公司登記，或是藉由各該產業市場同業公會或徵信資訊服務公司所提供的資訊，更精確地選定潛在的客群，開始進行高度客製化或者一對一型態的行銷溝通接觸。

15.5　特殊的行銷組合元素

　　產業行銷的行銷組合設計，就原理原則而言，都與我們先前討論過的產品／價格／通路／溝通的架構與操作相仿。但是由於產業行銷的特性，使得行銷者必須對於某些行銷組合元素格外地投注心力以管理。這些元素包括價格管理方面的投標管理，以及溝通管理方面的展覽管理與銷售人力管理。

行銷三兩事：B2B品牌

　　一般談品牌，想到的都是消費 (B2C) 產品的例子。但是在工業行銷的領域中，品牌的用處與重要性其實不減。甚至是一般認為只是原物料的大宗商品，仍有品牌經營的可能。這裡介紹一個名為 RAEX LASER 的鋼鐵產品品牌實例。RAEX LASER 是勞特魯基 (Rautaruukki) 鋼鐵廠的品牌，Rautaruukki 則是芬蘭政府於 1960 年創立的國營鋼鐵廠，隨著部分公股的釋出，1989 年於赫爾辛基證交所公開發行上市。相較於國際間的鋼鐵大廠，Rautaruukki 的規模相對不大，因此幾年前便開始構思尋找差異點以進行品牌化的經營。

圖 15-4　Rautaruukki 鋼鐵廠推出 RAEX LASER 品牌提供顧客更客製化的服務，滿足之前在市面上無法提供的切割需求，更提升了品牌權益。

　　Rautaruukki 從與顧客的長期互動中發現許多中小型顧客都有對於鋼材進行特殊精密切割的需求，但是無力負擔高達 20 萬美元的雷射切割設備。因此，Rautaruukki 推出 RAEX LASER 品牌，定位於提供顧客一個鋼材的完整解決方案 (total solution)。這個完整解決方案包括了服務人員對於顧客的妥善諮詢與支援、精密雷射切割的客製化鋼材產品、快速交貨的物流服務，配合上簡單明瞭而一語道破產品利益的品牌名稱與相關識別系統等層面。透過這

些層面的經營，Rautaruukki 提高了市場上對其產品的認知、強化了顧客關係，進而積累品牌權益。

參考資料：McQuiston, Daniel H. (2004), "Successful Branding of a Commodity Product: The Case of RAEX LASER Steel," *Industrial Marketing Management*, p. 33, pp. 345–354.

15.5.1　投標管理

　　組織型態的顧客，常常以招標的方式進行採購案。這樣做的目的，一方面可以透過市場競爭決定合理的價格，另一方面讓組織可以有效率地從不同行銷者提供的方案中瞭解到該案的各個應考慮面向。例如台塑企業，在已故的創辦人王永慶先生的擘畫下，數十年來已建立一套許多企業視為典範的招標制度。此外，適用採購法的政府機關，當採購案到達一定金額以上，依「政府採購法」便需進行公開招標的活動。表 15–4 列出我國「政府採購法」中若干條文，供讀者粗略掌握這方面的規範。

⊙ 表 15–4　政府採購法部分條文

規範項目	政府採購法相關條文內容
採購的內容	第 2 條：本法所稱採購，指工程之定作、財物之買受、定製、承租及勞務之委任或僱傭等。
適用採購法的機構	第 3 條：政府機關、公立學校、公營事業（以下簡稱機關）辦理採購，依本法之規定；本法未規定者，適用其他法律之規定。 第 4 條：法人或團體接受機關補助辦理採購，其補助金額占採購金額半數以上，且補助金額在公告金額以上者，適用本法之規定，並應受該機關之監督。
招標方式的說明	第 18 條：採購之招標方式，分為公開招標、選擇性招標及限制性招標。 本法所稱公開招標，指以公告方式邀請不特定廠商投標。 本法所稱選擇性招標，指以公告方式預先依一定資格條件辦理廠商資格審查後，再行邀請符合資格之廠商投標。 本法所稱限制性招標，指不經公告程序，邀請二家以上廠商比價或僅邀請一家廠商議價。
選擇性招標的適用情境	第 20 條：機關辦理公告金額以上之採購，符合下列情形之一者，得採選擇性招標： 一、經常性採購。

	二、投標文件審查，須費時長久始能完成者。 三、廠商準備投標需高額費用者。 四、廠商資格條件複雜者。 五、研究發展事項。
限制性招標的適用情境	第 22 條：機關辦理公告金額以上之採購，符合下列情形之一者，得採限制性招標： 一、以公開招標、選擇性招標或依第九款至第十一款公告程序辦理結果，無廠商投標或無合格標，且以原定招標內容及條件未經重大改變者。 二、屬專屬權利、獨家製造或供應、藝術品、秘密諮詢，無其他合適之替代標的者。 三、遇有不可預見之緊急事故，致無法以公開或選擇性招標程序適時辦理，且確有必要者。 四、原有採購之後續維修、零配件供應、更換或擴充，因相容或互通性之需要，必須向原供應廠商採購者。 五、屬原型或首次製造、供應之標的，以研究發展、實驗或開發性質辦理者。 六、在原招標目的範圍內，因未能預見之情形，必須追加契約以外之工程，如另行招標，確有產生重大不便及技術或經濟上困難之虞，非洽原訂約廠商辦理，不能達契約之目的，且未逾原主契約金額百分之五十者。 七、原有採購之後續擴充，且已於原招標公告及招標文件敘明擴充之期間、金額或數量者。 八、在集中交易或公開競價市場採購財物。 九、委託專業服務、技術服務或資訊服務，經公開客觀評選為優勝者。 一〇、辦理設計競賽，經公開客觀評選為優勝者。 一一、因業務需要，指定地區採購房地產，經依所需條件公開徵求勘選認定適合需要者。 一二、購買身心障礙者、原住民或受刑人個人、身心障礙福利機構、政府立案之原住民團體、監獄工場、慈善機構所提供之非營利產品或勞務。 一三、委託在專業領域具領先地位之自然人或經公告審查優勝之學術或非營利機構進行科技、技術引進、行政或學術研究發展。 一四、邀請或委託具專業素養、特質或經公告審查優勝之文化、藝術專業人士、機構或團體表演或參與文藝活動。 一五、公營事業為商業性轉售或用於製造產品、提供服務以供轉售目的所為之採購，基於轉售對象、製程或供應源之特性或實際需要，不適宜以公開招標或選擇性招標方式辦理者。 一六、其他經主管機關認定者。 （以下略）

資料來源：全國法規資料庫。

　　產業行銷的行銷者面對公部門或私部門招標的情境，其投標管理有以

下幾個要點:

1. 密切注意招標資訊

網路時代的今日，幾乎所有的公民部門招標案件資訊都可透過網際網路初步取得。例如我國的政府電子採購網、臺塑企業集團的臺塑網、美國聯邦政府的採購單位 (US General Services Administration) 網站、中國政府採購網等，都是相關行銷者資訊的重要來源，必須隨時注意。

2. 建立投標資訊系統

本書第五章曾說明行銷資訊系統的組成。對於一個必須經常投標的產業行銷者而言，秉持行銷資訊系統統合人力、資訊、軟硬體與其他資源的精神，適時適境地建構起投標方面的情報、內部紀錄、決策支援與標案研究系統，藉以探索競爭動態和顧客需求，仍是透過標案贏取或維繫顧客的不二法門。

3. 以策略角度評估投標內容

除了當次得標的利益外，行銷者宜以策略性的角度斟酌，得標對於長期經營招標案顧客的可能貢獻。當產品轉換成本 (switching cost) 較高時，許多行銷者願意透過低價得標的方式，不計成本地先取得顧客的採用，而後透過產品高轉換成本的特性，與顧客維持長期的關係。

4. 透過情境模擬的組合預測，決定投標價格

對於策略意義較低的「一次性」交易，行銷者透過前述的投標資訊系統，配合以主觀的經驗，可以在成本結構資訊下模擬競爭者各種可能的投標價格水準，並預測各該水準的出現機率，而後組合這些情境預測，在效益／風險的權衡下決定投標價格。

15.5.2　展覽管理

媒體常常會報導以終端顧客市場為主的展覽活動，並將報導重點放在花俏的活動設計上。但對於 B2B 的行銷者而言，各種相關的商業展覽 (trade show, trade fair) 活動，雖然不常吸引大眾媒體的青睞，卻是非常重要的行銷溝通管道。一次特定主題的商業展覽，對於產業行銷者而言的意義，是在展覽特定的時間與空間裡，有機會大規模接觸顧客與潛在顧客，並且瞭

解同業的動態。所以，參與展覽是產業行銷者顧客關係管理的一部分、行銷情報系統的一環，也是相對經濟的行銷溝通方式。

在此認知下，產業行銷者參展，管理的重點包括：

1. 參展目標的確定

根據湯瑪士波諾瑪 (Thomas V. Bonoma) 於 1980 年代的說明，❶行銷者參展可能涵蓋銷售與非銷售等兩大類型的目的。銷售面的目的，涵蓋發掘可以接觸的潛在顧客、接觸顧客或潛在顧客組織中的決策者、溝通產品利益、於展場銷售出產品、對於既有顧客提出售後諮詢服務等等。非

圖 15-5　對於行銷者而言，商業展覽是大規模接觸顧客且瞭解同業動向的好機會。

銷售面的目的，則包括維持品牌聲響、鼓舞組織內部士氣、產品市場測試、競爭情報蒐集、顧客需求挖掘等等。這些目的彼此間並不互斥，但行銷者宜先規劃其優先順序。

2. 展覽的選擇

資源有限的行銷者，面對全球眾多展覽機會，必須對於所參與的展覽加以選擇。選擇的主要考量，一方面是成本，另一方面則是各展性質與參展目標的契合程度。

3. 溝通訊息與型態的設計

針對當次參展的主要目標，接下來行銷者必須決定展場內攤位的展示內容與型態。這方面，從實體產品的布置供參觀者實地嘗試操作、聲光俱佳的動態展演，到極簡的靜態圖片海報展示都有可能。一旦內容與型態確定，市場上有專業的展覽公司可以協助細部的裝潢與設計。

4. 人力與支援物件的配置

如果參展的目標之一是服務既有顧客，那麼工程師便必須參展；如果

---

❶　詳 Thomas V. Bonoma (1983), "Get More Out of Your Trade Shows," *Harvard Business Review*, Jan/Feb, 75–83.

參展的重點放在銷售，那麼銷售人力應當是展場裡的主角；如果競爭者產品情報的蒐集是參展的目標，那麼研發人員就應該在場。也就是說，展場內必須針對參展目標，適切地進行人員的布署。此外，如說明手冊、傳單、DVD、試用品等準備，雖屬細節，卻是參觀者離場後可能帶走的行銷溝通工具，所以準備時在質與量上都應審慎。

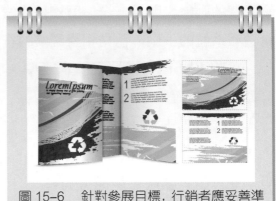

圖 15-6　針對參展目標，行銷者應妥善準備相關人力物力的布署，特別是宣傳手冊等能留給顧客的資料，更要審慎處理。

5.整合行銷溝通的管理

　　參加展覽是整合行銷溝通的一環，行銷者應思考數天展期中的展覽內容如何與展期前後的廣告、公關、促銷、人員銷售等活動結合，發揮整合行銷溝通的效果。

6.展覽效果的評估

　　展覽結束後，行銷者可逐一檢視參展目標的達成程度，做出檢討，並評估下一次是否仍合適繼續參與該展覽。根據不同的參展目標，有各種不同的評估方式。例如如果目標是發掘新客源，那麼參展人員所交換回的名片質與量便常被當成是評估指標。

15.6　銷售人力管理

　　產業行銷面對大量的一對一行銷要求，交易量通常較大，交易程序通常較繁複，交易標的物也經常需要客製化的售前解說與售後服務，因此以銷售人力接觸顧客的重要性遠較終端顧客行銷時來得高。就顧客需求與相對應的銷售型態而言，產業行銷中的銷售情境可分為如表 15–5 所示的數種。

→ 表 15–5　產業行銷中的銷售情境

銷售型態	適用情境	管理重點
劇本型態銷售	顧客需求的異質性不大，顧客容易掌握產品特性時	透過教育訓練，使銷售人員可以傳遞一致而清晰明瞭的訊息給顧客
需求滿足型銷售	顧客需求有明顯異質性，需要區隔化經營時	銷售人員需有能力探詢顧客需求，針對行銷組織與顧客雙方利益客製設計出滿足顧客需求的解決方案
諮詢型銷售	顧客需求有明顯異質性，且顧客的產品知識有限時	銷售團隊由跨領域人員組成，就產品相關知識與利益與顧客進行完整的諮詢性溝通
策略伙伴型銷售	顧客與行銷者維持長期關係，且彼此有所依賴時	專屬跨領域銷售團隊以及完整解決方案的承諾，策略性資訊的即時交換

參考資料：Dwyer, F. Robert and John F. Tanner, Jr. (2009), *Business Marketing: Connecting Strategy, Relationships, and Learning,* McGraw-Hill International.

　　除了一般性的銷售團隊規模、銷售區域劃分、銷售努力分配等項目，以及本書第十三章曾提及的銷售人力管理要項外，產業行銷中的銷售人力管理尤其著重與「主要顧客管理」(key account management) 相對應的人力配套措施。業界認知到與顧客相關的所謂 80/20 法則，即企業 80% 的利潤或銷售額，創造自大約 20% 的顧客。因此，貢獻度最高的「主要顧客」，需要行銷者盡最大努力加以經營，以維繫長期的關係。表 15–6 討論以主要顧客管理為焦點與傳統型態銷售焦點間的差異。

→ 表 15-6　傳統銷售與「主要顧客」作為銷售焦點的比較

	傳統型態的銷售焦點	主要顧客的銷售焦點
銷售額	變異度大	龐大
產品與服務的提供	核心產品或服務	客製化的產品或服務
關係模式	短期的，交易導向	長期的，關係導向
顧客尋求的利益	低價、高品質	低總成本、策略面的利益
資訊分享	有限度地在價格與產品面分享	廣泛地分享策略面資訊
顧客購買中心的形成	通常以採購經理主導，輔以少數個人	來自顧客組織中不同部門的成員
銷售人力的作業目標	滿足顧客需求以最大化收益	藉由提供較低成本的完整解決方案，成為顧客的策略伙伴
銷售努力的投入	通常由個別銷售人員負責	由跨領域的銷售團隊提供完整解決方案

參考資料：Hutt, Michael D. and Thomas W. Speh (2004), *Business Marketing Management*, 8th ed., Thomson South-Western.

行銷三兩事：敬菸

　　銷售人員需要具備與顧客背景有關的充足「軟知識」。這些軟知識，關係到法國社會學家 Bordieu 所提出的三種「資本」：一是讓人可以敬重的地位或聲望所帶來的「符號資本」；二是透過嫻熟配合社會規範而從人際關係網絡中積累出贏得他人認同的「社會資本」；三是在學歷之外的象徵性文化體系中積累出的「文化資本」。學者汪大衛曾以 90 年代中國商場中的香菸消費

圖 15-7　行銷者也必須瞭解不同地區的文化屬性，例如 90 年代中國商場的敬菸行為，是商人間互相開誠布公，宣告自己正直誠實的溝通儀式。

行為，剖析彼時中國商人如何透過抽菸與敬菸，累積這些象徵性的資本。他觀察到那個時候抽 555 牌香菸的人通常是中國解放前資產階級的後代商人，

他們認同這款在中國有百年歷史的香菸品牌，而抽 555 菸也凸顯這群人讓其他人尊重的家世與教養。此外，他也發現香菸是商人間互相開誠布公，宣告自己正直誠實的一種象徵，而敬菸則是這種象徵中非常重要的溝通儀式。他提到市場上越是弱勢的商人，越積極地在各種場合敬菸。而別人敬菸時拒絕，或者別人一直敬菸而自己沒有回敬，則都是失禮的事。他提到有一名廈門商人陪一名臺灣投資者花了幾天功夫洽談合資事宜，這名臺灣投資者幾天中一直接受敬菸，但從沒回敬，後來這名廈門商人因此覺得不受尊重而決定不合作了。

參考資料：戴慧思、盧漢龍 (2003)，《中國城市的消費革命》，上海社會科學院出版社，頁 311–335。

此外，就整個組織的角度來看待業務銷售人員的管理，有學者主張在企業生命週期的各個階段，管理的重點應有所不同。表 15–7 說明這樣的主張。

> 表 15–7　不同企業生命週期階段業務團隊管理之相對重點

	企業新創立階段	企業成長階段	企業成熟階段	企業衰退階段
業務團隊和成員的角色管理	第一重要	第三重要	第四重要	第二重要
業務團隊規模的管理	第二重要	第一重要	第三重要	第一重要
團隊內編制分工的管理	第四重要	第一重要	第二重要	第三重要
業務團隊資源配置管理	第三重要	第四重要	第一重要	第四重要
顧客經營策略的重點				
策略重點	提高知名度	深耕已建立之市場，並同時開拓新市場；新舊顧客並重	透過服務維繫與既有顧客的關係	保護重要的顧客關係、結束無利可圖的客群

參考資料：Zoltners, Andris A., Prabhakant Sinha, and Sally E. Lorimer (2006), "Match Your Sales Force Structure to Your Business Life Cycle," *Harvard Business Review*, July/August, 81–89.

分組討論

1. 本章章首「行銷三兩事」中說明了重型機具商 Caterpillar 富有創意的整合行銷溝通活動。你認為這個活動成功的主要因素有哪些?

2. B2B 行銷與 B2C 行銷有哪些不同?

3. 進入行政院公共工程委員會的政府電子採購網 (web.pcc.gov.tw)，整理出行銷者針對政府採購案進行投標時應作的準備。

4. 瀏覽報紙求才廣告或人力銀行網站，其中關於銷售人員的職缺，哪些屬於 B2B 的領域?哪些屬於 B2C 的領域?它們各自需要的人才背景條件有什麼樣的差異?

5. 參觀一個 B2B 為主的商業展覽，觀察並記錄參展廠商與參觀者間的互動。

16

服務行銷

本章重點
- 瞭解服務的特性
- 掌握服務品質的管理與衡量關鍵
- 熟悉服務業的行銷組合
- 熟悉服務的劇場概念
- 瞭解行銷者如何透過服務創造價值

🌐 行銷三兩事： 最優的顧客服務

2009 年春天，*Business Week* 報導了一項針對美國消費者經驗，透過多重研究方法所得出的傑出顧客服務企業排行榜。在這個排行榜中，美國運通 (American Express) 居第 17 位，惠普 (HP) 居第 8 位，LEXUS 汽車居第 4 位。猜猜看，哪家企業排第一？

答案是網路零售業者 Amazon.com。

根據創辦人傑夫貝索斯 (Jeff Bezos) 的說法，經營繁複品類的網路零售，Amazon.com 強調的是由攸關資訊提供、合理售價、準確出貨、快速遞送等環節所組構而成的整體「顧客經驗」(customer experience)──正面的顧客經驗累積起高度的顧客忠誠。在這樣的基調下，Amazon.com 的顧客在絕大多數的購物情境中並不需要傳統上由客服人員所傳遞的「顧客服務」(customer service)。為了維持、鞏固這種讓顧客享受良好服務經驗而不需與客服人員接觸的理想，Amazon.com 包括創辦人 Jeff Bezos 在內的所有員工，每兩年都需要花兩天的時間扮演第一線顧客服務的角色，解決在服務傳遞過程中屬於例外狀況的客服與客訴問題，從中瞭解如何進一步改善企業所能提供的顧客經驗──這其中很重要的就是讓整個流程順利到顧客沒有與客服人員溝通的必要。

什麼叫好的服務經驗？為什麼 Amazon.com 的顧客服務評價高過其他企業？*Business Week* 的這篇報導中舉例，一名名為麗莎迪亞斯 (Lisa Dias) 的中年顧客，向 Amazon 商城上的一家二手書商，買了本商品狀況標示為「如新」的二手平裝書。收到貨時，她發現書頁間已經有前位讀者留下的一些手寫字跡。這名顧客心裡很不舒坦，但因故拖了幾個月，才向該二手書商反映；結果是沒有下文。她轉而將事情原委告知 Amazon.com，客服部門馬上將書款全額退還給她，並且不需要她把那本書寄回。有了這樣的經驗，這位女士未來應該還是會繼續向 Amazon.com 購物。

參考資料：Green Heather (2009), "How Amazon Aims to Keep You Clicking," *Business Week*, March 2, 34–40.

16.1　服務的特性 ●

如果廣義地看待「產品」這個概念，則產品實際上主要包括有形的實體商品與無形的服務這兩個主要類別。所謂服務，根據 Lovelock 的說法，可以從兩個角度加以定義。首先，服務是一種由一方提供給交易另一方的活動 (act) 或表演 (performance)。這些活動或表演雖然在過程中會牽涉到一些實體的物件，但基本上其

圖 16-1　相對於有形的商品，服務是在特定的時間與地點提供給顧客而能創造價值的經濟活動。

本質無形，而且通常不牽涉到所有權的移轉；其次，服務是在特定的時間與地點提供給顧客而能創造價值的經濟活動，這樣的活動或者帶來接受服務者可欲的變化（例如理髮讓頭髮有型、看牙醫解決牙痛問題），或者代表接受服務者為其創造利益（例如律師的庭上辯護）。

我們可以把完全的實體商品交易(如從自動販賣機買得一罐 20 元的罐裝冷飲) 與完全無形的服務提供（如律師的法律諮詢服務）看成市場交易的兩個極端；一般的市場交易則往往介於這兩極之間，涵蓋了部分的產品與部分的服務。譬如買一部車，雖然主要的交易內容是有形的車輛，但交易中往往附帶了里程與維修保證等服務。又如住宿旅館，雖然交易的內容主要是無形的服務，但旅館仍需準備如盥洗用品、衛生紙等實體備品供旅客取用。因此，本章所敘述的服務行銷，包含了以服務為主的市場交易，以及以商品為主的交易其中的服務提供部分。

相對於有形的實體商品，服務有以下幾大特徵:

1.動態無形性

● 本節主要參考自 Christopher Lovelock (2001), *Services Marketing: People, Technology, Strategy*, 4th edition, Prentice Hall 一書。

相對於靜態的有形商品，服務通常強調需要時間來完成的某種動態過程。不管是理髮師的理髮服務、學校提供的課程服務、快遞公司的宅配服務，整個服務的提供都需要一段時間方能完成，而且結束後受服務者雖然享受到被服務的結果，但服務過程本身通常不被具體留存。這便是服務的動態無形性。

圖 16-2　服務的品質好壞通常取決於「人」的表現，如服務員的表現是顧客評價服務最直接的基準。

2.不可儲存性

不同於未售出的商品可以成為存貨，儲存等待未來再售，多數的服務是無法儲存的。一列離峰時間的客運、火車載不到客人仍得按時刻表繼續前行，沒辦法把空位「儲存」下來供尖峰時間的旅客使用。此即服務的不可儲存性。

3.不可分割性

由於服務強調的是完整的一個過程，所以不像實體商品可以分割（例如汽車輪胎爆胎了，可以換掉輪胎），一般而言，一種服務難以分割成諸多子服務分別提供。例如牙醫拔牙時，每一個程序都環環相扣，無法拆解後單獨提供某一步驟給客人。

4.人的重要性

服務的過程中，人通常是一個重要的元素。無論是航空公司運送旅客、律師事務所代理訴訟、程式設計師接案代寫程式、旅館餐廳待客、修車廠替人維修車輛，各種服務都需要行銷者方面運用人力來進行。而且由於服務的無形、不可儲

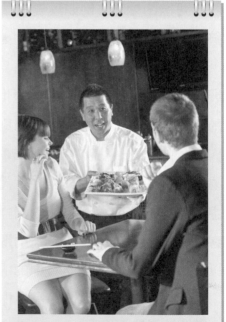

圖 16-3　由於服務具有不可儲存的特性，服務員是以最即時的方式與顧客互動，因此服務品質控管是項重要的任務。

存與不可分割，不像商品每一件都可以經過檢驗才出廠上市，服務人員的表現通常以即時的方式呈現於顧客面前，且常在與顧客互動的過程中被評價。因此，人的因素在服務情境中非常重要。

5.品質控管的困難性

由於前述服務對於人的倚重，而服務人員因為情緒、生理狀況、壓力、好惡等因素，在不同的時點上所執行的服務難以完全標準化，因此相對於有形商品，服務品質的控管在難度上高許多。

16.2　服務的「劇場表演」概念

無論是在餐廳用餐、在車廠修車、在醫院看病、在賣場購物，乃至在學校上課，各式各樣的服務都必須由服務者提供。由於大量倚重「人」的特點，服務行銷的關鍵便在於提供服務的人其服務提供品質，以及接受服務者對於該服務的認知。只要牽涉到人員的服務提供，幾乎每一種服務都可以看成是一齣齣的戲——服務的提供可以看成是一種劇場的表演。

從這樣的劇場表演概念看待服務，我們可以把服務藉由演戲的比喻拆解成幾個最主要的元素：

1.劇團

服務所繫的品牌就是劇團的名稱。就像同樣演出一齣莎士比亞的悲劇或是一齣歌仔戲，不同的劇團有不同的演繹角度、專業水準、燈光道具、語言設計、角色編排，因此觀眾的感覺便不同。以此類推，雖然同樣是到餐廳去吃牛排，不同的餐廳提供不同的牛排餐內容、裝潢、服務密度與服務品質，各自吸收到一些顧客。久

圖 16-4　服務的提供有如劇場的表演，背後有劇團、劇本、演員、舞臺、道具、場景、後場、觀眾、導演等的配合，才能給觀眾最完美的演出。

之，喜歡吃重口味牛排的顧客便偏好 A 餐廳；喜歡用餐時有賓至如歸感覺

的顧客便偏好 B 餐廳，這時服務的品牌及其背後的品牌形象與聯想便逐漸確立，就好像不同的觀眾會選擇不同的劇團看戲一樣。

2. 劇本

一個上軌道的專業服務提供，基本上都有一套言明的或形諸習慣的標準作業流程，就如同演戲必須照著既定的劇本發展情節一般。服務業的劇本（標準作業流程）規範了參與這齣戲的角色（服務人員）、對白（前場服務提供人員與顧客溝通的方式）、情節發展與換幕（服務提供的程序與階段）、燈光道具細節（使用的服務設備）等種種服務提供元素。以民用航空客運業的服務為例，服務的劇本便分為乘客於機場櫃檯報到、候機、登機、機艙中服務、目的地抵達時旅客離機等幕（服務階段）。每一幕的參與演員都有所不同（報到階段的主角是地勤人員；機艙中服務的主角是空服員，而機長需要適時透過機艙內廣播扮演配角）、道具各殊，而每一幕的演員都應被要求融入各該段情節中，以適當的態度和對白與乘客進行應對。

3. 演員

在服務的戲碼中，第一線的服務提供人員就是一齣戲裡扮演最關鍵角色的演員。就如同一般對於戲劇演員進行評論時討論的重點，服務的戲碼中演員稱職與否主要決定於選角是否合適（晉用的服務人員其人格特質是否符合該服務之需）、演員是否入戲（是否能讓接受服務者有正面的感受而不只是照本宣科）、表演是否真實（服務傳達中的各種態度是否恰如其分）、臨場反應是否機智迅速（服務人員遇到突發的服務狀況時是否能有效地於第一時間加以處理）。

4. 舞臺、道具與場景

服務人員與顧客直接接觸的場所便是服務這齣戲的舞臺。對於作為觀眾的顧客而言，舞臺上的燈光、音效、道具與場景（也就是服務場所的各種實體細節）都可以左右觀眾對於這齣戲的評價。因此如何設計這些環節，在兼顧衛生、安全、舒適的前提下對於服務場所實體細節做好控制與管理，也是服務行銷的重點之一。

5. 後場

後場是通常顧客接觸不到，但與服務提供的品質有直接關聯的部分。

例如一般的餐廳其後場是廚房、醫院的後場是不直接接觸病人的各支援部門、美容院的後場是服務人員的休息處以及擺置服務用品的地方。在後場管理方面，最主要的課題有二：設計出可以全力支援舞臺前場的程序與設施，以及針對不該接觸觀眾（顧客）的後場嚴格把關防止觀眾產生前後場認知上的混淆。

6. 觀眾

顧客就是這場戲的觀眾。從顧客導向的觀點出發，服務的行銷與管理其目標就是讓顧客對於該劇團的戲碼產生正面的評價，在市場上造成口碑，並且讓舊的觀眾願意不斷的回到這個劇團的場子來看戲。

7. 導演

在服務作為一齣戲的比喻下，服務行銷的管理者便是劇場的導演。導演應對於前述各個環節負責，進行妥善的管理。

16.3　服務的消費者行為分析

因為服務這齣戲通常必須由一組人加以演出，而人的演出品質無法像機器一般可以常態地衡量評估，所以對於顧客而言接受某一服務代表了幾個方向的風險。類似餐廳、美容院、修車廠等服務的提供，對於其顧客而言常需透過親身使用的體驗方能評估其品質；而類似醫院的醫療服務提供，則很多時候病人即便接受服務完畢仍無法完整評估到底效果如何。也就是說，因為服務的特性，消費者選擇接受服務時，相當程度必須倚賴經驗或口碑，因此也就必須進行事前的資訊搜尋。此外，接受服務代表顧客必須支付對價的財物（服務費用）、時間（接受服務及等待的時間）、生理與心理（譬如排隊等候耗體力、有些乘客畏懼搭乘飛機旅行）等方面的成本。

在這些情況下，顧客搜尋與接受服務時在認知上會有財務、時間、生理、心理等方面的風險知覺，並且透過個人經驗或口耳相傳而對於這些風險的水準形成某個程度的判斷。針對這些知覺風險判斷與期待，服務行銷的重點便是提供較顧客各方面預期更佳的服務水準，逐步降低顧客的知覺風險，藉此提升顧客的滿意度與忠誠度。

　　用一般的話詮釋這樣的行銷重點，一言以蔽之便是提供一個「物超所值」的服務。要提供這樣的服務，管理者在導演一齣服務的戲的時候，必須從觀眾（顧客）的角度出發，審慎地規劃劇本場景、情節與對白，並且透過招募、訓練與績效考核制度讓作為演員的前場服務人員有稱職的演出。

　　另外，在管理重點上，欲型塑「物超所值」的認知，提高顧客的服務接受意願，則尚應有效管理服務過程中的「衛生因素」(hygiene factor) 與「促進因素」(enhancing factor)。所謂的服務衛生因素，指的是一種服務理論上應達到的標準。這些服務因素通常看似理所當然，但服務實務上常常狀況百出。從顧客的角度看待服務時，這些衛生因素往往成為接受服務的風險來源。因此，服務行銷上首先必須確認的是這些衛生因素的有效管理。至於促進因素，指的則是顧客並不特別期待，但若有效管理則可以讓顧客喜出望外而有物超所值感受的服務因素。舉航空客運為例，衛生因素包括託運行李不遺失、不破損、乾淨的機艙盥洗室、足夠的飛航訊息提供、班機準時起落等等；而促進因素則相對包括空服人員的貼心服務、精緻的艙內餐點服務、艙等升級等等。

　　就管理而言，衛生因素與促進因素的管理都必須從顧客的角度出發看待整個服務流程，透過系統化的分析一一釐清各因素的重要性，從而在服務傳遞的過程中照顧好這些環節，塑造顧客正面的服務體驗。

💲 行銷三兩事：7-Eleven

　　7-Eleven 是標準的流通事業，以零售為主，在日本有近萬家門市，在臺灣由統一超商經營的門市量也高達 4,000 家。無論臺日，每家門市約陳列 2,500 種商品。日本 7-Eleven 一年內大約會以新產品替換七成的舊商品。臺灣 7-Eleven 的年度產品替換率也達到五成。據估計，全臺灣每天有 20% 的人口會光顧 7-Eleven。無論在臺灣或日本，7-Eleven 都是零售業經營的典範；而其成功的關鍵因素之一，就是卓越的產品管理能力。以下分數點說明：

1.對於消費者心理的細緻解讀與精確掌握

　　日本 7-Eleven 在 1998 年開發出一款銀粉紅色 Hello Kitty 圖案的棉質衛

生棉。因為掌握女性購買生理用品時的尷尬心態，在設計上讓產品看起來很不像生理用品，降低女性消費者的購買心裡門檻，一上市即成為暢銷商品。此外，透過對於消費者健康消費取向的掌握，日本 7-Eleven 開發出一系列標榜「無糖」、「低鹽」、「有機」、「無人工添加物」、「無農藥」的食品，取得市場的認同。臺灣 7-Eleven 也掌握消費者營養補充的需求，開發針對「吃太飽」、

圖 16-5　7-Eleven 改良消費者不喜歡的生硬麵包口感，推出特殊酵母與烘焙技術製作的柔軟「湯種麵包」，使超商麵包的銷售量穩定增加。

「睡太少」、「臉色差」等各種情境的「我的健康日記」維他命補給產品。另外，掌握市場上的懷舊、在地風潮，臺灣 7-Eleven 推出諸如「奮起湖便當」、「竹山蕃薯飯」、「老張牛肉麵」等商品，也普受市場認同。

2.不斷透過市場反應改良產品

臺灣 7-Eleven 面對超商麵包販售的停滯狀況，分析出消費者拒斥超商麵包的主因是較生硬的口感導致「不新鮮」的聯想。在這樣的認知下，推出特殊酵母與烘焙技術製作的柔軟「湯種麵包」，使得超商麵包市場開始成長。日本 7-Eleven 初引進墨西哥肉捲 (burrito) 時市場曾因口味的陌生而反應不佳，7-Eleven 遂將外皮厚度、材質改良，使口感符合日本消費者的偏好，並且改良餡料配方，加入在日本市場討喜的乳酪與火腿。這些產品改良使得消費者逐漸接受該商品，市場銷售量穩定地增加。

圖 16-6　7 Eleven 經常推出創新商品，讓消費者耳目一新，例如物美價廉的「國民便當」，打開消費者願意在便利商店購買便當的門路。

3.有效針對環境差異進行彈性化的商品配置

382 行 銷 管 理

　　日本 7-Eleven 在不同的商圈針對區域特性提供不同的產品組合。例如在車站附近符應通勤族需求提供多樣方便進食的零食、甜點、飲料，在辦公商圈針對女性白領顧客提供量少質精的飯糰、便當、三明治，在郊區幹道旁的店面提供較多份量較大的便當，在遊樂地區提供野餐坐墊、保暖袋等戶外活動用品。此外日本 7-Eleven 也會在一天內根據各時段的暢銷商品差異，快速彈性調整商品陳列。

4. 勇於創新的商品開發

　　臺灣 7-Eleven 從消費者「物超所值」的購物心理出發，幾年前推出遠低於一般市場價格的 40 元「國民便當」，讓許多消費者透過低門檻的嘗試而開始接受在便利商店購買便當。日本 7-Eleven 曾透過對於日本消費者對鹼性飲水（一般相信鹼性水可以保護胃黏膜）以及軟水溫潤口感的偏好掌握，開發出上市時市場鹼性最強（PH 值 8.2）的「出雲大神養生鹼性天然水」，甫上市即造成轟動成為礦泉水類的銷售冠軍。

5. 以客為尊的服務精神

　　臺灣 7-Eleven 首創超商代收各種費用的服務，提供消費者絕大的方便；而宅配作業讓使用者有貼心的感受。根據國友隆一對於日本 7-Eleven 的介紹，7-Eleven 的待客服務原則包括「不纏著客人不放也不忽略或輕視客人」、「開朗的舉止，冷靜的對應」、「提供體貼但不強迫的服務」、「誠懇」、「根據顧客的心態改變招呼方式」等。

6. 善用科技輔助商品管理

　　日本 7-Eleven 於 1982 年即引進 POS 系統，並在 20 世紀末花費 600 億日圓建置第五代情報系統，協助分析消費者單次購買行為、擬定細緻的商品供應計劃、配置各店商品結構。臺灣的 7-Eleven 的 POS 系統，強迫門市人員結帳時必須輸入購買者目測的年齡、性別等資料（輸入後收銀機方能開啟）——這些資料成為供應商補貨、物流中心維持最適庫存量、門市訂貨、商品開發方向調整的關鍵依據，使 7-Eleven 保持高度的營運效率。

參考資料：國友隆一 (2003)，《日本 7-Eleven 消費心理學》中譯本，臺灣東販出版；以及《e 天下》2003 年 2 月號 7-Eleven 專題報導內各篇。

16.4　服務的行銷組合

16.4.1　服務的產品管理

由於服務的無形性，它作為一種廣義的產品，管理的首要是設定一套完善的標準作業程序 (standard operation procedure, SOP)；而配合這套標準作業程序的相關人、事、物與 SOP 的統整規劃，則稱為「服務藍圖」(service blueprint)。服務藍圖作為我們先前提到的服務的「劇本」，它通常是縝密的系統分析的產物，鉅細靡遺地將服務各環節加以規範；並且針對各種可能發生的異常情境，給出處理的標準動作。以麥當勞為例，從工作人員怎麼做漢堡、漢堡從做好到送至顧客餐盤上前可以放多久（7 分鐘）、霜淇淋怎麼擠（標準：兩圈半），一直到顧客打翻可樂時如何處理，都有白紙黑字精細明確的規範。對於服務品牌而言，品牌資產的累積，相當倚賴詳細服務藍圖（劇本）的制定，以及員工對於該藍圖的嫻熟（排演），以確保服務（演出）能有較為一貫的品質。

16.4.2　服務的價格管理

由於服務的不可儲存性，加以各種服務常有明顯的離峰／尖峰（例如電信服務、市區大眾運輸服務等）或者淡季／旺季（例如旅遊、長途運輸、電影院等）時間的區別，因此顧客需求管理對於服務行銷者而言，有更深切的意義和重要性。而價格管理便是需求管理的利器。因此相對於實體商品的販售，我們更常在服務提供的情境中觀察到以顧客身分、時間、空間等差異而進行的差別取價狀況；而將差別取價發揮到極致的，則是常見於旅館、航空公司等服務業的收益管理。

行銷三兩事：很便宜的機票

對於不少消費者而言，航空旅行因為機票票價較其他運輸模式相對昂貴，

長久以來都是一種「奢侈品」。自從 1970 年代歐美開始逐步「開放天空」，漸次稍解對於空運業的管制起，各地都出現不少廉價航空公司，企圖藉由如公車服務般所謂「無花邊」(no-frills) 的服務，配合上有效率與低成本的營運管理模式，提供低廉的機票，以「薄利多銷」的原則經營。

在美國，這類航空公司以 1971 年創立的西南航空 (Southwest Airlines) 為代表。這家航空公司只採用波音 737 客機以降低維修成本，強調員工的友善以及開放的組織文化，擁有全美第三大的客運機群。自從 2006 年下半年起，它已成為全美載客總量最大的航空公司。更難能可貴的是，截至 2009 年為止，它連續 36 年年年都保持正獲利的財務狀況。

在歐洲，近年廉價航空紛起，而以愛爾蘭為根據地，於 1985 年創建的 Ryanair 可說是其中翹楚。Ryanair 同樣奉行單一機種機隊的精神，提供「空中通勤」似的客運服務。另外，因為冷戰結束後，原先對峙的北大西洋公約組織與華沙公約組織兩大軍事聯盟在歐洲的許多空軍基地不再運作而轉為民用，Ryanair 於是得以用極低的場地成本租用到這些通常離大城市稍遠的機場，並因此可以大幅降低票價。

廣土眾民的中國，於 2004 年成立、2005 年首航、民營的春秋航空，則是中國的第一家廉價航空公司。在政府管制甚嚴的中國民航市場，這家民營業者除了依照西方廉價航空公司成功的經營法則經營外，而且不斷嘗試突破創新。2009 年，春秋航空甚至試圖突破限制，構想首開先例販售客機上的「站票」。據悉，2006 年春秋航空即開始獲利。

臺灣十多年前也曾有一家瑞聯航空，於 1994 年自某主營包機的航空公司接手後改名經營，並仿效廉價航空公司行銷模式以經營國內航線。據悉，這可能還是亞洲的第一家廉價航空公司。開航首日瑞聯以北高航線只要 1 元的聳動手法，成功地引起大眾的注意。此後，瑞聯航空也持續以低價方式維持高載客率，造成飛航相同航線的其他航空公司相當大的壓力。但是瑞聯航空雖然在行銷溝通面學得廉價航空公司的手法，卻無法根本地在營運面有效降低成本。其後經營房地產建設的母公司本業出現鉅額虧損，無力挹注航空事業，經營上日益艱困，最後在 2000 年即因財務與飛安等因素被民航局勒令停飛。

在國際間廉價航空公司如雨後春筍般出現的今天，綜合過往各國類似事業的成敗事例，可以歸納得到幾點廉價公司經營成功的重要條件：

1. 透過單一機型機隊、低成本營運場站、燃油效率控制、機隊最佳化路線規劃、票務自營等因素的統合，創造對於廉價航空公司而言最為關鍵的低營運成本。

2. 透過精確的行銷分析，鎖定願意接受廉價航空公司若干缺點以換取低價消費的高價格敏感度顧客群。

3. 透過友善的機組人員、有效率的資訊服務與收益管理系統、有顯著差異的價格訴求，將載客率最大化以提升利潤率。

參考資料：http://en.wikipedia.org/wiki/Southwest_Airlines#Corporate_culture; http://en.wikipedia.org/wiki/Ryanair；《新營銷雜誌》(2007)，〈標竿 20 最佳模式創新獎：春秋航空〉，12 月 18 日；http://zh.wikipedia.org/wiki/ 春秋航空公司；http://zh.wikipedia.org/zh-tw/ 瑞聯航空。

16.4.3　服務的遞送管理

　　服務的遞送有賴服務舞臺的前場服務（如餐廳服務生的點送餐、航空公司空服員的空中服務）與後場服務（如餐廳廚房裡的作業、航空公司的地勤作業）在服務藍圖指引下的密切配合，而其型態，可分為顧客趨近服務提供者（如餐廳用餐、搭機等）、服務提供者趨近顧客（如餐廳外送、水電修理等），以及服務提供者與顧客不直接接觸（如透過第三方貨運的維修服務、電信事業）等三種主要模式。這三種模式的服務遞送設計，時間、空間搭配的最適化都是首要考量。例如餐飲外送服務，就必須同時斟酌外送區與承諾送餐時間，藉由此一設計搭配尋求顧客的滿意。此外，根據先前我們提到的服務劇場概念，戲臺上的道具（即服務的實體線索，如客機服務中看得見摸得到的機體內裝、餐飲）和演員的戲服（即服務人員的穿著），也是服務遞送管理中不可忽略的重要環節。

16.4.4　服務的行銷溝通

　　服務的行銷溝通，仍仰賴廣告、公關、促銷、人員銷售等工具的組合。但由於服務對於人的倚重，行銷溝通的訊息較常聚焦在「人」身上。這裡所謂的人可分為兩類，第一類是服務提供者，例如航空公司的訊息聚焦於

空服員的笑容與殷切服務、快遞公司的訊息聚焦於快遞員使命必達的精神，重點都在強調高品質的服務人員帶來高品質的服務；第二種人則是顧客。因為服務是一種過程，而過程中顧客往往需要參與某些段落，所以針對顧客的溝通，除了一般行銷溝通的品牌告知、品牌說服與品牌提醒任務外，常常還負擔型塑顧客服務期待、教育顧客服務流程、降低顧客不確定感等等工作。

圖 16-7 航空業利用空服人員親切的笑容和周全的服務，傳達高品質的服務表現，與消費者做溝通。

16.5 服務品質管理

產品的品質管理，是品牌經營的必要條件。但是不同於實體商品在出廠前可以透過各種工程面的檢測以衡量品質，服務由於其特性，行銷者無法透過一系列自我檢查而測得服務品質。服務的行銷者也許覺得該盡的義務都盡了，但是顧客仍很可能在服務過程中感覺管理者沒法及時察覺的服務品質瑕疵。而從顧客導向的觀點出發，顧客所知覺的服務品質，才是行銷管理上所應該關切、品牌經營上所應該著重的品質項目。因此，從行銷的角度而言，服務品質就是顧客所知覺到的服務品質。

不管是汽車、電腦、化妝品、服飾、瓶裝水，生產者都有一套品管檢驗標準。那麼這裡所說的顧客知覺服務品質，對於服務提供者而言似乎捉摸不定，究竟該如何檢驗與管理呢？既然是顧客的知覺，所以服務品質的衡量順理成章地就不是由服務提供者關起門來檢測，而是要透過顧客的意見回饋來測度。這也就是為什麼我們在各種服務情境中，常會碰到「顧客意見調查」的問卷──它就是服務品質衡量的主要方法。在這方面，西斯姆 (Zeithamal)，貝利 (Berry)，帕拉蘇拉曼 (Parasuraman) 等三位學者於 1980 年代所提出的 SERVQUAL 量表，是行銷者透過消費者具體回饋知覺服務

品質的典範。這份量表分為五個面向，分別與消費者在服務進行過程中所感受到的具象面 (tangibles)、穩定性 (reliability)、回應度 (responsiveness)、信賴感 (assurance)、同理心 (empathy) 等面向有關。

　　透過問卷的施作，服務提供者可以瞭解顧客所感受到的服務品質。一旦發現有顧客評價較低的項目，管理上應該如何進行問題的確認，以利調整改善呢？洛夫洛克 (Lovelock) 將 Zeithamal, Berry, Parasuraman 等人的服務缺口模型加以擴充，認為服務品質出問題可能來自七類型的服務品質「缺口」(gaps)。這七個缺口分別是：

1. **知識缺口** (the knowledge gap)：

　　服務提供者以為顧客所要的服務，與顧客事實上所期待的服務之間的差異。

2. **標準缺口** (the standards gap)：

　　服務管理者所認知的顧客期待，與所定下的服務提供標準間的差異。

3. **遞送缺口** (the delivery gap)：

　　服務管理者所定下的服務提供標準，與員工實際上的服務表現間的差異。

4. **內部溝通缺口** (the internal gap)：

　　服務行銷溝通擬定者所認知的服務品質標準，與員工實際上的服務表現間的差異。

5. **知覺缺口** (the perceptions gap)：

　　顧客接受到的實質服務，和他們所知覺到的服務間的差異。

6. **詮釋缺口** (the interpretation gap)：

　　服務行銷者所承諾的服務水準，與顧客所理解的承諾間的差異。

7. **服務缺口** (the service gap)：

　　消費者所期待的服務水準，與消費者所知覺到的服務水準間的差異。

　　根據這樣的服務品質缺口概念，當行銷者發現顧客的知覺服務品質有下降趨勢時，便應該積極去辨識問題是出在哪一個或哪幾個缺口上。我們看到有不少服務缺口的產生，是來自期待品質與知覺品質的落差。因此，顧客的服務品質期待，便成為服務品質管理裡的一個關鍵性管理項目。而

這方面的管理，靠的仍是統合完善的行銷組合設計與執行。

16.6　B2B 的服務

　　一般所認知的「服務」，都在日常生活的周遭發生，因此很容易侷限於消費者市場的領域。然而，在 B2B 的產業裡，各種交易的進行事實上或多或少都涵蓋有服務的成分在內；對於不少 B2B 的行銷者而言，如果仔細拆解其成本結構，會發現自己其實應該算是「服務業」而非「製造業」。歐洲學者 Reinartz 與 Ulaga 曾針對歐陸的 B2B 企業進行深入研究，歸納出 B2B 企業透過服務而獲利之道，包括以下四大要點：❷

1. 首先需要體認自己屬於服務業，並在契約計價的擬定上從這個角度重新審視契約的合理性。
2. 需將服務的後臺作業流程以生產作業般的效率講求加以精密規劃。這方面，可藉由彈性服務平臺、流程成本的密切控制、有效運用新科技管理後臺作業等方式來配合。
3. 業務團隊需要對於「服務」有深切的認知，並且將以往的「成本加成」的議價模式改為「價值基礎」的議價模式。
4. 詳細分析顧客服務流程，合理化其中每一個項目的執行方式，並讓顧客瞭解這些流程中行銷者所作出的努力。

16.7　服務行銷策略

　　由於前述的服務特性，服務行銷上除了源自實體商品行銷的傳統行銷組合（產品、價格、通路、行銷溝通）策略外，一般認為尚應將服務流程、人員、生產力與品質以及實體環境一併納入行銷策略。因此，除了一般的市場區隔、市場定位等策略思考外，在劇烈的市場競爭中服務行銷者尤應注重以下幾個重點：

---

❷　詳 Reinartz, Werner and Wolfgang Ulaga (2008), "How to Sell Services More Profitably," *Harvard Business Review*, May, 90–98.

1. 透過實體商品與服務遞送流程的創意組合進行服務的差異化管理。
2. 透過系統分析將服務流程合理化以提供顧客最低風險成本的服務。
3. 透過管理科學有效地平衡服務的供給與需求。
4. 導入科技產品以提高服務生產力。
5. 以顧客角度進行感性服務經驗的創造。

　　綜合以上的討論，服務的行銷與有形商品的行銷一般，都必須注意行銷組合的設計；但是在此一相同點外，服務行銷本身又有許多與有形商品行銷不同的特性。因此，除了一般行銷組合所強調的產品、價格、通路、溝通等所謂 4Ps 外，服務行銷還有另外的四個以 p 為首的元素需要密切管理，它們分別是過程 (process)、生產力與品質 (productivity and quality)、人員 (people)、實體輔助物 (physical evidence)。它們與傳統的 4Ps 合在一起，被稱為是服務行銷的 "8Ps"。

行銷三兩事：中國最佳零售銀行

　　招商銀行是中國第一家由企業創辦的商業銀行，1987 年在深圳經濟特區成立，初始時資金僅 1 億人民幣，員工數 30 餘人。經過 20 多年的發展，截至 2009 年 6 月為止，其資產總額已有 19,727.68 億元人民幣，全中國 60 個城市設有 47 家分行及 648 家支行，1,622 家自助銀行。在量的成長之外，招商銀行的「質」的表現尤其亮眼。它在《亞洲華爾街日報》「中國最受尊敬企業前十名」排名中名列第 1 位，*Forbes*「全球最具聲望大企業 600 強」排名中名列第 24 位，*Financial Times*「全球品牌 100 強」排名中名列第 81 位，並被各方喻為「中國最佳零售銀行」。

　　招商銀行在零售銀行業務方面的突出表現，從 1995 年推出有存摺、交易、代理繳費等 23 種功能的「一卡通」開始。當時中國的零售銀行業務，還停留在存款一項；招商銀行透過「一卡通」的新型態產品，很快地便吸引到許多新顧客。迄今，一卡通已發行超過 4,500 萬張，每張平均存款額達 8,300 元人民幣。1999 年，在中國網路使用者尚少之時，以年輕族群作為第一個目標客群，招商銀行又推出中國第一個網路銀行服務，名為「一網通」。就在「一卡通」與「一網通」這兩脈創新型金融服務的基礎上，招商銀行雖然分行數遠不如中國國營的行庫，但已奠定它零售銀行業務展業的深厚基礎。

值得一提的是，2001 年招商銀行在醞釀發行信用卡之時，因為包括品牌資產與資訊資產等方面的長遠性策略考量，拒絕了花旗銀行的合作提案，轉而向臺灣發卡量第一的中國信託取經，由中國信託派出數十人的團隊至中國傳授完整的信用卡發行管理機制。透過如此密集的學習，招商銀行因此能在一年內就開始發行信用卡。

根據招商銀行行長馬蔚華的說法：「招行的出身和國有銀行不一樣，國家沒有什麼特殊照顧，招行創辦之初，沒有知名度，除非產品比別人新，服務比別人好，才能吸引客戶來。」依照他的詮釋，招商銀行持續發展所採取的策略角度是這樣的：「在每個發展階段都要比別人看得早三到五年，叫『早一點、快一點、好一點』。別人沒有想的事你先想三五年，你想到了就去做，做就要做到

圖 16-8　招商銀行用比別人更快更好的服務策略，成功打造品牌競爭力，被喻為「中國最佳零售銀行」。

最好。等到三五年後，別人再想這件事時，你已經有了基礎，有了品牌，有了競爭力，別人很難競爭過你，幾乎每一個發展階段都是這樣做的。」

參考資料：余力 (2009)，〈中國最佳零售銀行是怎樣煉成的——行長馬蔚華詳解招行創新之秘〉，中國《南方周末》周報，4 月 9 日（引述部分皆出自該報導）以及招商銀行網站上之簡介 http://www.cmbchina.com/CMB+Info/aboutCMB/。

 分組討論

1. 本章章首「行銷三兩事」中，提到 Amazon.com 在美國被評選為最佳顧客服務的提供者。你個人認為，國內最好的服務業者是哪一家？為什麼？

2. 從劇場的角度看服務，你認為你自己會是個好演員嗎？什麼樣的戲碼合適你？

3. 以服務品質缺口的概念，分析一次你親身碰到的差勁服務。是哪些環節導致這次服務的失敗？

4. 分析比較對於「人」所進行的服務，與對於「物」所進行的服務，兩者有哪些主要差異？

5. 從本章章末「行銷三兩事」的中國招商銀行案例，分析服務、策略與新產品開發之間的關係。

圖片出處

圖 9–4　ShutterStock

圖 9–5　http://upload.wikimedia.org/
wikipedia/commons/b/b2/
TAIWAN711STORE.JPG

圖 9–6　ShutterStock

圖 9–7　ShutterStock

圖 9–8　ShutterStock

圖 9–9　聯合報系提供

圖 9–11　ShutterStock

圖 9–12　ShutterStock

圖 9–13　ShutterStock

圖 10–1　ShutterStock

圖 10–2　http://zh.wikipedia.org/zh-tw/
File:HK_IKEA_Kowloon_Bay_
Store_201006.jpg

圖 10–4　ShutterStock

圖 10–6　http://zh.wikipedia.org/zh-tw/
File:%E5%AE%B6%E6%A8%
82%E7%A6%8F%E6%96%87%
E5%BF%83%E5%BA%97.JPG

圖 10–7　http://zh.wikipedia.org/zh-tw/
File:CPCC_Petrol_Station.jpg

圖 10–9　ShutterStock

圖 10–10　ShutterStock

圖 10–11　ShutterStock

圖 11–1　http://zh.wikipedia.org/zh-tw/
File:HK_QRC_Watsons_Your_
Personal_Store.JPG

圖 11–2　http://zh.wikipedia.org/zh-tw/
File:RT-MART_in_Taipei_
city.JPG

圖 11–3　聯合報系提供

圖 11–4　http://zh.wikipedia.org/zh-tw/
File:MegaBoxTheBest_
20070607.jpg

圖 11–5　ShutterStock

圖 11–6　http://zh.wikipedia.org/zh-tw/
File:Heysong_Sarsaparilla.jpg

圖 11–7　ShutterStock

圖 12–1　http://zh.wikipedia.org/zh-tw/
File:YuanXiao.jpg

圖 12–2　ShutterStock

圖 12–4　ShutterStock

圖 12–5　ShutterStock

圖 12–7　ShutterStock

圖 12–8　ShutterStock

圖 13–1　聯合報系提供

圖 13–2　http://zh.wikipedia.org/zh-tw/
File:Fluorite0087.jpg

圖 13–3　ShutterStock

圖 13–4　ShutterStock

圖 13–5　ShutterStock

圖 13–6　ShutterStock

圖 13–7　ShutterStock

圖 13–8　ShutterStock

圖 13–9　http://zh.wikipedia.org/zh-tw/
File:Uniqlo_Haramachishop.
JPG

圖 14–1　ShutterStock

圖 14–2　ShutterStock

圖 14–3　ShutterStock

圖 14–4　聯合報系提供

圖 14–5　ShutterStock

圖 14–6　ShutterStock

圖 14–7　ShutterStock

圖 14–8　ShutterStock

圖 14–9　http://www.google.com.tw/
search?hl=zh-TW&source=hp&
q=%E5%BB%89%E5%83%B9
%E6%A9%9F%E7%A5%A8&m
eta=&aq=f&aqi=g6&aql=&oq=
&gs_rfai=

圖 15–1　ShutterStock

行銷研究──觀念與應用

黃俊堯；黃士瑜／著

　　行銷研究旨在協助行銷者瞭解顧客與潛在顧客的態度與行為，掌握競爭市場動態，進而提升行銷資源配置的效率，協助評估行銷策略與作為的實效。不同於一般的行銷研究教科書，本書以實務操作導向出發，強調行銷研究的主要概念與分析方法，並以大量業界的實例或其改寫配合理論說明，希望能讓所有有興趣於行銷研究的讀者可以比較完整地瞭解行銷研究的原理與實作。全書內容可供大專院校行銷研究課程做為教材，亦可提供行銷研究業界或企業組織行銷部門在新進人員訓練或者內外部溝通時加以參考。

稅務會計

卓敏枝、盧聯生、劉夢倫／著

　　本書之編寫，建立在全盤租稅架構與整體節稅理念上，係以營利事業為經，各相關稅目為緯，綜合而成一本理論與實務兼備之「稅務會計」最佳參考書籍，對研讀稅務之大專學生及企業經營管理人員，有相當之助益。再者，本書對（加值型）營業稅之申報、兩稅合一及營利事業所得稅結算申報均有詳盡之表單、說明及實例，對讀者之研習瞭解，可收事半功倍之宏效。

國際貿易實務詳論

張錦源／著

　　買賣的原理、原則為貿易實務的重心，貿易條件的解釋、交易條件的內涵、契約成立的過程、契約條款的訂定要領等，均為學習貿易實務者所不可或缺的知識。本書對此均予詳細介紹，期使讀者實際從事貿易時能駕輕就熟。國際間每一宗交易，從初步接洽開始，經報價、接受、訂約，以迄交貨、付款為止，其間有相當錯綜複雜的過程。本書按交易過程先後作有條理的說明，期使讀者對全部交易過程能獲得一完整的概念。除了進出口貿易外，對於託收、三角貿易、轉口貿易、相對貿易、整廠輸出、OEM 貿易、經銷、代理、寄售等特殊貿易，本書亦有深入淺出的介紹，為坊間同類書籍所欠缺。

會計學（上）（下）

幸世間／著；洪文湘／修訂

　　本書以我國最新公報內容及現行法令為依據，並闡明 IFRS 相關規定，以應廣大市場之需求。

　　正文各章末均有習題，書末提供簡答，並隨書附贈詳細題解（光碟片）。習題有問答、選擇及解析三類題型，其中選擇多為近年高考、普考、初考及特考考古試題。

　　本書採用會計科目名稱，悉以經濟部商業司公布之「會計科目中英文對照及編碼」為準。倘因特殊理由而不宜採用者，則於書中妥為說明。本書分上、下兩冊，可供大學、專科及技術學院教學使用，亦可供一般自修會計人士參考應用。

歐洲經濟發展史

林鐘雄／著

　　本書敘述歐洲經濟發展過程，由四部分所構成。第一篇古代地中海經濟，交代中古歐洲封建制度誕生的基本背景。第二篇中古歐洲經濟，敘述封建制度的基本架構，中古歐洲的農工商活動及封建制度崩潰的過程。第三篇近代初期的歐洲經濟，敘述地理發現至工業革命之間因貿易發展而產生的歐洲經濟變動，並探討由此而產生的重商主義問題。第四篇工業革命，敘述十九世紀歐洲工業革命期間的技藝創新及主要產業發展狀況，並探討由工業革命引申產生的經濟發展及經濟波動問題。

統計學

張光昭、莊瑞珠；黃必祥；廖本煌；齊學平／著

　　全書包含十一章，每章皆附習題。第一章為統計學的預備知識。第二章介紹統計學的基本概念與重要名詞術語。第三至五章，屬於機率學的範圍，介紹隨機變數之概念及統計學常用的機率分佈。第六章介紹抽樣分佈之概念及中央極限定理。從第七章開始，正式進入統計學的兩大主軸，分別是第七、八章的估計理論與假設檢定。第九、十章分別討論迴歸分析、實驗設計與變異數分析。最後在第十一章介紹統計軟體 EXCEL 的應用，以期讀者能將統計理論與方法付諸實際的計算。

金融市場

于政長／著

　　本書具有以下特色：1.內容多元：前五章介紹傳統金融市場，如存貸業務、股票投資及外匯買賣等；後四章則進一步介紹衍生金融市場，包括期貨市場、遠期市場、選擇權市場、金融交換市場等，以及近年來相當熱門的結構型證券；2.精簡呈現：採用列點說明的方式，並以圖表輔助說明。此外，書中的小百科與金融知識單元，亦可使讀者瞭解相關金融知識；3.國際視野：介紹許多國外金融商品的名稱與操作的內容，期使讀者能與國際接軌；4.實際操作：書中例題方塊輔助說明內文中的理論與數學公式，並於章末附上習題，供讀者自我評量，以達事半功倍之效。